普通高等学校建筑安全系列规划教材

建筑施工组织

主编　胡长明　李亚兰

北　京
冶金工业出版社
2016

内 容 提 要

本书在建筑施工组织基本理论的基础上，引入了安全工程的基本原理和方法，并将其应用在建筑施工组织中，旨在使建筑工程、安全工程及相关专业的学生和专业人员了解建筑施工组织的方法，进一步掌握安全施工组织设计的基本理论和技能。主要内容包括：建筑施工组织概论、建筑工程流水施工、网络计划技术、单位工程施工组织设计、施工组织总设计、安全施工组织设计等。本书例题丰富，便于读者理解和掌握所学内容。

本书为普通高等学校安全工程、土木工程、工程管理、地质工程等专业的教材，也可供广大施工项目管理人员、工程技术人员参考。

图书在版编目（CIP）数据

建筑施工组织/胡长明，李亚兰主编 . —北京：冶金
工业出版社，2016.1
普通高等学校建筑安全系列规划教材
ISBN 978-7-5024-7107-1

Ⅰ.①建…　Ⅱ.①胡…　②李…　Ⅲ.①建筑工程—
施工组织—高等学校—教材　Ⅳ.①TU721

中国版本图书馆 CIP 数据核字（2015）第 293240 号

出 版 人　谭学余
地　　址　北京市东城区嵩祝院北巷 39 号　邮编　100009　电话　（010）64027926
网　　址　www.cnmip.com.cn　电子信箱　yjcbs@cnmip.com.cn
责任编辑　杨　敏　美术编辑　吕欣童　版式设计　孙跃红
责任校对　卿文春　责任印制　牛晓波
ISBN 978-7-5024-7107-1
冶金工业出版社出版发行；各地新华书店经销；三河市双峰印刷装订有限公司印刷
2016 年 1 月第 1 版，2016 年 1 月第 1 次印刷
787mm×1092mm　1/16；13.5 印张；323 千字；201 页
30.00 元
冶金工业出版社　投稿电话　（010）64027932　投稿信箱　tougao@cnmip.com.cn
冶金工业出版社营销中心　电话　（010）64044283　传真　（010）64027893
冶金书店　地址　北京市东四西大街 46 号（100010）　电话　（010）65289081（兼传真）
冶金工业出版社天猫旗舰店　yjgycbs.tmall.com
（本书如有印装质量问题，本社营销中心负责退换）

序

人类所有生产生活都源于生命的存在，而安全是人类生命与健康的基本保障，是人类生存的最重要和最基本的需求。安全生产的目的就是通过人、机、物、环境、方法等的和谐运作，使生产过程中各种潜在的事故风险和伤害因素处于有效控制状态，切实保护劳动者的生命安全和身体健康。它是企业生存和实施可持续发展战略的重要组成部分和根本要求，是构建和谐社会，全面建设小康社会的有力保障和重要内容。

当前，我国正处在大规模经济建设和城市化加速发展的重要时期，建筑行业规模逐年增加，其从业人员已成为我国最大的行业劳动群体；建筑项目复杂程度越来越高，其安全生产工作的内涵也随之发生了重大变化。总的来看，建筑安全事故防范的重要性越来越大，难度也越来越高。如何保证建筑工程安全生产，避免或减少安全事故的发生，保护从业人员的安全和健康，是我国当前工程建设领域亟待解决的重大课题。

从我国建设工程安全事故发生起因来看，主要涉及人的不安全行为、物的不安全状态、管理缺失以及环境影响等几大方面，具体包括设计不符合规范、违章指挥和作业、施工设备存在安全隐患、施工技术措施不当、无安全防范措施或不能落实到位、未作安全技术交底、从业人员素质低、未进行安全技术教育培训、安全生产资金投入不足或被挪用、安全责任不明确、应急救援机制不健全等等，其中，绝大多数事故是从业人员违章作业所致。造成这些问题的根本原因在于建筑行业中从事建筑安全专业的技术和管理人才匮乏，建设工程项目管理人员缺乏系统的建筑安全技术与管理基础理论，以及安全生产法律法规知识；对广大一线工作人员不能系统地进行安全技术与事故防范基础知识的教育与培训，从业人员安全意识淡薄，缺乏必要的安全防范意识以及应急救援能力。

近年来，为了适应建筑业的快速发展及对安全专业人才的需求，我国一些高等学校开始从事建筑安全方面的教育和人才培养，但是由于安全工程专业设置时间较短，在人才培养方案、教材建设等方面尚不健全。各高等院校安全工程专业在开设建筑安全方向的课程时，还是以采用传统建筑工程专业的教材为主，因这类教材从安全角度阐述建筑工程事故防范与控制的理论较少，并不完全适应建筑安全类人才的培养目标和要求。

随着建筑工程范围的不断拓展，复杂程度不断提高，安全问题更加突出，在建筑工程领域从事安全管理的其他技术人员，也需要更多地补充这方面的专业知识。

为弥补当前此类教材的不足，加快建筑安全类教材的开发及建设，优化建筑安全工程方向大学生的知识结构，在冶金工业出版社的支持下，由长安大学组织，西安建筑科技大学、西安科技大学、中国人民武装警察部队学院、天津城建大学、天津理工大学等兄弟院校共同参与编纂了这套"建筑安全工程系列教材"，包括《建筑工程概论》、《建筑结构设计原理》、《地下建筑工程》、《建筑施工组织》、《建筑工程安全管理》、《建筑施工安全专项设计》、《建筑消防工程》以及《工程地质学及地质灾害防治》等。这套教材力求结合建筑安全工程的特点，反映建筑安全工程专业人才所应具备的知识结构，从地上到地下，从规划、设计到施工等，给学习者提供全面系统的建筑安全专业知识。

本套系列教材编写出版的基本思路是针对当前我国建设工程安全生产和安全类高等学校教育的现状，在安全学科平台上，运用现代安全管理理论和现代安全技术，结合我国最新的建设工程安全生产法律、法规、标准及规范，系统地论述建设工程安全生产领域的施工安全技术与管理，以及安全生产法律法规等基础理论和知识，结合实际工程案例，将理论与实践很好地联系起来，增强系列教材的理论性、实用性、系统性。相信本套系列教材的编纂出版，将对我国安全工程专业本科教育的发展和高级建筑安全专业人才的培养起到十分积极的推进作用，同时，也将为建筑生产领域的实际工作者提高安全专业理论水平提供有益的学习资料。

祝贺建筑安全系列教材的出版，希望它在我国建筑安全领域人才培养方面发挥重要的作用。

2014 年 7 月于西安

前　言

　　建筑安全是安全工程的一个重要组成部分，随着国家安全生产法律、法规和标准的不断完善，建筑安全受到越来越广泛的关注，建筑行业对安全人才的需求也越来越迫切。近年来，安全工程专业每年都有大量的毕业生进入建筑行业从事安全技术与安全管理工作。为了满足建筑行业对安全技术与管理人才的需要，国内多所高校在安全工程专业的建设中都设立了建筑安全方向，但由于我国安全工程专业在建筑安全方面的研究和教育起步较晚，直到目前还没有一套体系完整的教材可供使用，本教材就是为了弥补国内安全工程专业（建筑安全方向）教材的不足而编写的。

　　建筑施工组织是建筑产品生产全过程中的综合性、系统性管理工作，是建筑产品由设计图纸转化为建筑物的过程性管理工作。这种转化的好坏与快慢，以及能否安全完工，是与建筑施工的组织是否科学、合理密切相关的。因此，建筑施工组织作为一门管理科学，早为建筑界所重视。本书在建筑施工组织基本理论的基础上，引入了安全工程的基本原理和方法，并将其应用在建筑施工组织中，旨在使建筑工程、安全工程及相关专业的学生和专业人员了解建筑施工组织的方法，进一步掌握安全施工组织设计的基本理论和技能。

　　本书由西安建筑科技大学胡长明和长安大学李亚兰担任主编。其中，胡长明负责第1章的编写，李亚兰负责第3~6章的编写，李凯玲参与了第4章的编写，翟越参与了第5章的编写，宋飞负责第2章的编写并参与了第3章的编写，李寻昌参与了第6章的编写。全书由李亚兰统稿。

　　在编写过程中，参考了大量的文献资料，对这些文献资料的作者表示衷心的感谢。长安大学为本教材的出版提供了资助，在此表示感谢。同时感谢有关领导给予的关心和大力支持。

　　由于编者水平所限，书中不足之处，恳请广大读者、专家和同行批评指正。

编　者

2015 年 8 月

目　录

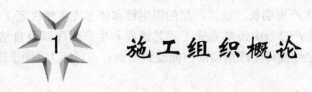

1 施工组织概论

1.1 基本建设程序

基本建设是指国民经济各部门为了扩大再生产或维持简单再生产而进行的增加固定资产的新建、改建、扩建、恢复工程及与之连带的建设工作。即把一定的建筑材料、机械设备等，通过购置、建造和安装等活动，转化为固定资产的过程。新建、改建、扩建、恢复和迁建各种固定资产的建设工作属于基本建设。其中新建和扩建是主要形式，各种各样新建和扩建的建筑物或构筑物都是建筑产品。它在竣工验收、交付使用以后形成新的固定资产，具有价值和使用价值，是一种特殊的商品，但与一般工业产品相比，又有所不同。

1.1.1 建筑产品的特点

建筑产品是指各种建筑物和构筑物，它除了具有各自不同的性质、用途、功能、设计、类型及使用要求外，还具有以下共同特点：

（1）建筑产品的固定性。建筑产品都是在选定的地点上建造和使用的，产品本身及其所承受的荷载要通过基础传递给地基，直到拆除都与地基连成一体，一般无法移动，这是建筑产品与一般产品的最大区别。

（2）建筑产品的体形庞大。建筑产品为了满足其使用功能和建筑结构要求，需要消耗大量的物质资源，占据较大的平面和空间，因而其体形庞大。

（3）建筑产品的多样性。建筑产品的种类繁多，用途各异。即使功能要求相同，但因所在地区、周围环境、自然条件等不同，建筑产品的内部结构、外部形态和材料选用等方面也不同，因此，建筑产品类型多样。

1.1.2 建筑施工的特点

由于建筑产品本身的特点，决定了建筑产品生产过程的特殊性。

（1）建筑产品生产流动性。一般工业产品在生产过程中是产品在生产线上流动，人员和设备是固定不动的。而建筑产品的固定性，就决定了建筑产品生产的流动性。施工所需要的大量劳动力、材料和机械设备必须围绕其固定性产品开展活动，而且一个工程项目完成以后，又要流动到另一个新的建设地点，在新的条件下重新布置工作场所，重新组织生产。由于建筑产品生产的流动性，就会造成施工组织与管理工作的复杂性和易变性。因此，必须事先做出科学的分析和决策、合理的安排和组织。

（2）建筑产品生产地域性和单件性。任何建筑产品都具有独立的设计文件，并且单独施工。建筑产品的固定性和多样性决定了建筑产品生产的单件性。即使是相同功能的建筑产品的生产，由于受所在地区的自然、技术和经济条件限制，使得建筑形式、结构、材料和施工方法等各不相同，具有明显的地域特征。因此，必须对该地区的建设条件进行深入的调查分析，结合本工程的特点，做好各种施工准备工作。

（3）建筑产品生产周期长。建筑产品的固定性和体形庞大性决定了建筑产品生产周期长，同时建筑产品生产过程中还要受施工工艺流程和生产程序以及自然气候条件的制约，而且建筑产品的固定性使得生产活动的空间受到限制，不可能大面积同时展开，大大延长了生产周期。

（4）露天作业和高空作业多。由于建筑产品的空间固定性，使得建筑产品的生产不可能像其他工业产品一样完全在生产车间内进行，随着社会经济发展和建筑技术的进步，高层建筑日益增多，使得建筑施工作业中，高空作业越来越多。因此，必须事先做好各种防范措施，在施工中加强管理。

（5）协作单位多。除了在建筑产品生产内部不同专业、不同工种和不同职能部门间需要相互协作外，建筑企业外部还需要与城市规划、地质勘察、设计、公安消防、环境保护以及银行金融等部门进行协作配合。

1.1.3　建设程序

所谓建设程序是指一项建设工程从设想、提出决策，经过设计、施工，直至投产或交付使用的整个过程中，应当遵循的内在规律。建设项目按照建设程序进行建设是社会经济规律的要求，是建设项目的技术经济规律要求的，也是建设项目的复杂性（环境复杂、涉及面广、相关环节多、多行业多部门配合）决定的。我国基本建设程序分为以下六个阶段：

（1）项目建议书阶段。项目建议书是业主单位向国家提出的、要求建设某一建设项目的建议文件，是对拟定项目的轮廓设想。在客观上，建设项目要符合国民经济长远规划，符合部门、行业和地区规划的要求。项目建议书一般包括下面几项内容：

1）拟建项目的必要性和依据；

2）产品方案、建设规模、建设地点初步设想；

3）建设条件初步分析；

4）投资估算和资金筹措设想；

5）项目进度初步安排；

6）审批。

项目建议书批准后，项目即可列入项目建设前期工作计划，可进行下一步的可行性研究工作。

（2）可行性研究阶段。可行性研究是指在项目决策之前，通过调查、研究、分析与项目有关的工程、技术、经济等方面的条件和情况，对可能的多种方案进行比较论证，同时对项目建成后的经济效益进行预测和评价的一种投资决策分析研究方法和科学分析活动。可行性研究的主要内容有：

1）建设项目提出的背景、历史、投资的必要性和经济意义；

2）市场需求情况及拟建规模；

3）资源、原材料、公用设施及投入情况；

4）厂址方案及建厂条件；

5）项目设计方案；

6）生产组织、劳动定员及人员培训；

7）环境保护；

8）投资估算与资金筹措；

9）产品成本估算；

10）实施计划；

11）财务和经济效果评价及结论。

可行性研究的成果是可行性研究报告。批准的可行性研究报告是项目最终决策文件。可行性研究报告经有关部门审查通过，拟建项目正式立项。

（3）设计阶段。设计是对拟建工程在技术上和经济上进行全面的安排，是工程建设计划的具体化，是组织施工的依据。一般建设项目按初步设计和施工图设计两个阶段进行。对于技术上复杂而又缺乏设计经验的建设项目，由设计单位提出建议，经主管部门同意，可以在初步设计和施工图设计之间增加技术设计阶段。

1）初步设计。初步设计是根据可行性研究报告的要求所做的具体实施方案，目的是为了阐明在指定的地点、时间和投资控制数额内，拟建项目在技术上的可行性和经济上的合理性，并通过对工程项目所做出的基本技术经济规定，编制项目总概算。

2）技术设计。技术设计是对初步设计的补充、修改和深化，是根据初步设计和更详细的调查研究资料编制的。其目的是为了解决初步设计中的重大技术问题，如生产工艺流程、建筑结构、设备选型及数量确定等。

3）施工图设计。施工图设计是初步设计和技术设计的具体化。施工图设计应根据批准的初步设计和技术设计，绘制正确、完整和内容详细具体的建筑安装施工图，用以直接指导施工、制造非标准设备以及各种构配件加工订货、编制施工图预算。

（4）施工准备阶段。工程项目开工建设之前，应当切实做好各项施工准备工作。施工前的准备工作主要有：征地、拆迁和"三通一平"；组织设备、材料订货；建设工程报建；委托工程监理；组织施工招投标，择优选择施工单位；办理施工许可证等。在施工前的准备工作完成后，建设单位应向主管部门提出开工报告，经批准后才能破土动工。

（5）建设实施阶段。建设实施阶段是基本建设程序中的关键阶段。施工单位应按照设计要求、合同条款、预算投资、施工程序和顺序、施工组织设计，在保证质量、工期、成本计划等目标的前提下，组织施工，并达到竣工验收标准，经验收后移交建设单位。

在建设实施阶段还要进行生产准备。生产准备是项目投产前由建设单位进行的一项重要工作，它是衔接建设和生产的桥梁，是建设阶段转入生产经营的必要条件。

（6）竣工验收阶段。建设工程按设计文件规定的内容和标准全部完成，达到竣工验收条件，建设单位即可组织竣工验收，勘察、设计、施工、监理等有关单位参加竣工验收。竣工验收是考核建设成果、检验设计和施工质量的关键步骤，是由投资成果转入生产或使用的标志。竣工验收合格后，建设工程方可交付使用。

1.1.4 建筑施工程序

建筑施工程序是拟建工程项目在整个施工阶段中必须遵循的先后顺序。这个顺序反映了整个施工阶段必须遵循的客观规律，它一般包括以下几个阶段：

（1）投标与签订施工合同阶段。该阶段建设单位通过招投标择优选定承建单位，并与承建单位签订工程承包合同。

（2）施工准备阶段。签订施工合同后，施工单位应全面开展施工准备工作。首先调查收集资料，进行现场勘查、熟悉图纸、编制施工组织总设计，施工单位应与建设单位密切配合，抓紧落实各项施工准备工作。编制单位工程施工组织设计，落实劳动力、材料、构件、施工机械及现场"三通一平"等工作。具备开工条件后，提出开工报告并经审查批准，即可正式开工。

（3）组织施工阶段。施工过程应按照施工组织设计精心施工。一方面，应从施工现场全局出发，加强各单位、各部门的配合与协作，协调解决各方面问题，使施工活动顺利开展；另一方面，应加强技术、材料、质量、安全、进度等各项管理工作，落实施工单位内部承包的经济责任制，全面做好经济核算和管理工作，严格执行各项技术、质量检验制度。

（4）竣工验收阶段。按照验收程序的要求对工程成果进行验收总结、评定、交付给建设单位。

1.2　施工组织设计概述

工程项目的施工是一项多工种、多专业的复杂的系统工程，要使施工过程顺利进行，达到预计的目标，就必须用科学的方法进行施工管理。施工组织设计是为完成具体施工任务创造必要的生产条件、制定先进合理的施工工艺所作的规划设计，是指导一个拟建工程进行施工准备和指导施工的重要技术经济文件，是工程施工的组织方案，是指导现场施工的法规。

1.2.1　施工组织设计的作用和任务

（1）施工组织设计的作用。

1）实现基本建设计划和设计的要求，衡量该设计方案进行施工的可能性和经济合理性；

2）保证各施工阶段准备工作及时地进行；

3）明确施工重点，了解施工关键和控制工期因素，并提出相应的质量和安全技术措施；

4）协调各施工单位、各工种、各类资源、资金、时间等方面在施工工序、现场布置和使用上的相互关系。

（2）施工组织设计的任务。施工组织设计是用来指导拟建工程施工全过程中各项活动的技术、经济和组织的综合性文件。它的主要任务是根据国家对建设项目的要求，确定经济合理的规划方案，对拟建工程在人力和物力、时间和空间、技术和组织上做出全面而合理的安排，以达到拟建工程质量优良、工期合理、成本最低、以最少的劳动消耗获得最大的经济效益的目的。

1.2.2　施工组织设计的分类

1.2.2.1　按编制的对象分类

（1）施工组织总设计。施工组织总设计是以一个建设项目或建筑群为编制对象，规划其施工全过程各项活动的技术的、经济的、全局性的、控制性的、综合性的文件。它是整个建设项目施工的战略部署，涉及范围较广，内容比较概括。它一般是在初步设计或扩大初步设计批准后，由总承包单位的总工程师负责，会同建设、设计和分包单位的工程师共同编制的。它也是施工单位编制年度施工计划和单位工程施工组织设计的依据。

其主要内容包括：工程概况、施工部署与施工方案、施工总进度计划、施工准备工作及各项资源需要量计划、施工总平面图、主要技术组织措施及主要技术经济指标等。

（2）单位工程施工组织设计。单位工程施工组织设计是以单位工程（一个建筑物或构筑物）为编制对象，规划其施工全过程各项活动的技术的、经济的、局部性的、指导性的、综合性的文件。它是施工单位年度计划和施工组织总设计的具体化，内容更详细。它是在施工图会审后，由工程项目主管工程师负责编制的，可作为编制季度、月度计划和分部分项工程施工组织设计的依据。对于工程规模小、结构简单的工程，其单位工程施工组织设计可采用简化形式，即"一案、一图、一表"（一个施工方案、一张现场平面布置图、一张进度计划表）。

单位工程施工组织设计的主要内容包括：工程概况、施工方案与施工方法、施工进度计划、施工准备工作及各项资源需要量计划、施工平面图、主要技术组织措施及主要技术经济指标等。

（3）分部分项工程施工组织设计。分部分项工程施工组织设计是以施工难度较大或技术较复杂的分部分项工程为编制对象，用来指导其施工活动的技术经济文件。它结合施工单位的月、旬作业计划，把单位工程施工组织设计进一步具体化，是专业工程的具体施工设计。一般在单位工程施工组织设计确定了施工方案后，由施工队技术队长负责编制。

分部分项工程施工组织设计的主要内容包括：工程概况、施工方案、施工进度计划、施工平面图及技术组织措施等。

（4）专项施工组织设计。专项施工组织设计是以某一专项技术（如重要的安全技术、质量技术或高新技术）为编制对象，用以指导施工的综合性文件。

1.2.2.2 按编制阶段的不同分类

（1）标前设计。标前设计是投标前编制的施工组织设计，其主要作用是指导工程投标与签订工程承包合同，并作为投标书的一项重要内容（技术标）和合同文件的一部分。实践证明，在工程投标阶段编好施工组织设计，充分反映施工企业的综合实力，是实现中标、提高市场竞争力的重要途径。

（2）标后设计。标后设计是签订工程承包合同后编制的施工组织设计，其主要作用是指导施工前的准备工作和工程施工全过程的进行，并作为项目管理的规划性文件，提出工程施工中进度控制、质量控制、成本控制、安全控制、现场管理、各项生产要素管理的目标及技术组织措施，提高综合效益。

1.2.3 组织施工的原则

在组织施工或编制施工组织设计时，应根据建筑施工的特点和以往积累的经验，并遵循以下原则：

（1）认真贯彻党和国家关于基本建设的各项方针和政策。我国基本建设的方针和政策主要有：严格控制固定资产投资总规模，同时适当集中投资，保证国家的重点建设；为了达到严格控制投资总规模的目的，对基本建设项目必须实行严格的审批制度；严格按照基本建设程序办事，严格执行建筑施工程序；对要进行建设的项目，要实行严格的责任制度。

（2）合理安排施工程序和顺序。建筑产品的特点之一是产品的固定性，因而使建筑施工始终在同一场地上进行。没有前一段的工作，后一段就不可能进行，即使它们之间交叉搭接地进行，也必须严格遵守一定的程序和顺序。施工程序和顺序反映客观规律的要求，交叉搭接则体现争取时间的主观努力。在组织施工时，必须合理地安排施工程序和顺序，避免不必要的重复工作，加快施工速度，缩短工期。

（3）尽量采用国内外先进的施工技术，科学地确定施工方案。先进的施工技术是提高劳动生产率、改善工程质量、加快施工进度、降低工程成本的主要途径。在选择施工方案时，要积极采用新材料、新设备、新工艺和新技术，努力为新结构的推行创造条件；要注意结合工程特点和现场条件，使技术的先进适用性和经济合理性相结合，防止单纯追求先进而忽视经济效益的做法；还要符合施工验收规范、操作规程的要求和遵守有关防火、保安及环卫等规定，确保工程质量和施工安全。

（4）采用流水施工方法和网络计划技术安排进度计划。在编制施工进度计划时，应从实际出发，采用流水施工方法组织均衡施工，采用网络计划技术编制进度计划，以保证施工连续地、均衡地、有节奏地进行，合理地使用人力、物力、财力，做好人力、物力的综合平衡，好、快、省、安全地完成施工任务。

对于那些必须进入冬季或雨期施工的工程，应落实季节性施工措施，以增加全年的施工天数，提高施工的连续性和均衡性。

（5）合理布置施工平面图，减少施工用地。尽量利用原有或就近已有设施，以减少各种临时设施；尽量利用当地资源，合理安排运输、装卸与储存作业，减少物资运输量，避免二次搬运；精心进行场地规划布置，节约施工用地，不占或少占农田，防止施工事故，做到文明施工。

（6）贯彻工厂预制和现场预制相结合的方针，提高建筑工业化程度。必须注意根据地区条件和构件性质，通过技术经济比较，恰当地选择预制方案或现场浇筑方案。确定预制方案时，应贯彻工厂预制与现场预制相结合的方针，努力提高建筑工业化程度，但不能盲目追求装配化程度的提高。

（7）充分利用现有机械设备，扩大机械化施工范围。要贯彻先进机械、简易机械和改进机械相结合的方针，恰当选择自有装备、租赁机械或机械化分包施工等方式。但不能片面强调提高机械化程度的指标。

（8）尽量降低工程成本，提高工程经济效益。要贯彻勤俭节约的原则，因地制宜，就地取材；努力提高机械设备的利用率；充分利用已有的建筑设施，尽量减少临时设施和暂设工程；制订节约能源和材料措施；尽量减少运输量；合理安排人力、物力，搞好综合平衡调度。

（9）坚持质量第一，重视施工安全。要贯彻"百年大计、质量第一"的方针，严格执行施工验收规范、操作规程和质量检查评定标准，从各方面制订保证质量的措施，预防和控制影响工程质量的各种因素，建造满足用户要求的优质工程。

要贯彻"安全第一，预防为主"的方针，建立健全各项安全管理制度，制订确保安全施工的措施，并在施工过程中经常地进行检查和督促。

1.3 安全施工组织设计

建筑产品不同于其他行业产品，有其特殊的生产特点：建筑产品形式多样，规则性较差；施工操作人员及其素质不稳定；产品体积庞大、露天作业多；产品本身具有固定性、作业流动性大；建筑产品生产周期长、人力物力投入量大；建筑产品涉及面广、综合性强；施工现场受天气、地理环境影响较大；建筑产品生产过程投入的设备较多、分布分散、管理难度较大等。由于建筑产品自身的上述特点，使得建筑产品生产过程受到各方面条件的限制，遇到不确定的因素较多，因此建筑施工现场属事故多发性的作业场所。所以必须事前进行安全施工组织设计才能确保产品的安全生产。

另外，建筑施工的对象是不同类型的工业、民用、公共建筑物或构筑物，而每个建筑物或构筑物的施工，从开工到完工都要历经诸如土方、打桩、砌筑、钢筋混凝土、吊装、装饰等若干个分项工程，各个施工环节都具有不同的特点，各环节存在不同的安全隐患，需要针对工程的现场情况进行危险源辨识、评价与控制，并在实际工作中组织、实施针对性的防范措施。所以，在具有一定形态建筑产品的生产过程中，既要合理安排相关人力、物力、材料、机具等因素进行施工生产，又要用科学的管理方法组织策划相关人力、物力、材料、机具等因素之间的相互关系，确保建筑产品生产者以及使用者的健康与安全。

1.3.1 安全施工组织设计的作用

安全施工组织设计是对综合性、大型项目的工程施工过程实行安全管理的全局策划，根据建筑工程的生产特点，从安全管理、安全防护和消防保卫等方面进行合理的安排，并结合工程生产进度，在一定的时间和空间内，实现有步骤、有计划地组织实施相应的安全技术措施，以期达到"安全生产、文明施工"的最终目的。

安全施工组织设计是在充分研究工程的客观情况并辨识各类危险源及不利因素的基础上编制的，用以部署全部安全活动，制订合理的安全方案和专项安全技术组织措施。安全施工组织设计作为决策性的纲领性文件，直接影响施工现场的生产组织管理、工人施工操作、成本费用。从总的方面看，安全施工组织设计具有战略部署和战术安排的双重作用。从全局出发，按照客观的施工规律，统筹安排相应的安全活动，从"安全"的角度协调施工中各施工单位、各班组之间，资源与时间之间，各项资源之间，程序、顺序上和现场部署的合理关系。

1.3.2 安全施工组织设计的内容

安全施工组织设计根据项目工程特点和施工阶段的不同其内容也不尽相同，一般项目工程安全施工组织设计包括以下内容：

（1）编制依据。

（2）工程概况。

（3）现场危险源辨识及安全防护重点，包括现场危险源清单、现场重大危险源及控制措施要点、项目安全防护重点部位等。

（4）安全文明施工控制指标及责任分解。

（5）项目部安全生产管理机构及相关安全职责。

（6）项目部安全生产管理计划，包括项目安全管理目标保证计划、安全教育培训计划、安全防护计划、安全检查计划、安全活动计划、安全资金投入计划、季节性施工安全生产计划及特种作业人员管理计划等。

（7）项目部安全生产管理制度，包括安全生产责任制度，安全教育培训制度，安全事故管理制度，安全检查与验收制度，安全物资管理制度，安全文明施工资金管理制度，劳务分包安全管理制度，现场消防、保卫管理制度，职业健康管理制度等。

（8）工程重点部位的专项安全技术措施。

（9）文明施工保证措施。

（10）现场事故应急预案。

1.3.3　安全施工组织设计的审批

安全施工组织设计涉及各类危险源辨识与控制、各类安全技术措施、安全资金投入等各个方面，内容相当广泛，编制任务量很大。为了使安全施工组织设计编制得及时、适用，必须抓住重点，突出"组织"二字，对施工中的人力、物力和方法，时间与空间，需要与可能，局部与整体，阶段与全过程，前方和后方等给予周密的安排。

安全施工组织设计的编制，原则上由负责施工的工程项目部负责。应由项目经理主持、项目技术负责人组织有关人员完成其文本的编写工作，项目经理部有关部门参加。安全施工组织设计应在项目工程正式施工之前编制完成。施工组织设计应报上一级总工程师或经总工程师授权的专业技术负责人审批，之后报送项目监理部审批，并签署"项目工程安全技术文件报审表"。

复习思考题

1-1　简述建筑产品及其施工的特点。

1-2　简述基本建设程序。

1-3　简述施工组织设计的分类。

1-4　组织施工的原则有哪些？

1-5　简述安全施工组织设计的内容及其作用。

建筑工程流水施工

2.1 基本概念

工业生产发展的经验表明，流水作业是组织生产科学而有效的方法。流水作业的原理应用于建筑工程的施工，同样会产生巨大的效益，应用流水作业原理组织工程的施工称为流水施工。由于施工项目产品及其施工的特点不同，流水施工的概念、特点和效果与其他工业产品的流水作业也有所不同。

2.1.1 施工作业组织方式

在组织建筑工程施工时，常采用依次施工、平行施工和流水施工三种组织方式。

2.1.1.1 依次施工组织方式

依次施工组织方式是将整个施工项目分解成若干个施工过程，按照一定的施工顺序，前一个施工过程完成后，后一个施工过程才开始施工。它是一种最基本的施工组织方式，一般仅在规模小或工作面有限、工期要求不紧的工程中采用。

假如要组织 3 幢混合结构基础工程的施工，分为挖土、混凝土垫层、砖基础和回填 4 个施工过程或工序，每个工序在每幢的作业持续时间均为 2d，要完成这项任务，依次施工方式是按一定的顺序，依次完成施工任务。第一幢的各施工过程依次展开，完成后再施工第二幢。图 2.1 所示为依次施工完成基础工程的施工进度表，每幢房屋依次施工完成基础工程需要 $2 \times 4 = 8d$，3 幢房屋基础工程全部完成，工期 $T = 8 \times 3 = 24d$。用这种施工展开方式，最大的优点就是单位时间内投入的劳动力和资源较少，施工现场管理简单，但各专业班组的工作是有间歇的，同一种资源（如砖）的消耗也有间断，工期拖得很长。它适用于工作面有限、规模小的工程。

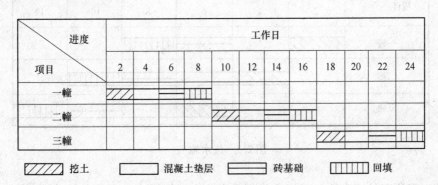

图 2.1 依次施工

2.1.1.2 平行施工组织方式

平行施工组织方式是同时组织几个相同的工作队，在同一时间、不同的空间上进行施工。将上述3幢建筑的基础工程组织平行施工，图2.2所示为平行施工完成基础工程的施工进度表，总工期即每幢完成基础工程的时间（8d）。这种施工展开方式，最大的优点就是工期短，充分利用工作面，但专业班组投入数要增加数倍（本例为3倍）；专业班组的工作仍然是间歇的，材料消耗也以相应劳动力增加而加倍，给施工带来了不良的经济效果。这种方法一般适用于工期要求紧、大规模的建筑群。

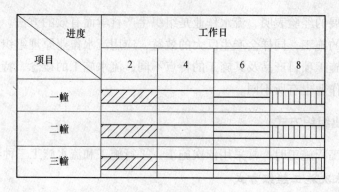

图2.2 平行施工

2.1.1.3 流水施工组织方式

前两种施工方式各有优缺点，两者的综合形成了一种新的施工展开方法，使生产过程能连续均衡地进行，称为流水施工。

本例的流水施工进度表如图2.3所示，每个专业班组在完成第一幢的作业后，紧接着进行第二幢、第三幢的作业，而在每一幢，各班组依次投入作业。这种施工展开方式，工期比依次施工短（12d完成），但比平行施工要长，每个施工过程仅投入一个专业班组，且能连续地生产，材料消耗比较均衡。

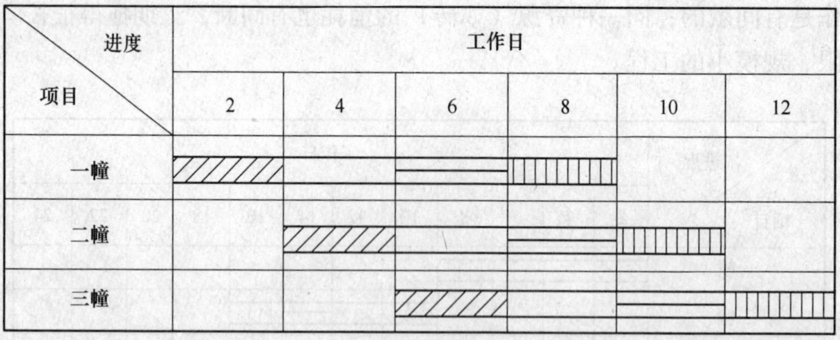

图2.3 流水施工

建筑工程施工的流水施工组织方式可以表述为：将拟建工程项目的建造过程，划分为若干个性质相同的分部、分项工程或施工工程，同时将拟建项目在平面上划分为若干个劳动量大致相等的施工段，在竖向上划分成若干个施工层，按照施工过程分别建立相应的专业工作队；各施工段按一定的时间间隔依次开始施工，各工作队按一定的时间间隔依次在各施工段上工作；当施工段足够多（施工段数不小于施工队组数）时，形成各工作施工队组在不同施工段上平行施工的局面；在流水线的末端，不断生产出一个个完成了各道工作的施工段，直到完成全部施工任务。

2.1.2 流水施工的分类和表达方式

2.1.2.1 流水施工的分类

根据流水施工的组织范围划分，流水施工通常可分为以下几种：

（1）分项工程流水施工。分项工程流水施工也称为细部流水施工。它是在一个专业工种内部组织起来的流水施工，是构成流水施工作业的最基本流水线路。

分项工程流水施工共有两种，一种是工艺细部流水，即各施工过程专业工种施工队组按工艺方法确定的施工顺序，相继对某一个施工段进行加工作业而形成的工作线路；另一种是组织细部流水，即某施工过程的专业施工队组按施工组织确定的施工段的施工顺序，逐段转移施工而形成的工作线路。

（2）分部工程流水施工。分部工程流水施工也称为专业流水施工，它是在一个分部工程内部、各分项工程之间组织起来的流水施工。即若干个工作队各自利用同一生产工具，依次连续在各个施工区域中完成同一施工过程的工作。例如，某教学楼的基础工程是由基槽开挖、砌砖基础和回填3个在工艺上有密切联系的分项工程组成的分部工程。施工时将该教学楼的基础在平面上划分为几个区域，组织3个专业工作队，依次连续地在各施工区域中各自完成同一施工过程的工作。在施工进度计划表上，是一组标有施工段或工作队编号的水平进度指示线段或斜向进度指示线段。

（3）单位工程流水施工。单位工程流水施工也称为综合流水施工。它是在一个单位工程内部、各分部工程之间组织起来的流水施工。在项目施工进度计划表上，它是若干组分部工程的进度指示线段，并由此构成单位工程施工进度计划。

（4）群体工程流水施工。群体工程流水施工也称为大流水施工。它是在一个个单位工程之间组织起来的流水施工，反映在项目施工进度计划上，是一个项目施工总进度计划。

2.1.2.2 流水施工的表达方式

A 水平指示图表

水平图表具有绘制简单、流水施工形象直观的优点。在施工进度计划表上，细部流水是一条标有施工段或工作队编号的水平进度指示线段，如图2.4所示。

水平指示图表可用横坐标表示各施工段的流水持续时间，即施工进度；纵坐标表示开展流水施工的施工过程，此时 n 条水平线段表示 n 个施工段在时间和空间上的流水开展情况，如图2.4（a）所示，实际工作中以这种形式较为常见。

在图2.4（a）中，由工艺方法决定的施工顺序为Ⅰ→Ⅱ→Ⅲ，共有3条由工艺方法决定的细部流水，第一条是由Ⅰ、Ⅱ、Ⅲ三个施工过程的专业施工队组流过施工段1形成的工作线路，即Ⅰ₁→Ⅱ₁→Ⅲ₁，在图中表现为标有1的横线条所形成的阶梯状线路；其他两条由工艺关系确定的细部流水分别为 $II_2 \to II_2 \to III_2$、$I_3 \to II_3 \to III_3$。可知，流水施工对象划分为多少个施工段，就有多少条由工艺关系决定的细部流水线路。施工技术的客观要求，决定了工艺细部流水是不能改变的。

在图2.4(a) 中，由组织关系确定的施工段施工顺序为 $1 \to 2 \to 3$，由组织关系决定的细部流水有三条，第一条是由 I 施工过程沿施工段逐段转移施工形成的细部流水，即 $I_1 \to I_2 \to I_3$，在图2.4(a)中表现为对应 I 施工过程标有1、2、3的横线条所形成的第一条水平状线路；其他两条由组织关系确定的细部流水分别为：$II_1 \to II_2 \to II_3$、$III_1 \to III_2 \to III_3$。可知，流水施工对象划分为多少个施工过程，就有多少条由组织关系确定的细部流水线路。由组织关系确定的细部流水线路中，各施工过程的施工顺序就是施工段的施工顺序，而施工段的施工顺序是可以根据施工组织有利的原则在施工前进行灵活安排的，即由组织关系确定的细部流水是可变的。

水平指示图表也可用横坐标表示流水施工的持续时间，纵坐标表示开展流水施工的施工段，n 条水平线段表示 n 个施工过程在时间和空间上的流水开展情况，如图2.4(b) 所示。同理，其中由工艺方法决定的细部流水 $I_1 \to II_1 \to III_1$，表现为对应施工段1标有 I、II、III 的横线条形成的水平状线路；由组织决定的细部流水 $I_1 \to I_2 \to I_3$，表现为标有 I 的横线条形成的阶梯状线路。

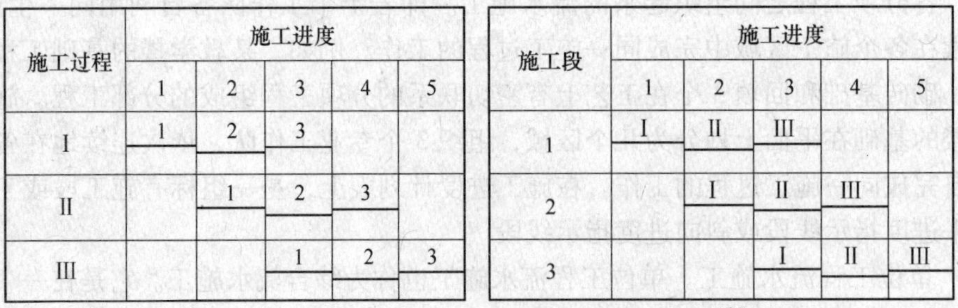

施工过程	施工进度				
	1	2	3	4	5
I	1	2	3		
II		1	2	3	
III			1	2	3
(a)					

施工段	施工进度				
	1	2	3	4	5
1	I	II	III		
2		I	II	III	
3			I	II	III
(b)					

图2.4　水平指示图表

B　垂直指示图表

在垂直图表中，细部流水是斜向进度指示线段，可由其斜率形象地反映出各施工过程的流水强度。这种表达方式能直观反映出在一个施工段中各施工过程的先后顺序和相互配合关系。在垂直图表中，横坐标表示流水施工的持续时间，纵坐标表示开展流水施工所划分的施工段，斜线段表示各专业工作队或施工过程开展流水的情况，如图2.5 所示。垂直图表中垂直坐标的施工段编号是由下向上编写的。

2.1.3　建筑工程流水施工的特点及经济性

2.1.3.1　建筑工程流水施工的特点

建筑工程的流水施工组织方式，是将拟建工程项目全部建造过程在工艺上划分为若干个施工过程，在平面上划分为若干个施工段，在竖直方向上划分为若干个施工层；然后按照施工过程组建相应的专业工作队；各专业工作队的工人使用相同的机具、材料，按施工

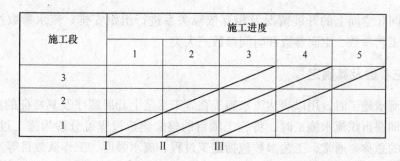

图 2.5 垂直指示图表

顺序的先后，依次不断地投入各施工层中的各施工段进行工作，在规定的时间内完成所承担的施工任务。这种施工组织方式的主要特点是：

（1）既能充分利用空间，又可争取时间；若将相邻两工作队之间进行最大限度地、合理地搭接，还可进一步缩短工期。

（2）各专业工作队能连续作业，不致产生窝工现象。

（3）实现专业化生产，有利于提高操作技术、工程质量和劳动生产率。

（4）资源使用均衡，有利于资源供应的组织和管理。

（5）为现场文明施工和科学管理创造了良好的条件。

流水施工是建筑工程施工最有效、最科学的组织方法。它具有节奏性、均衡性和连续性；可合理利用空间，争取时间；可实现专业化生产，有效地利用资源，从而达到缩短工期、确保工程质量、降低工程成本、提高施工技术水平和管理水平的目的。

2.1.3.2 建筑工程流水施工的经济性

流水施工方法的特点是实现了施工活动的连续性和均衡性，使施工按比例、有节奏地进行，从而充分发挥了建筑机械和设备以及附属企业的生产能力，减少了对资源的需求，提高了施工的专业化水平，有利于技术的进步和生产率的提高，因此，带来了巨大的经济效果。其优点表现在以下几个方面：

（1）消除了专业班组投入施工后的间歇时间，因而可以缩短工期。国内外大量实践的经验表明，工期一般可以缩短 1/3 ~ 1/2。

（2）工作班组实行生产专业化，为工人提高技术水平、改进操作方法以及革新生产工具创造了有利条件，因而促进了劳动生产率不断提高、改善了工人的劳动条件。

（3）由于工作班组生产专业化，使工程质量更容易得到保证和提高，便于推行全面质量管理工作，为创全优工程创造了条件。

（4）在资源利用上，克服了高峰，使供应均衡，有利于资源供应。

由于工期缩短，劳动生产率提高。资源供应均衡，有利于保证工程质量，专业班组可连续均衡作业，从而减少了临时设施数量，降低了工程成本（一般可降低 6% ~ 12%），有明显的经济效益。

2.2 主要流水作业参数及其确定

流水参数是指用来描述流水施工进度计划图表特征和各种数量关系的参数。组织流水施工，应在研究生产对象特点和施工条件的基础上，通过确定一系列的流水参数，对各施工过程在时间和空间上的开展情况及相互依存关系进行组织安排。流水参数按其性质不同，可分为工艺参数、空间参数和时间参数三大类。

2.2.1 工艺参数及其确定

在组织流水施工时，用以表达流水施工在施工工艺上开展顺序及其特征的参数，称为工艺参数。即在组织流水施工时，将施工项目的整个建造过程可分解为施工过程的种类、性质和数目的总称。通常，工艺参数包括施工过程、流水强度、工作队数目等。

2.2.1.1 施工过程

在建筑工程施工中，施工过程所包括范围可大可小，既可以是分部、分项工程，又可以是单位工程或单项工程。它是流水施工的基本参数之一。

A 划分施工过程应考虑的因素

在建设项目施工中，首先应将施工对象划分为若干个施工过程。施工过程划分的数目多少、粗细程度一般与下列因素有关：

（1）施工进度计划的性质和作用。对长期计划及建筑群体，规模大、结构复杂、工期长的工程应绘制控制性进度计划，其施工过程划分可粗些，综合性大些，一般划分至单位工程或分部工程。对中小型单位工程及工期不长的工程应绘制实施性计划，其施工过程划分可细些、具体些，一般划分至分项工程。对月度作业性计划，有些施工过程还可分解为工序，如安装模板、绑扎钢筋等。

（2）施工方案及工程结构。施工过程的划分与工程的施工方案及工程结构形式有关。如厂房的柱基础与设备基础挖土，若同时施工，可合并为一个施工过程；若先后施工，可分为两个施工过程。又如承重墙与非承重墙的砌筑，也是如此，砖混结构、大墙板结构、装配式框架与现浇钢筋混凝土框架等不同结构体系，其施工过程划分及其内容各不相同。

（3）劳动组织及劳动量大小。施工过程的划分与施工队组的组织形式及施工习惯有关。如安装玻璃、油漆施工可合也可分，因为，有的是混合队组，有的是单一工种的队组。施工过程的划分还与劳动量大小有关。劳动量小的施工过程，当组织流水施工有困难时，可与其他施工过程合并。如垫层劳动量较小时可与基础合并为一个施工过程，这样可以使各个施工过程的劳动量大致相等，便于组织流水施工。

（4）劳动内容和范围。施工过程的划分与其劳动内容和范围有关。直接在施工现场与工程对象上进行的劳动过程，可以划入流水施工过程，如安装砌筑类施工过程、施工现场制备及运输类施工过程等；而场外劳动内容可以不划入流水施工过程，如部分场外制备和运输类施工过程。

B 施工过程的分类

（1）制备类施工过程。为了提高建筑产品的装配化、工厂化、机械化和生产能力而形成的施工过程称为制备类施工过程。它一般不占施工对象的空间，不影响项目总工期，因此一般在项目施工进度表上不表示；只有当其占有施工对象的空间并影响项目总工期时，在项目施工进度表上才列入。如砂浆、混凝土、构配件、门窗框扇等的制备过程。

（2）运输类施工过程。将建筑材料、构配件、（半）成品、制品和设备等运到项目工地仓库或现场操作使用地点而形成的施工过程称运输类施工过程。它一般不占施工对象的空间，不影响项目总工期，通常不列入施工进度计划中；只有当其占有施工对象的空间并影响项目总工期时，才被列入进度计划中。

（3）安装砌筑类施工过程。在施工对象空间上直接进行加工，最终形成建筑产品的施工过程称为安装砌筑类施工过程。它占有施工空间，同时影响项目总工期，必须列入施工进度计划中，而且是施工项目进度表的主要内容。如地下工程、主体工程、结构安装工程、屋面工程和装饰工程等施工过程。

安装砌筑类施工过程按其在项目生产中的作用不同可分为主导施工过程和穿插施工过程，按其工艺性质不同可分为连续施工过程和间断施工过程，按其复杂程度可分为简单施工过程和复杂施工过程。

（4）土方和脚手架搭设施工过程。土方开挖和脚手架搭设都具有竖向展开的工艺特性。在时间和空间的展开上与相应的主要施工过程密切相关。当和主要施工过程交替展开时，则归入主要施工过程。当作为主要施工过程的前导施工过程时，则可作为单一的施工过程，组入流水作业。

C 施工过程数目的确定

施工过程数目以 n 表示。施工过程数目主要依据项目施工进度计划在客观上的作用，采用的施工方案、项目的性质和业主对项目建设工期的要求等进行确定。施工过程数取得要合适，如果 n 取得太多，不但给计算增添麻烦，而且会使进度计划主次不分；如果 n 取得太少，又会过于笼统，从而失去指导施工的作用。因此，主要的、工作量大的分部工程可以细分；次要的、工种相同的施工过程可以合并。

2.2.1.2 流水强度

某施工过程在单位时间内所完成的工程量，称为该施工过程的流水强度。流水强度一般以 V_i 表示，它可由式（2.1）或式（2.2）计算求得。

（1）人工操作流水强度。人工操作流水强度计算公式为：

$$V_i = R_i S_i \tag{2.1}$$

式中　V_i——某施工过程 i 的人工操作流水强度；

　　　R_i——投入施工过程 i 的专业工作队工人数；

　　　S_i——投入施工过程 i 的专业工作队平均产量定额。

（2）机械操作流水强度。机械操作流水强度计算公式为：

$$V_i = \sum_{i=1}^{x} R_i S_i \tag{2.2}$$

式中　V_i——某施工过程 i 的机械操作流水强度；

　　　R_i——投入施工过程 i 的某种施工机械台数；

　　　S_i——投入施工过程 i 的某种施工机械产量定额；

　　　x——投入施工过程 i 的施工机械种类数。

2.2.1.3 工作队数目

工作队数目是指组织流水施工时各施工过程所安排的投入施工专业工作队的队数，以 b_i 表示。专业工种的施工工作队数目应根据分部流水中划分的施工过程建立，即按专业分工的原则建立相应的专业工种施工队组。如果每一个施工过程由一个专业施工队施工，专业施工队组的数目与分部流水施工中划分的施工过程数相等，即比较常见的是 $b_i = 1$、$\sum b_i = n$ 的安排。若有几个专业施工队共同完成一个施工过程，则施工过程数与专业工作队数不相等。

2.2.2 空间参数及其确定

在组织流水施工时，用以表达流水施工在空间布置上所处状态的参数，称为空间参数。空间参数主要有工作面、施工段和施工层三种。

2.2.2.1 工作面

工作面是指某专业工种工人或队组在从事建筑施工的过程中，所必须具备的活动空间。工作面的大小决定了施工过程在施工时可能安置的操作工人数和施工机械数量，同时也决定了每一施工过程的工程量；需要根据相应工种的计划产量定额、工程操作规程和安全施工技术规程等的要求确定工作面的大小。工作面的合理与否，直接影响到专业工种工人的劳动生产效率。在生产工人能充分发挥劳动效率、保证施工安全条件下对工作面的最小要求，称为最小工作面。工作面应随工作内容的不同采用不同计量单位，有关工种的最小工作面可参考表 2.1。

表 2.1　有关工种工作面参考数据表

工 作 项 目	每个技工的工作面	工 作 项 目	每个技工的工作面
砌 740 厚基础	4.2m/人	现浇钢筋混凝土梁	3.20m³/人（机拌、机捣）
砌 240 砖墙	8.5m/人	现浇钢筋混凝土楼板	5m³/人（机拌、机捣）
砌 120 砖墙	11m/人	外墙抹灰	16m²/人
砌框架砖墙	6m/人	内墙抹灰	18.5m²/人
浇筑混凝土柱、墙基础	8m³/人（机拌、机捣）	卷材屋面	18.5m²/人
现浇钢筋混凝土桩	2.45m³/人（机拌、机捣）	门窗安装	11m²/人

2.2.2.2 施工层

在组织流水施工时，为了满足专业工种对操作高度和施工工艺的要求，将拟建工程项目在竖向上划分的若干个操作面，称为施工层。施工层一般以 j 表示。

施工层的划分，要按工程项目的具体情况，根据建筑物的高度、楼层来确定。如砌筑工程的施工层高度一般为 1.2m，室内抹灰、装饰、油漆玻璃和水电安装等，可按楼层进行施工层划分。

2.2.2.3 施工段

为了有效地组织流水施工，通常把施工对象在平面上按施工工艺和施工组织的要求划分成若干个施工段落，这些施工段落称为施工段。施工段数目常以 m 表示，它也是流水施工的基本参数之一。

一般情况下，每一施工段在某一时间内只供一个施工过程的作业班组使用；在一个施工段上，只有前一个施工过程工作队提供了足够工作面时，后一个施工过程工作队才能进入该段从事下一个施工过程的施工。

划分施工段是组织流水施工的基础。由于建筑工程产品生产的单件性，可以说它并不适于组织流水施工；但产品体型庞大的固有特征，又为组织流水施工提供了空间条件。划分施工段正是为组织流水施工提供必要的空间条件。其作用在于使某一施工过程能集中施工力量，迅速完成一个施工段上的工作内容，及早空出工作面为下一施工创造条件，从而保证不同施工过程能同时在不同工作面上进行施工。

划分施工段为各施工队组提供了一个有明确界限的施工空间，以便使不同的施工过程能在不同的施工空间内组织连续的、均衡的、有节奏的施工。在不同的分部工程中，可以采用相同或不同的划分办法。在同一分部工程中最好采用统一的段数；但也不能排除特殊情况，如在单层工业厂房的预制工程中，柱和屋架的施工段划分就不一定相同。对于多栋同类型房屋的施工，可按"栋号"为段组织大流水施工。

划分施工段时主要应考虑施工段的段界位置和大小、多少等因素。施工段的段界位置应满足施工技术方面的要求，施工段的大小、多少还应满足施工组织方面的要求。

施工段划分的大小与多少应适当，过多势必要减少工人数而延长工期，过少又会造成资源供应过分集中，给流水施工组织带来困难。划分施工段时应考虑以下几点：

（1）有利于结构的整体性。施工段的分界线，应与施工对象的结构构造设置相一致，同时也必须满足施工技术规范的要求。如当房屋中设有沉降缝、抗震缝、伸缩缝、高低层交界线等，则施工段分界线应与这些结构构造设置线相一致；结构对称中心往往是划分施工段的界限。

多层房屋竖向分段（层）一般与结构层一致。不同分部工程划分施工段的方法是不一样的，这也是流水作业以分部工程为基本对象组织施工的重要原因。如基础施工一般在平面内按长度或区域划分施工段，主体结构一般要在平面上划分施工段并在竖向上也要划分施工层，装修工程一般沿楼层竖向划分施工层等。

（2）尽量使主导施工过程工作队能连续施工。由于各施工过程的工程量不同、所需最小工作面不同、施工工艺要求不同等原因，如要求所有工作队都连续工作、所有施工段上都连续有工作队在工作，有时往往是不可能的。具体组织安排时，应尽量避免施工过程或作业班组的非连续施工，特别是对于主导施工过程更应保证连续施工。

（3）保证有足够的工作面且符合劳动组合的要求。施工段不能划分得太小，至少应满足施工班组人员和机具最小搭配后的活动范围要求；最小劳动组合是指能充分发挥作业班组劳动效率时的最少工人数及其合理的组合，应根据施工经验确定，如人工打夯一般至少有6人才能操作；砌墙应规定技工和普工的比例。若施工段划分太小，为保证最小工作面则必须减少劳动工人数量，不仅会延长工期，甚至会破坏合理劳动组合。

另外，施工段不能划分得过大。如果过大，当施工人员和机具设备较少时，会造成作业面浪费；当施工人员和机具设备充足时，又会形成资源供应高峰集中的不合理现象。

（4）各施工段的劳动量基本相等。即施工段的大小应尽可能一致。所谓施工段的大小一致，是指施工段的形状尺寸一致，工程量或劳动量相差不大，以使施工工序每段作业时间相等，有利于流水作业的组织。建设产品的多样性决定了所划分的各施工段工程量不可能都相等，施工段的大小不可能像工业产品那样大小统一、规格一致，因此只能要求尽可能一致，一般控制在15%的差别以内，即可通过作业队的努力，基本上达到每段作业时间相等。

（5）对于多层和高层建筑物，施工段数目要满足合理流水施工组织的要求。如果施工段数少于施工过程专业施工队组数，由于一个施工段上一般只能容纳一个施工队组进行工作，这会使超过施工段数的队组因无作业场所而窝工。当然，如果施工段数多于专业施工队组数，则除在每个施工段上安置一个队组外，必然还会有施工段空闲而得不到充分利用，但一定数量施工段的空闲可使作业计划具有弹性，是合理的。若施工段的数量远大于施工段上的施工过程数，则各施工过程的专业施工班组可利用众多不同的施工段充分实现平行作业，提高作业效率。从这个意义上讲，施工段数应大于施工过程专业施工队组数。实际施工中，建筑工程产品不可能无限制地划分施工段，但至少应有两个施工段，否则就不可能组织流水作业。

当专业队组在各施工段上循环性作业时，要求施工段数大于或等于施工过程专业施工队组数。如在多层房屋的主体施工中，不仅要在平面上划分施工段，还要在竖向上划分施工层，各施工过程在每层进行循环性作业，要使各施工过程专业班组不停工、窝工，要求所划分的施工段数至少与施工过程数相同，即满足 $m \geq n$；但当组织无层间施工时，施工段数与施工过程（作业组）数之间一般可不受此约束，不过仍以施工段数等于施工过程数为佳。

2.2.3　时间参数及其确定

在组织流水施工时，用以反映一个流水过程中各施工过程在每一施工段上完成工作的速度和彼此在时间上制约关系的参数，称为时间参数。它包括流水节拍、流水步距、间歇时间、搭接时间和流水工期等。

2.2.3.1　流水节拍

流水节拍是指某个施工过程在某个施工段上的工作时间，常用 t_{ij} 表示。其大小受到项目施工方案、流水方式、各施工段投入资源及施工段大小等因素的影响。它反映了流水施工速度的快慢、节奏感的强弱和资源消耗量的多少。由于施工段的大小可能不一致，同一施工过程在不同的施工段上流水节拍可能不一样，因此确定流水节拍就是确定施工过程每段作业时间。确定流水节拍通常有以下两种方法。

A　根据资源的实际投入量计算

即根据各施工段的工程量、能够投入的资源量，按式（2.3）进行计算：

$$t_{ij} = \frac{Q_{ij}}{S_i R_i N_i} = \frac{Q_{ij} H_i}{R_i N_i} = \frac{P_{ij}}{R_i N_i} \tag{2.3}$$

式中　t_{ij}——第 i 施工过程在第 j 施工段的流水节拍；

Q_{ij}——第 i 施工过程在第 j 施工段要完成的工程量；

S_i——第 i 施工过程的产量定额；

H_i——第 i 施工过程的时间定额；

P_{ij}——第 i 施工过程在第 j 施工段需要的劳动量或机械台班数量，$P_{ij} = \dfrac{Q_{ij}}{S_i}$ 或 $P_{ij} = Q_{ij} H_i$；

R_i——第 i 施工过程投入的工作人数或机械台数；

N_i——第 i 施工过程专业工作队的工作班次。

【例 2.1】　某砌筑工程，工程量为 1260.52m³，根据工程具体情况分成了 4 个施工段，每段的工程量相等。施工队有 12 人。每天按一个工作班施工。查得劳动定额为 0.317 工日/m³，求该砌筑工程的流水节拍。

解： 根据式（2.3）可得：

$$t = \frac{1260.52 \times 0.317}{1 \times 12 \times 4} = 8(\text{d})$$

该砌筑工程的流水节拍为 8d。

B　根据施工工期确定流水节拍

对某些施工任务在规定日期内必须完成的工程项目，往往采用倒排进度法。流水节拍直接影响工期，当施工段不变时，流水节拍越小工期就越短。当施工工期限定后，即可从工期反推流水节拍：首先根据工期假定一个流水节拍，然后根据式（2.3）求得需要的工人数量或机械数量，最后再检查最小工作面是否满足要求。若发现不能满足要求，则适当延长工期，从而减少人工、机械的需求量，以满足要求。若工期不能延长，则可以增加资源的供应次数或采取一天多班次作业（最多三班次）以满足要求。

流水节拍的大小对工期有直接影响，通常在施工段数不变的情况下，流水节拍越小工期越短。从理论上讲，总是希望流水节拍越短越好；但实际上由于工作面的限制，每一施工过程都有最短的流水节拍。所谓最短的流水节拍，是指工序专业施工队组中每人占有的最小作业面，亦即施工段上人数达到饱和情况下的每段作业时间，这个时间在合理条件下不可能再缩短。其数值可按式（2.4）计算：

$$t_{\min} = \frac{A_{\min}\mu}{S} \tag{2.4}$$

式中　$t_{\min}$——某施工过程在某施工段的最短流水节拍；

　　　$A_{\min}$——每个工人所需最小工作面；

　　　μ——单位工作面工程量含量；

　　　S——产量定额。

不论按上述哪种方法确定流水节拍，都不应小于最短流水节拍。因此在确定流水节拍时，最好先计算出最短的流水节拍作为考虑基础。如果是先确定每段作业时间，也应根据最短流水节拍加以检核；同样，根据最小劳动组合可确定最大流水节拍。然后根据现有条件和施工要求确定合适的人数求得流水节拍，该流水节拍总是在最大和最小流水节拍之间。为避免工作队频繁转移浪费工时，当求得的流水节拍不为整数时应尽量取整数，不得已时可取半天或半天的倍数，即流水节拍在数值上最好是半个班的整倍数。同时还应使实际安排的与计算需要的劳动量相接近。

此外，还应尽可能使同一施工过程乃至不同施工过程的流水节拍相等，以便组织等节奏流水，当不同施工流水节拍相等有一定困难时，应尽可能地使其流水节拍成倍数关系，以便组织异节奏流水。

2.2.3.2　流水步距

相邻两施工过程（或专业工作队组）在保证施工顺序、满足连续施工、最大限度搭接和保证工程质量要求的条件下，先后投入流水施工的时间间隔，称为流水步距，以 K 表示。在一般情况下，是指相邻细部流水之间搭接施工的最小时间间隔。做到搭接时间间隔最小，可以充分利用作业面，最大限度地实现不同施工过程的细部流水平行施工，提高施工效率，缩短工期。

流水步距的数量多少，取决于参加流水的施工过程数或作业班组总数，如施工过程数为 n 个，则流水步距的总数就是 $n-1$ 个。

流水步距的大小对工期影响很大，在施工段不变的情况下，流水步距小工期就短。流水步距应结合施工工艺、流水形式和施工条件确定，并尽可能满足以下要求：

（1）在一个施工段上，前一施工过程完成后，后一施工过程应尽可能早地开始施工；

（2）同一施工过程，施工队在各个施工段上应尽可能保持连续施工；

（3）前后两个施工过程应最大限度地组织平行施工。

2.2.3.3　平行搭接时间

在组织流水施工时，有时为了缩短工期，在工作面允许的条件下，如果前一个专业工作队完成部分施工任务后，能够提前为后一个专业工作队提供工作面，使后者提前进入前一个施工段，两者在同一施工段上平行搭接施工，这个搭接的时间称为平行搭接时间，通常以 C 表示。

2.2.3.4　技术间歇时间

在流水施工中，由于施工工艺或施工组织原因造成的在流水步距以外增加的间歇时间称为技术间歇时间，如混凝土浇筑后的养护时间、砂浆抹面、施工机械转移和油漆面的干燥时间等，通常以 Z 表示。

2.2.3.5　流水工期

流水工期 T 是指一个流水过程中，从第一个施工过程（或工作队）开始进入流水施工，到最后一个施工过程（或工作队）施工结束所需的全部时间。对于全面采用流水施工的工程对象来说，流水施工工期即为工程对象的施工总工期。

2.3　流水施工的组织方式

根据不同施工项目施工组织的特点和进度计划的要求，流水施工可分成不同的种类。按照流水施工的节奏特征可以将流水施工分为有节奏流水施工和无节奏流水施工两类。有节奏流水施工又可分为等节奏流水施工和异节奏流水施工两类。

2.3.1　等节奏流水施工

2.3.1.1　等节奏流水施工的定义

等节奏流水施工也称为固定节拍流水施工。它是指参与流水施工的各个施工过程中，同一施工过程在不同的施工段上流水节拍相等，不同的施工过程在同一施工段上的流水节拍也彼此相等的流水施工组织方式。

2.3.1.2　特点

（1）参与流水施工的各个施工过程流水节拍彼此相等。

（2）参与流水施工的各个施工过程的流水步距彼此相等，且等于流水节拍。

（3）每一个施工过程只安排一个专业施工队，也就是专业施工队数等于施工过程数。

（4）每个专业施工队都能保持连续施工，施工段没有空闲，施工队不出现窝工现象。

2.3.1.3　工期计算

工期计算是组织流水施工中的主要工作内容，计算出工期才能根据施工过程、施工段、流水节拍等绘制出进度计划横道图。流水工期计算步骤如下：

（1）分解施工过程，确定施工顺序及施工流水线（施工流水线是指工程施工时，不同专业施工队按照施工的先后顺序，沿着施工对象的一定方向先后进行施工的一条工作路线）。

（2）计算流水节拍。

（3）确定流水步距。

（4）划分施工段：

1）不划分施工层。不划分施工层时，施工段根据划分施工段的原则确定即可。

2）划分施工层。为保证在各个施工层之间专业施工队能够连续施工，施工段的数目应满足下列要求：

① 无技术间歇时间和搭接时间时，施工段的最小值 $m_{min} = n$。

② 有技术间歇时间和搭接时间时，应取 $m > n$。此时，每层施工段空闲数目为 $m - n$。由于每个施工过程的流水节拍彼此相等，并且都等于 t，可知每层的空闲时间为 $(m - n)t$。

根据等节奏流水施工的特点可知，$t = K$，则有：

$$(m - n)t = (m - n)K$$

如果一个施工层内各个施工过程之间的技术间歇时间之和为 $\sum Z_1$，施工层间的技术间歇时间为 Z_2，各个施工过程之间的搭接时间为 C，则施工段的最小值为：

$$m = n + \frac{\sum Z_1 + Z_2 - \sum C}{K}$$

如果每层的 $\sum Z_1$ 不相等，各施工层之间的 Z_2 也不相等，那么可以取各层的最大值，则施工段的最小值为：

$$m = n + \frac{\max\{\sum Z_1\} + \max\{Z_2\} - \sum C}{K}$$

（5）计算工期。

1）不划分施工层。固定节拍流水施工工期公式为：

$$T = \sum K_{ij} + mt + \sum Z_1 - \sum C$$

因为参与流水施工的施工过程流水节拍相等，流水步距也相等，故有：

$$\sum K_{ij} = (n - 1)K, \quad t = K$$

固定节拍流水施工工期公式可以改写为：

$$T = (n - 1)K + mK + \sum Z_1 - \sum C = (m + n - 1)K + \sum Z_1 - \sum C \quad (2.5)$$

2）划分施工层。固定节拍流水施工工期公式为：

$$T = (m \cdot r + n - 1)K + \sum Z_1^1 - \sum C^1 \quad (2.6)$$

式中　r——施工层数；

$\sum Z_1^1$——第一个施工层中各个施工过程之间的技术间歇时间之和；

$\sum C^1$——第一个施工层中各个施工过程之间的搭接时间之和；

其他符号含义同前。

其中，没有层间的间歇和第二层及第二层以上的技术间歇时间，因为它们均已包含在公式中的 $m \cdot r \cdot K$ 中。

【例2.2】 某砖混结构工程的主体工程，根据工程量情况划分成两个施工段。该分项工程由 A、B、C、D 四个施工过程组成，经计算得到每个施工过程的流水节拍为3d，A 施工过程完工后需养护1d才能进行 B 施工过程的施工，B 施工过程完工后需要1d的间歇时间才能进行 C 施工过程的施工。在工期没有限定的情况下，试组织流水施工并绘制出进度计划横道图。

解：（1）由已知条件可知，应组织等节奏流水施工。其中 $t = 3\text{d}$，$m = 2$，可以得出：

$$K = t = 3\text{d}$$

（2）计算工期。根据式（2.5）可得工期为：

$$T = (m + n - 1)K + \sum Z_1 - \sum C = (2 + 4 - 1) \times 3 + (1 + 1) - 0 = 17(\text{d})$$

（3）进度计划横道图如图2.6所示。

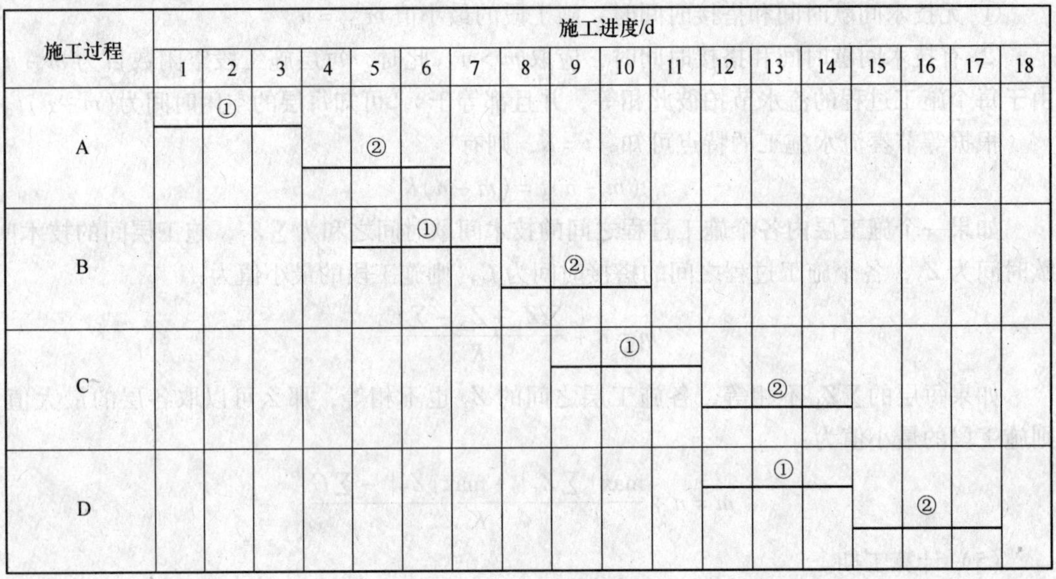

施工过程	施工进度/d																	
	1	2	3	4	5	6	7	8	9	10	11	12	13	14	15	16	17	18
A		①			②													
B						①			②									
C										①			②					
D													①			②		

图2.6　进度计划横道图

【例2.3】 某学生公寓的一个分部工程由4个施工过程组成，分别为 A、B、C、D，划分成两个施工层组织流水施工。施工过程 B 完成后需要1d的技术间歇时间，层间间歇时间为2d，根据工程量和劳动组织情况计算得到流水节拍均为1d。为高效组织施工，根据所学知识组织流水施工，计算工期并绘制施工进度计划横道图。

解：根据已知条件和有关知识可以组织等节奏流水施工。

（1）确定流水步距。根据已知条件可得流水节拍 $t = 1\text{d}$，所以流水步距

$$K = t = 1\text{d}$$

（2）确定施工段数。由已知条件可得本分部工程分两个施工层，根据施工段计算公式可得：

$$m = n + \frac{\sum Z_1 + Z_2 - \sum C}{K} = 4 + \frac{1+2-0}{1} = 7（段）$$

（3）计算工期。由式（2.6）可得：

$$T = (m \cdot r + n - 1)K + \sum Z_1^1 - \sum C^1 = (7 \times 2 + 4 - 1) \times 1 + 1 - 0 = 18（d）$$

（4）绘制流水施工进度计划横道图，如图 2.7 所示。

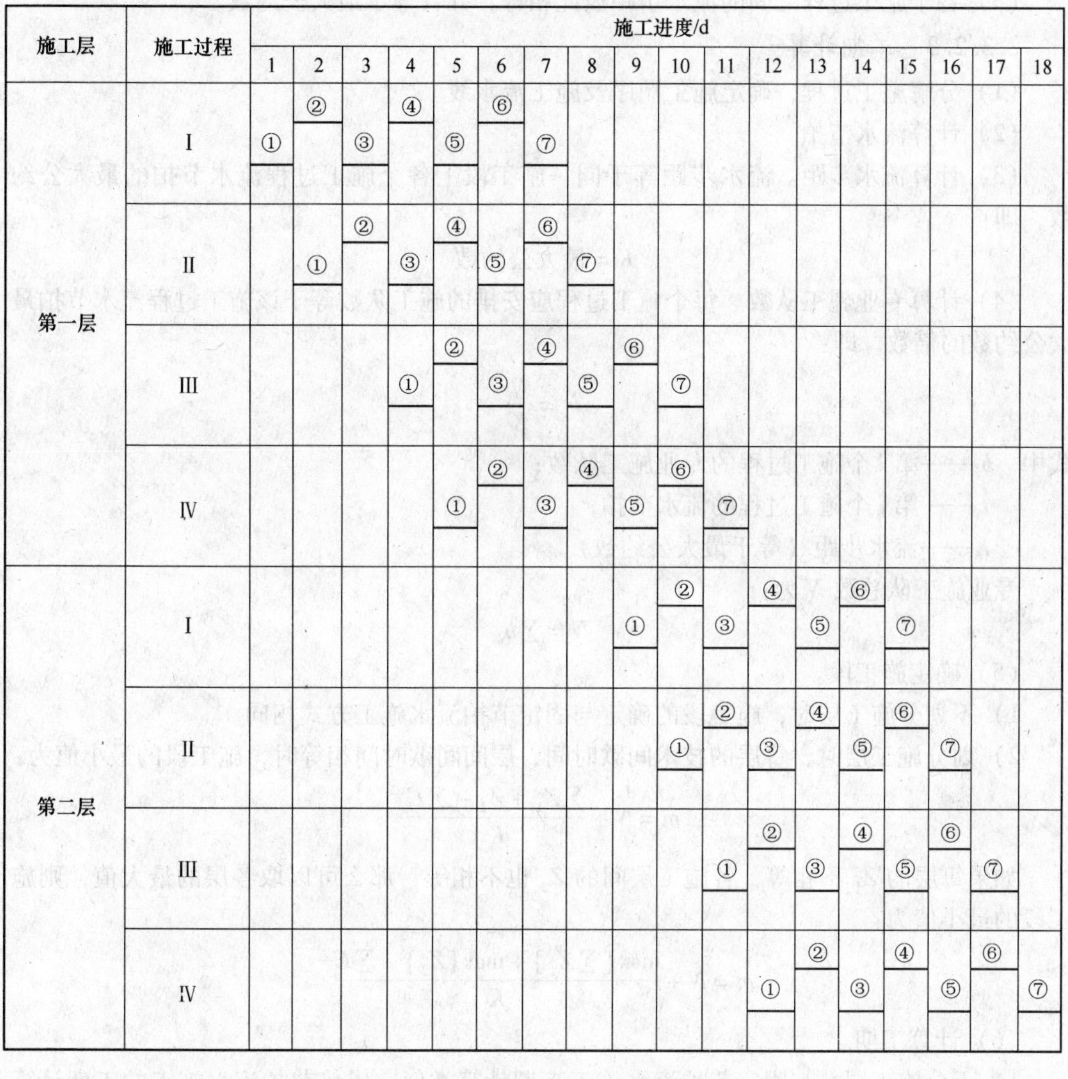

施工层	施工过程	施工进度/d																	
		1	2	3	4	5	6	7	8	9	10	11	12	13	14	15	16	17	18
第一层	Ⅰ	①	②	③	④	⑤	⑥	⑦											
	Ⅱ		①	②	③	④	⑤	⑥	⑦										
	Ⅲ			①		②	③	④	⑤	⑥	⑦								
	Ⅳ					①	②	③	④	⑤	⑥	⑦							
第二层	Ⅰ									①	②	③	④	⑤	⑥	⑦			
	Ⅱ										①	②	③	④	⑤	⑥	⑦		
	Ⅲ											①	②	③	④	⑤	⑥	⑦	
	Ⅳ												①	②	③	④	⑤	⑥	⑦

图 2.7　流水施工进度计划横道图

2.3.2　成倍节拍流水施工

2.3.2.1　成倍节拍流水施工的定义

在异节奏流水施工中，当同一个施工过程在每个施工段上的流水节拍相等，同一施工段上不同施工过程的流水节拍不完全相等，但是它们之间有最大公约数时，这时每个施工过程安排的专业施工队数等于该施工过程流水节拍最大公约数的倍数。这种方式即为成倍节拍流水施工。

2.3.2.2　特点

（1）专业施工队数大于施工过程数。

（2）不同施工过程在同一个施工段上的流水节拍之间存在一个最大公约数，但是同一施工过程在不同施工段上的流水节拍彼此相等。

（3）各个施工过程之间的流水步距彼此相等，并且等于最大公约数。

2.3.2.3　工期计算

（1）分解施工过程，确定施工顺序及施工流水线。

（2）计算流水节拍。

（3）计算流水步距。流水步距等于同一施工段上各个施工过程流水节拍的最大公约数，即：

$$K = 最大公约数$$

（4）计算专业施工队数。每个施工过程应安排的施工队数等于该施工过程流水节拍最大公约数的倍数，即：

$$b_i = \frac{t_i}{K}$$

式中　b_i——第 i 个施工过程的专业施工队数；

　　　t_i——第 i 个施工过程的流水节拍；

　　　K——流水步距（等于最大公约数）。

专业施工队总数 N 为：

$$N = \sum b_i$$

（5）确定施工段。

1）不划分施工层时，施工段的确定与固定节拍流水施工方式相同。

2）划分施工层时，每层的技术间歇时间、层间间歇时间相等时，施工段的最小值为：

$$m = N + \frac{\sum Z_1 + Z_2 - \sum C}{K}$$

如果每层的 Z_1 不相等，各施工层间的 Z_2 也不相等，那么可以取各层的最大值，则施工段的最小值为：

$$m = N + \frac{\max\{\sum Z_1\} + \max\{Z_2\} - \sum C}{K}$$

（6）计算工期。

1）不分施工层。与固定节拍流水施工工期计算类似，成倍节拍流水施工的工期计算公式为：

$$T = \sum K_{ij} + mt + \sum Z_1 - \sum C$$

通过增加专业施工队的数目，使得施工队投入施工的流水步距也相等，则有：

$$\sum K_{ij} = (N-1)K$$

成倍节拍流水施工工期公式可以改写为：

$$T = (N-1)K + mK + \sum Z_1 - \sum C = (m + N - 1)K + \sum Z_1 - \sum C \qquad (2.7)$$

式中符号含义同前。

2）划分层施工：

$$T = (m \cdot r + N - 1)K + \sum Z_1^1 - \sum C^1 \qquad (2.8)$$

式中符号含义同前。

【例 2.4】 某工程项目的一分部工程根据工程量及相关数据划分成 3 个施工过程，施工顺序依次为 A、B、C，共划分为 3 个施工段，各个施工过程的流水节拍为 $t_A = 3d$，$t_B = 3d$，$t_C = 6d$。根据流水施工的有关原理，试组织流水施工求出工期，绘制施工进度横道图。

解： 根据已知条件和有关知识可以组织成倍节拍流水施工。

其中：
$$m = 3$$

（1）计算流水步距。流水步距等于各施工过程的最大公约数，由已知条件可知最大公约数为 3，即：

$$K = 3d$$

（2）计算专业施工队数：

$$b_A = \frac{t_A}{K} = \frac{3}{3} = 1（个）$$

$$b_B = \frac{t_B}{K} = \frac{3}{3} = 1（个）$$

$$b_C = \frac{t_C}{K} = \frac{6}{3} = 2（个）$$

专业施工队总数为：$N = \sum b_i = 1 + 1 + 2 = 4$（个）

（3）计算工期。本分部工程没有划分施工层，由式（2.7）可得：

$$T = (m + N - 1)K + \sum Z_1 - \sum C = (3 + 4 - 1) \times 3 + 0 - 0 = 18（d）$$

（4）绘制流水施工进度计划横道图，如图 2.8 所示。

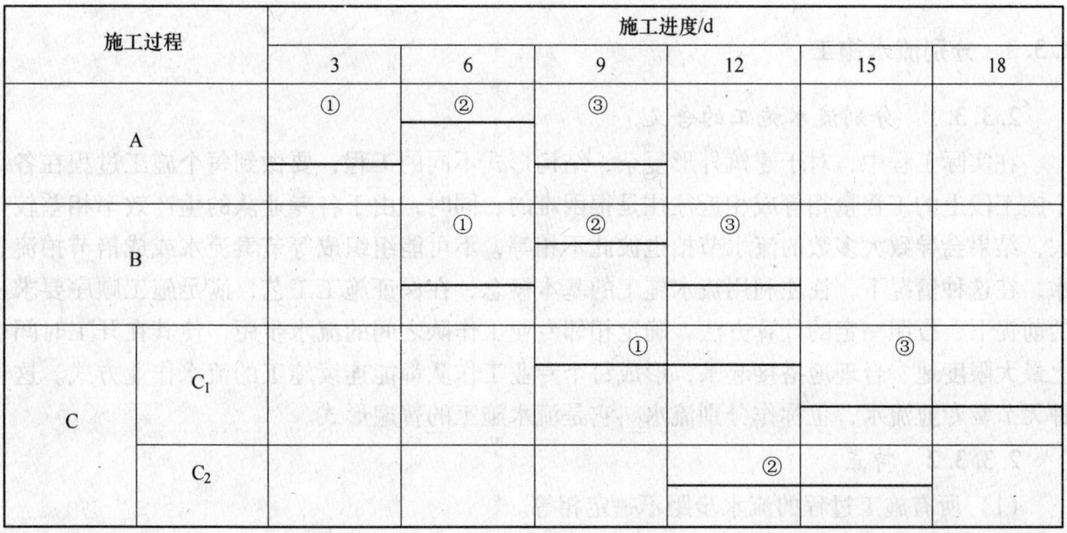

施工过程		施工进度/d					
		3	6	9	12	15	18
A		①	②	③			
B			①	②	③		
C	C₁				①	③	
	C₂				②		

图 2.8　流水施工进度计划横道图

【例2.5】 某教学楼工程中，对部分工程组织流水施工。根据工程量情况共划分为两个施工层，每个施工层都划分为 3 个施工过程，施工顺序依次为 A、B、C，每个施工过程在每个施工层上的流水节拍分别为 $t_A = 2d$，$t_B = 4d$，$t_C = 2d$。当 C 施工过程施工完毕后，需要有 2d 的间歇时间，A 施工过程的专业施工队才能转移到第二个施工层的第一个施工段施工。根据流水施工的相关原理组织施工，计算出工期并绘制出施工进度横道图。

解： 根据已知条件和有关知识可以组织成倍节拍流水施工。

（1）计算流水步距。流水步距等于各施工过程的最大公约数，由已知条件可知最大公约数为 2，即：

$$K = 2d$$

（2）计算专业施工队数：

$$b_A = \frac{t_A}{K} = \frac{2}{2} = 1（个）$$

$$b_B = \frac{t_B}{K} = \frac{4}{2} = 2（个）$$

$$b_C = \frac{t_C}{K} = \frac{2}{2} = 1（个）$$

专业施工队总数为：　　　　$N = \sum b_i = 1 + 2 + 1 = 4$（个）

（3）确定施工段：

$$m = N + \frac{\sum Z_1 + Z_2 - \sum C}{K} = 4 + \frac{0 + 2 - 0}{2} = 5（段）$$

（4）计算工期：

$$T = (m \cdot r + N - 1)K + \sum Z_1^1 - \sum C^1 = (5 \times 2 + 4 - 1) \times 2 + 0 - 0 = 26（d）$$

（5）绘制流水施工进度计划横道图，如图 2.9 所示。

2.3.3　分别流水施工

2.3.3.1　分别流水施工的含义

在实际工程中，对于建筑外形复杂，结构形式不同的工程，要做到每个施工过程在各个施工段上的工程量相等或相近往往是很困难的，同时，由于各专业队的生产效率相差较大，结果会导致大多数的流水节拍也彼此不相等，不可能组织成等节奏流水或成倍节拍流水，在这种情况下，往往利用流水施工的基本概念，在保证施工工艺，满足施工顺序要求的前提下，按照一定的计算方法，确定相邻专业工作队之间的流水步距，使其在开工时间上最大限度地、合理地搭接起来，形成每个专业工作队都能连续施工的流水作业方式。这种无节奏专业流水，也称作分别流水。它是流水施工的普遍形式。

2.3.3.2　特点

（1）所有施工过程的流水步距不一定相等。

（2）专业施工队数等于施工过程数。

（3）专业施工队能够连续施工，只是可能存在施工段空闲。

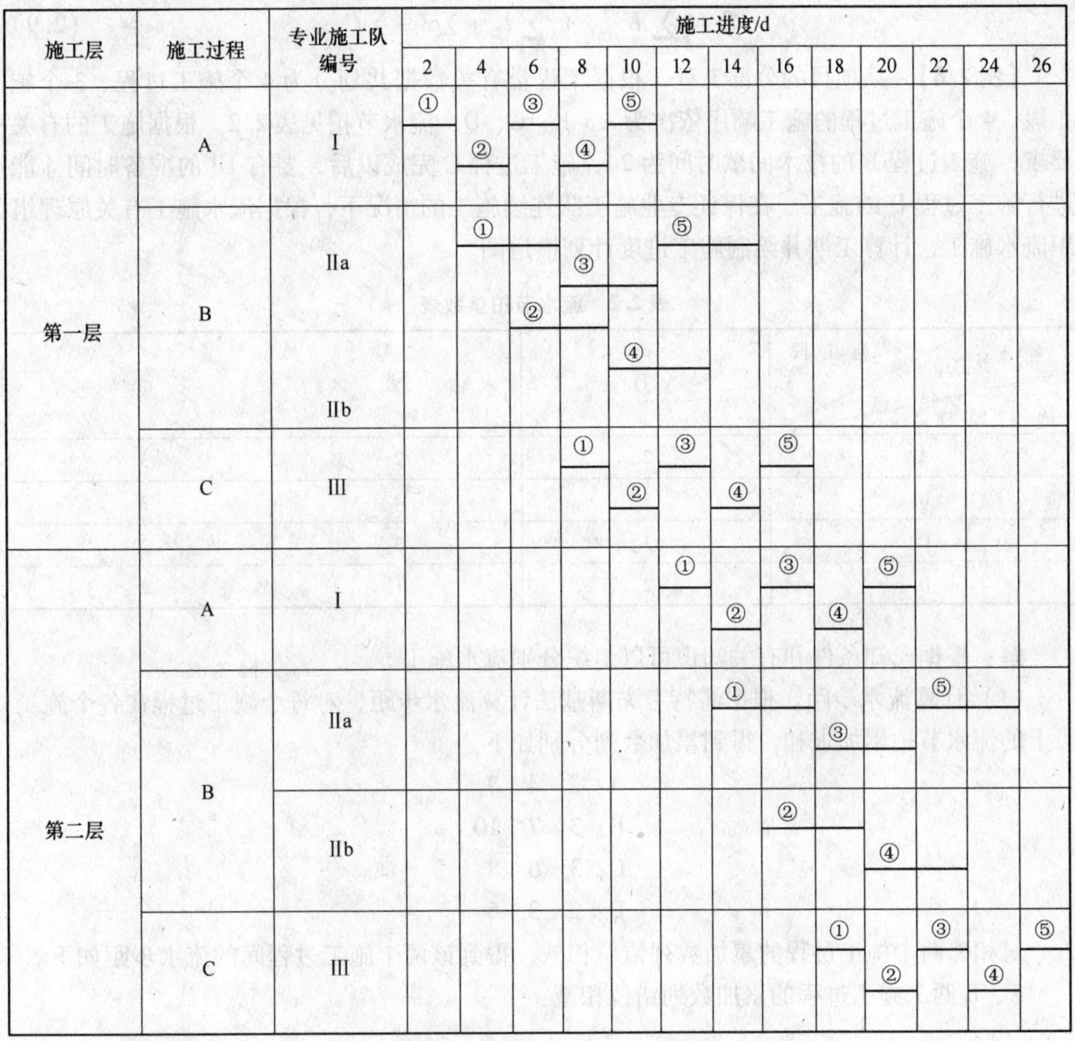

施工层	施工过程	专业施工队编号	施工进度/d												
			2	4	6	8	10	12	14	16	18	20	22	24	26
第一层	A	I	①		③		⑤								
				②		④									
	B	IIa		①	③		⑤								
					②										
		IIb				④									
	C	III				①	②	③	⑤						
								④							
第二层	A	I					①	③		⑤					
								②	④						
	B	IIa						①	③		⑤				
		IIb							②	④					
	C	III								①	②	③	④	⑤	

图 2.9　流水施工进度计划横道图

2.3.3.3　工期计算

（1）分解施工过程，确定施工顺序及施工流水线。

（2）划分施工段。施工段的确定与固定节拍流水施工方式相同。

（3）计算各个施工过程在各个施工段上的流水节拍。

（4）计算流水步距。组织分别流水施工时，流水步距的确定是关键，最常用的方法是潘特考夫斯基法，该方法的步骤为：

1）对每个施工过程在各个施工段上的流水节拍进行累加求和，得到累加数列。

2）将相邻两个施工过程流水节拍形成的数列错位相减，得到差数列。

3）差数列中的最大数值，即为该相邻施工过程的流水步距。

（5）计算工期。根据固定节拍流水施工工期计算原理，可得分别流水施工的工期计算公式：

$$T = \sum_{i=1}^{n-1} K_{i,i+1} + \sum_{j=1}^{m} t_j + \sum Z - \sum C \tag{2.9}$$

【例2.6】 某项目的分部工程，根据工程量有关数据共划分为4个施工过程、3个施工段，4个施工过程的施工顺序依次为 A、B、C、D，流水节拍见表2.2。根据施工的有关要求，施工过程 B 的技术间歇时间为2d，施工过程 C 完成以后，要有 1d 的准备时间才能进行施工过程 D 的施工。在保证专业施工队连续施工的情况下，根据流水施工有关原理组织流水施工，计算工期并绘制施工进度计划横道图。

表 2.2　流水节拍参数表

流水节拍/d　　施工段 施工顺序	①	②	③
A	2	2	3
B	3	4	3
C	3	3	2
D	2	1	2

解： 根据已知条件和有关知识可以组织分别流水施工。

（1）计算流水步距。根据潘特考夫斯基法计算流水步距，对每个施工过程在各个施工段上的流水节拍累加求和，得到累加数列分别如下。

$$A：2 \quad 4 \quad 7$$
$$B：3 \quad 7 \quad 10$$
$$C：3 \quad 6 \quad 8$$
$$D：2 \quad 3 \quad 5$$

对相邻两个施工过程的累加数列错位相减，得到该两个施工过程间的流水步距如下。

A、B 两个施工过程的累加数列错位相减：

$$
\begin{array}{rrrr}
2 & 4 & 7 & \\
- & 3 & 7 & 10 \\
\hline
2 & 1 & 0 & -10
\end{array}
$$

得到　　　　　　　　　　　　$K_{AB} = 2d$

B、C 两个施工过程的累加数列错位相减：

$$
\begin{array}{rrrr}
3 & 7 & 10 & \\
- & 3 & 6 & 8 \\
\hline
3 & 4 & 4 & -8
\end{array}
$$

得到　　　　　　　　　　　　$K_{BC} = 4d$

C、D 两个施工过程的累加数列错位相减：

$$
\begin{array}{rrrr}
3 & 6 & 8 & \\
- & 2 & 3 & 5 \\
\hline
3 & 4 & 5 & -5
\end{array}
$$

得到 $K_{CD} = 5d$

（2）计算工期：

$$T = \sum_{i=1}^{n-1} K_{i,i+1} + \sum_{j=1}^{m} t_j + \sum Z - \sum C = (2+4+5) + (2+1+2) + 1 + 2 - 0 = 19(d)$$

（3）绘制流水施工进度计划横道图，如图 2.10 所示。

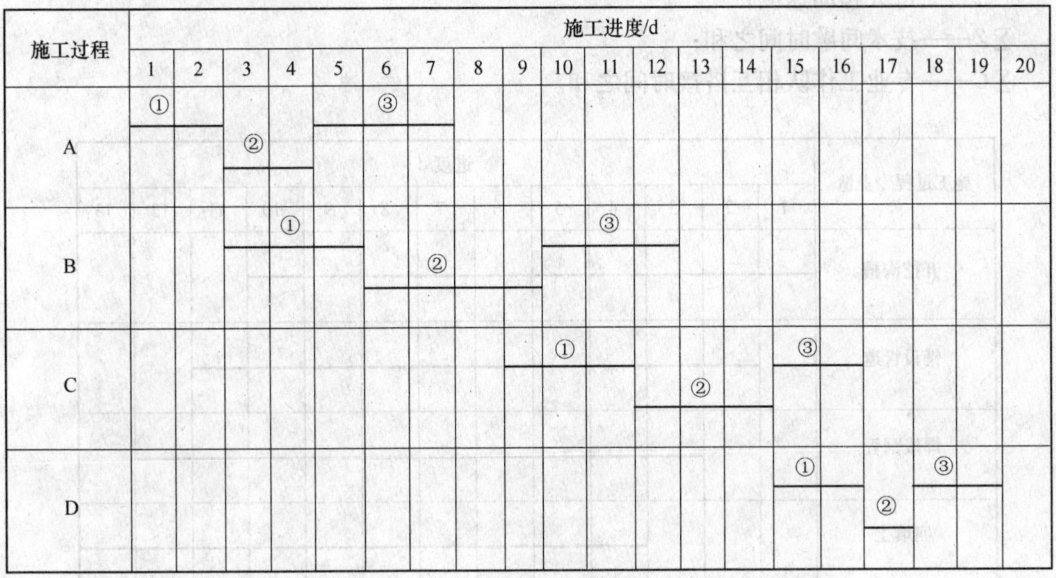

施工过程	施工进度/d																			
	1	2	3	4	5	6	7	8	9	10	11	12	13	14	15	16	17	18	19	20
A	①		②			③														
B				①		②					③									
C										①		②				③				
D															①	②		③		

图 2.10　流水施工进度计划横道图

2.3.4　流水线法

在工程中常会遇到延伸很长的构筑物，如道路、沟渠、管道等，这类工程称为线性工程。对线性工程所组织的流水施工称流水线法。其组织方法的具体步骤如下：

（1）将线性工程对象划分成若干个施工过程；

（2）通过分析，找出对工期起主导作用的施工过程；

（3）根据完成主导施工过程的工作队或机械的每班生产率确定专业工作队的移动速度；

（4）再根据这一速度设计其他施工过程的流水作业，使之与主导施工过程相配合。即工艺上密切联系的专业工作队，按一定的工艺顺序相继投入施工，各专业队以一定的速度沿着线性工程的长度方向不断向前移动，每天完成同样长度的工程任务。

【例2.7】　某管道工程长 500m，由开挖沟槽、铺设管道、焊接钢管和回填土 4 个施工过程组成。经分析，开挖沟槽是主导施工过程，每天可挖 50m。故其他施工过程都应以每天 50m 的施工速度向前推进，即每隔 1d 投入一个专业工作队。这样，便可对 500m 长的管道工程按图 2.11 所示，组织流水线法施工。

解：流水线法施工工期的计算式为：

$$T = (N-1) + \frac{L}{v}K + \sum Z - \sum C$$

令 $m = L/v$，则：

$$T = (m + N - 1)K + \sum Z - \sum C \qquad (2.10)$$

式中　L——线性工程总长度；

　　　K——流水步距；

　　　N——工作队数；

　　　v——每天移动速度；

　　　$\sum Z$——技术间歇时间之和；

　　　$\sum C$——专业工作队相互搭接时间之和。

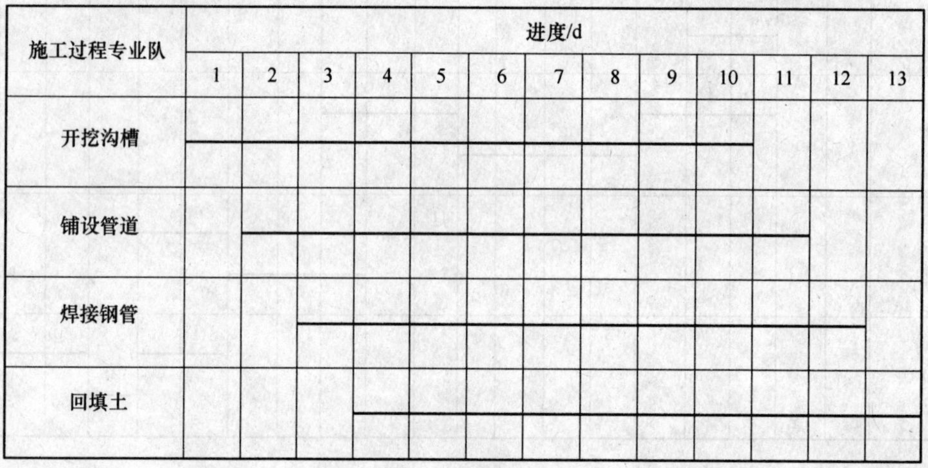

施工过程专业队	进度/d												
	1	2	3	4	5	6	7	8	9	10	11	12	13
开挖沟槽													
铺设管道													
焊接钢管													
回填土													

图 2.11　流水线法施工计划

本例中，$K = 1$，$N = 4$，$m = 500/50 = 10$，故：

$$T = (10 + 4 - 1) \times 1 = 13(\text{d})$$

复习思考题

2-1　组织施工的方式有哪几种，各自的特点又是什么？

2-2　试述流水参数的概念及其分类。

2-3　简述施工段和施工过程划分的原则。

2-4　如何确定流水节拍和流水步距？

2-5　试述固定节拍流水和成倍节拍流水的组织方法。

2-6　试述分别流水的组织方法，如何确定其流水步距。

2-7　试组织某分部工程的流水施工，划分施工段，绘制水平指示图表，并确定其工期。

　　(1) $t_1 = t_2 = t_3 = 2\text{d}$；

　　(2) $t_1 = 1\text{d}$，$t_2 = 2\text{d}$，$t_3 = 1\text{d}$；

　　(3) $t_1 = 2\text{d}$，$t_2 = 1\text{d}$，$t_3 = 3\text{d}$。

2-8　某二层现浇钢筋混凝土工程，其框架平面尺寸为 15m×144m，沿长度方向每隔 48m 设伸缩缝一道。已知绑扎钢筋 2d，支模板 1d，浇筑混凝土需要 3d，层间技术间歇为 2d。试组织流水施工并绘制进度表。

2-9 某施工项目由Ⅰ、Ⅱ、Ⅲ、Ⅳ共4个分项工程组成，它在平面上划分为6个施工段。各分项工程在各个施工段上的持续时间见下表。分项工程Ⅱ完成后，其相应施工段至少有技术间歇2d，分项工程Ⅲ完成后，它的相应施工段应有组织间歇时间1d。试组织该工程的流水施工。

分项工程 施工段	①	②	③	④	⑤	⑥
Ⅰ	3	2	3	4	2	3
Ⅱ	3	4	2	3	3	2
Ⅲ	4	2	3	2	4	2
Ⅳ	3	3	2	3	2	4

3 网络计划技术

3.1 概述

3.1.1 网络计划技术的发展历程

网络计划技术是指利用网络图的形式来进行计划和控制的一种现代化管理方法。网络计划技术产生于 20 世纪 50 年代中期，1955 年，美国杜邦公司提出设想。1958 年初，实际应用于价值 1000 万美元的新工厂建设中，加上维修计划，仅一年就节约了约 100 万美元，该方法后来被称为肯定型网络计划技术或 CPM 法。1958 年，在研究北极星潜艇计划中，美国又提出了另一种非肯定型网络计划技术，被称为 PERT 法，提前两年完成项目，节约了大量资金。这两种方法由于其巨大的成效，很快被各行各业所采用，并在世界上许多国家流行。

当前，世界上工业发达国家都非常重视现代管理科学，美国、日本、德国和俄罗斯等国建筑界公认网络计划技术为当前最先进的计划管理方法，其主要用于进行规划、计划和实施控制，在缩短建设周期、提高工效、降低造价以及提高生产管理水平方面取得了显著的效果。

我国从 20 世纪 60 年代中期，在已故著名数学家华罗庚教授的倡导下，开始在国民经济各部门试点应用网络计划方法，当时将这种方法命名为"统筹方法"，此后在工农业生产实践中开展了推广和应用；1980 年成立了全国性的统筹法研究会，1982 年在中国建筑学会的支持下，成立了建筑统筹管理研究会；目前，全国多数高校的土木和管理专业都开设了网络计划技术课程；我国推行工程项目管理和工程建设监理的企业和人员均进行网络计划学习和应用。网络计划技术是控制工程进度的有效方法，已有多项工程的成功应用实例。

为了进一步推进网络计划技术的研究、应用和教学，我国于 1991 年发布了行业标准《工程网络计划》，1992 年发布了国家标准《网络计划技术》，将网络计划技术的研究和应用提升到新水平。十几年来，这些标准化文件在规范网络计划技术的应用、促进该领域的科学研究等方面发挥了重要作用。目前正在使用中的是 2000 年 2 月 1 日起施行的《工程网络计划技术规程》（JGJ/T 121—1999）。

网络计划技术与横道计划法相比，克服了横道计划不能全面反映出整个施工活动中各工序之间的联系和相互依赖与制约的关系，以及不能反映出关键工序和机动时间的缺点。它从工程整体出发，统筹安排，明确地表明了施工过程中所有各工序之间的逻辑关系和彼此联系，把计划变成了一个有机的整体；同时突出了管理工作应抓住的关键工序，显示了各工序的机动时间，从而使掌握计划的管理人员做到胸有全局，知道从哪里下手去缩短工期，怎样更好地利用人力和设备，使工程达到最佳的经济效益，获得好、快、省、安全的效果。

3.1.2　网络计划的基本概念

3.1.2.1　基本定义

（1）网络图。它是由箭线和节点按照一定规则组成的、用来表示工作流程的、有向有序的网状图形。网络图分为单代号网络图和双代号网络图两种形式。用一条箭线与其前后两个节点来表示一项工作的网络图称为双代号网络图；用一个节点表示一项工作，以箭线表示工作顺序的网络图称为单代号网络图。

（2）网络计划。它是利用网络图表达工作顺序、任务构成并加注工作时间参数等编制而成的进度计划。

（3）工程网络计划技术。它是用网络计划对工程的进度进行安排和控制，以保证实现预定目标的科学的计划管理技术。

3.1.2.2　基本原理

（1）把一项工程的全部建造过程分解成若干项工作，并按各项工作的施工顺序和相互制约关系绘制成网络图形。

（2）通过网络图时间参数的计算，找出决定工期的关键工作和关键线路。

（3）利用最优化原理，不断改进网络计划的初始方案，寻求最优方案。

（4）在网络计划执行过程中，对其进行有效的监督和控制，达到合理安排人力、物力和资源的目的，以最少的资源消耗，获得最大的经济效果。

3.1.3　网络计划的分类

按照不同的分类原则，可以将网络计划分成不同的类型。

（1）按性质分类。

1）肯定型网络计划。肯定型网络计划是指工作、工作与工作之间的逻辑关系以及工作持续时间都肯定的网络计划。在这种网络计划中，各项工作的持续时间都是确定的单一的数值，整个网络计划有确定的计划总工期。

2）非肯定型网络计划。非肯定型网络计划是指工作、工作与工作之间的逻辑关系和工作持续时间中一项或多项不肯定的网络计划。在这种网络计划中，各项工作的持续时间只能按概率方法确定出 3 个值，整个网络计划无确定的计划总工期。

（2）按表示方法分类。

1）单代号网络计划。单代号网络计划是指单代号表示法绘制的网络计划。在网络图中，每个节点表示一项工作，箭线仅用来表示各项工作间相互制约、相互依赖关系。

2）双代号网络计划。双代号网络计划是以双代号表示法绘制的网络计划。在网络图中，箭线用来表示工作。目前，施工企业多采用这种网络计划。

（3）按目标分类。

1）单目标网络计划。单目标网络计划是指只有一个终点节点的网络计划，即网络图只具有一个最终目标。如一个建筑物的施工进度计划只有一个工期目标的网络计划。

2）多目标网络计划。多目标网络计划是指终点节点不止一个的网络计划。此种网络计划具有若干个独立的最终目标。

（4）按有无时间坐标分类。

1）时标网络计划。时标网络计划是指以时间坐标为尺度绘制的网络计划。在网络图中，每项工作箭线的水平投影长度，与其持续时间成正比。如编制资源优化的网络计划即为时标网络计划。

2）非时标网络计划。非时标网络计划是指不按时间坐标绘制的网络计划。在网络图中，工作箭线长度与持续时间无关，可按需要绘制。通常绘制的网络计划都是非时标网络计划。

（5）按层次分类。

1）分级网络计划。分级网络计划是根据不同管理层次的需要而编制的范围大小不同、详细程度不同的网络计划。

2）总网络计划。总网络计划是以整个计划任务为对象编制的网络计划，如群体网络计划或单项工程网络计划。

3）局部网络计划。以计划任务的某一部分为对象编制的网络计划称为局部网络计划，如分部工程网络图。

（6）按工作衔接特点分类。

1）普通网络计划。工作间关系均按首尾衔接关系绘制的网络计划称为普通网络计划。

2）搭接网络计划。按照各种规定的搭接时距绘制的网络计划称为搭接网络计划，网络图中既能反映各种搭接关系，又能反映相互衔接关系。

3）流水网络计划。充分反映流水施工特点的网络计划称为流水网络计划。

3.2　双代号网络计划

3.2.1　双代号网络图的组成

双代号网络图主要由工作、节点和线路 3 个基本要素组成。

3.2.1.1　工作

A　工作的表示

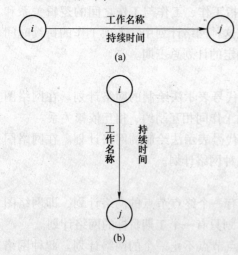

图 3.1　双代号网络中的工作

工作又称工序，是指计划任务按需要粗细程度划分而成的一个消耗时间或消耗资源的子项目或子任务。它是网络图的组成要素之一，在双代号网络图中工作用一条箭线与其两端的圆圈（节点）表示，如图 3.1（a）所示，图中 i 为箭尾节点，表示工作的开始；j 为箭头节点，表示工作的结束。工作的名称写在箭线的上面，完成工作所需要的时间写在箭线的下面；若箭线垂直画时，工作名称写在箭线左侧，工作持续时间写在箭线右侧，如图 3.1（b）所示。工作箭线的长短，在无时间坐标的网络图中，原则上可以任意画，但必须满足网络逻辑关系，且在同一张网络图中，箭线的画法要求统一。在有时间坐标的网络图中，其箭线的长度必须根据完成该项工作所需持续时间的大小按比例绘制。箭线所指的方向表示工作进行的方向，其方向尽可能由左向右画出。箭线优先选用水平方向。

根据一项计划（或工程）的规模不同，其划分的粗细程度、大小范围也不同。如对于一个规模较大的建设项目来讲，一项工作可能代表一个单位工程或一个构筑物；对于一个单位工程，一项工作可能只代表一个分部或分项工作。

B 工作的分类

（1）按照工作是否需要消耗时间或资源，工作通常可以分为 3 种：

1）需要消耗时间和资源的工作（如浇筑基础混凝土）。

2）只消耗时间而不消耗资源的工作（如混凝土的养护）。

3）既不消耗时间，也不消耗资源的工作。

前两种是实际存在的工作，称为"实工作"，用实箭线表示；后一种是人为的虚设工作，只表示相邻前后工作之间的逻辑关系，称为"虚工作"，以虚箭线表示，如图 3.2 所示。

图 3.2 双代号网络中的虚工作

（2）按照网络图中工作之间的相互关系，可将工作分为：

1）紧前工作。如图 3.3 所示，相对工作 i—j 而言，紧排在本工作 i—j 之前的工作，称为工作 i—j 的紧前工作，即工作 h—i 完成后本工作即可开始。

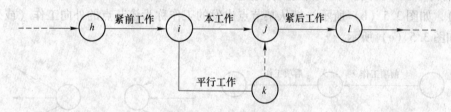

图 3.3 工作间的关系

2）紧后工作。如图 3.3 所示，紧排在本工作 i—j 之后的工作，称为工作 i—j 的紧后工作，本工作完成之后，紧后工作 j—l 即可开始。否则，紧后工作就不能开始。

3）平行工作。如图 3.3 所示，可以和本工作 i—j 同时开始和同时结束的工作，i—k 就是 i—j 的平行工作。

4）起始工作。即没有紧前工作的工作。

5）结束工作。即没有紧后工作的工作。

6）先行工作。自起点节点至本工作开始节点之前各条线路上的所有工作，称为本工作的先行工作。

7）后续工作。本工作结束节点之后至终点节点之前各条线路上的所有工作，称为本工作的后续工作。

绘制网络图时，最重要的是明确各工作之间的紧前或紧后关系，其他任何复杂的关系都能借助网络图中的紧前或紧后关系表达出来。

3.2.1.2　节点

在网络图中表示工作的开始、结束或连接关系的圆圈称为节点。

在网络图中，节点不同于工作，它只标志着工作的开始和结束的瞬间，具有承上启下的衔接作用，而不需要消耗时间或资源。如图 3.4 中的节点 3，它表示工作 B 的结束时刻和工作 D、E 的开始时刻。节点的另一个作用如前所述，在网络图中，一项工作用其前后两个节点的编号来表示。如图 3.4 所示，工作 E 用节点"3—5"表示。

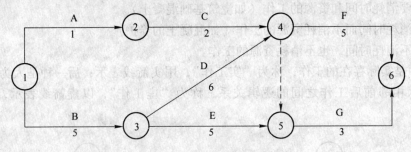

图 3.4　双代号网络示意图

箭线出发的节点称为开始节点，箭线进入的节点称为完成节点，表示整个计划开始的节点称为网络图的起点节点，表示整个计划最终完成的节点称为网络图的终点节点，其余称为中间节点。所有的中间节点都具有双重的含义，既是前面工作的完成节点，又是后面工作的开始节点，如图 3.5（a）所示。在一个网络图中可以有许多工作通向一个节点，也可以有许多工作由同一个节点出发。把通向某节点的工作称为该节点的内向工作（或内向箭线），如图 3.5（b）所示；把从某节点出发的工作称为该节点的外向工作（或外向箭线），如图 3.5（c）所示。

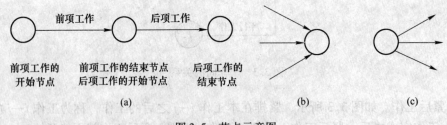

图 3.5　节点示意图
（a）节点关系；（b）内向工作；（c）外向工作

3.2.1.3　线路

网络图中从起点节点开始，沿箭线方向连续通过一系列箭线与节点，最后到达终点节点所经过的通路，称为线路。每一条线路都有自己确定的完成时间，它等于该线路上各项工作持续时间的总和，称为线路时间。

图 3.4 中共有 5 条线路，其中线路 1—3—4—6 的线路时间最长，为 16 个时间单位。像这样在网络图中线路时间最长的线路称为关键线路，位于关键线路上的工作为关键工作，关键线路上的节点称为关键节点。

在网络图中关键线路有时不止一条，可能同时存在几条关键线路，即这几条线路上的线路时间相同且是线路时间的最大值。关键线路并不是一成不变的，在一定的条件下，关键线路和非关键线路可以相互转化；位于非关键线路上的工作，除关键工作外，其余为非关键工作，它具有机动时间（即时差）。非关键工作也不是一成不变的，它可以转化为关键工作，例如，在图3.4中，F的工作时间缩短为2d，或F的工作时间保持不变，G的工作时间延长为6d，这两种情况下，原来的非关键线路1—3—4—5—6转化为关键线路。利用非关键工作的机动时间可以科学地、合理地调配资源，对网络计划进行优化。

3.2.2　双代号网络图的绘制

3.2.2.1　双代号网络图中的逻辑关系及表示方法

A　逻辑关系

逻辑关系，是指工作进行时客观上存在的一种先后顺序关系。在表示施工计划的网络计划中，应根据施工工艺和施工组织的要求，正确地反映各项工作之间的相互依赖和相互制约关系，这也是网络计划和横道图之间最大的不同之处。各工作间的逻辑关系的表示是否正确，是网络图能否反映工程实际情况的关键。

要画出一个正确反映工程逻辑关系的网络图，首先要具体解决每项工作的3个问题：该工作必须在哪些工作之前进行？该工作必须在哪些工作之后进行？该工作可以与哪些工作平行进行？如图3.6所示，就工作B而言，它必须在工作E之前进行，是工作E的紧前工作；工作B必须在工作A之后进行，是工作A的紧后工作，工作B可与工作C和工作D同时进行，是工作C和工作D的平行工作。

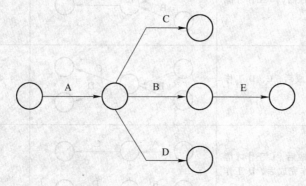

图3.6　工作的逻辑关系

这种严格的逻辑关系，必须根据施工工艺和组织的要求加以确定。其中工艺关系是指生产性工作之间由工艺过程决定的，非生产性工作之间由工作程序决定的先后顺序关系，如图3.7所示，支模1→扎筋1→混凝土1为工艺关系；组织关系是指工作之间由于组织安排需要或资源配备需要而规定的先后顺序关系，如图3.7所示，支模1→支模2、扎筋1→扎筋2等为组织关系。

B　各种逻辑关系的正确表示方法

一般，在工程项目施工计划安排过程中，常见工作逻辑关系的绘图表达方式通常可归纳为一定的模式，如表3.1所示。

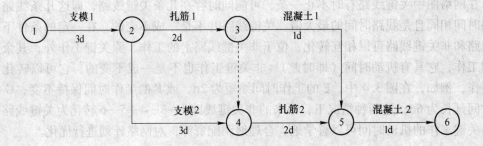

图 3.7　某混凝土工程的双代号网络计划

表 3.1　双代号网络图中各种常见的逻辑关系及其表达方式

序号	描述	表达方法	逻辑关系 工作名称	逻辑关系 紧前工作
1	A 工作完成后，B 工作才能开始		B	A
2	A 工作完成后，B、C 工作才能开始		B C	A A
3	A、B 工作完成后，C 工作才能开始		C	A, B
4	A、B 工作完成后，C、D 工作才能开始		C D	A, B A, B
5	A、B 工作完成后，C 工作才能开始，且 B 工作完成后，D 工作才能开始		C D	A, B B

3.2.2.2　双代号网络图中虚箭线的应用

通过前述各种工作逻辑关系的表示方法，可以清楚地看出，虚箭线不是一项正式的工作，而是在绘制网络图时根据逻辑关系的需要而增设的。虚箭线的作用主要是帮助正确表达各工作间的关系，避免逻辑错误。

　　A　虚箭线在工作逻辑连接方面的应用

绘制网络图时，经常会遇到表 3.1 中的第 5 种情况，从这 4 项工作的逻辑关系可以看出，A 的紧后工作为 C，B 的紧后工作为 D，但 C 又是 B 的紧后工作，为了把 B、C 两项工作紧前紧后的关系表达出来，这时就需要引入虚箭线。因虚箭线的持续时间是零，虽然B、C间隔有一条虚箭线，又有两个节点，但二者的关系仍是在B工作完成后，C工作才可能开始。

B　虚箭线在工作的逻辑"断路"方面的应用

绘制双代号网络图时，最容易产生的错误是把本来没有逻辑关系的工作联系起来了，就必须使用箭线在图上加以处理，以隔断不应有的工作联系。用虚箭线隔断网络图中无逻辑关系的各项工作的方法称为"断路法"。产生错误的地方总是在同时有多条内向和外向箭线的节点处，画图时应特别注意。

例如，绘制某基础工程的网络图，该基础共4项工作（挖槽、垫层、墙基础、回填土），分两段施工，如绘制成图3.8（a）的形式，就出现了表达错误。因为第二段施工段的挖槽（即挖槽2）与第一施工段的墙基（即墙基1）没有逻辑上的关系，同样第一施工段回填土（回填土1）与第二施工段垫层（垫层2）也不存在逻辑上的关系；但在图3.8（a）中却都存在关系，这是网络图中的原则性错误。

为避免上述情况，必须运用断路法，增加虚箭线来加以分隔，使墙基1仅为垫层1的紧后工作，而与挖槽2断路；使回填土1仅为墙基1的紧后工作，而与垫层2断路。正确的网络图应如图3.8（b）所示。

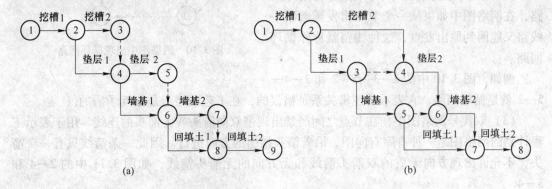

图3.8　虚箭线在"断路"中的应用
(a) 错误的逻辑表达；(b) 正确的逻辑表达

C　虚箭线在两项或两项以上的工作同时开始和同时完成时的应用

两项或两项以上的工作同时开始和同时完成时，必须引入虚箭线，以免造成混乱。图3.9（a）中，A、B两项工作的箭线共用①、②两个节点，1—2代号既可表示A工作，又可表示B工作，代号不清，就会在工作中造成混乱；而图3.9（b）中，引进虚箭线，即图中2—3，这样1—2表示A工作，1—3表示B工作，消除了两项工作共用一个双代号的错误现象。

可以看出，在绘制双代号网络图时，虚箭线的使用是非常重要的。但使用时应恰如其分，不得滥用。因为每增加一条虚箭线，一般就要相应地增加节点，不仅使图面繁杂，增加绘图工作量，而且还要增加时间参数计算量。因此，虚箭线的数量应以必不可少为限度，多余的必须删除。此外，还应注意在增加虚箭线后，有关工作的逻辑关系是否出现新的错误。

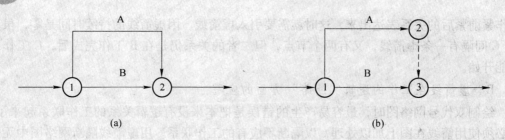

图3.9　虚箭线在多项工作同时开始或结束上的应用

（a）错误；（b）正确

3.2.2.3　绘制双代号网络图的基本规则

绘制双代号网络图时应当遵循以下基本规则：

（1）必须正确表达已定的逻辑关系。绘制网络图之前，要正确确定工作顺序，明确各工作之间的衔接关系，根据工作的先后顺序逐步把代表各项工作的箭线连接起来，绘制成网络图。

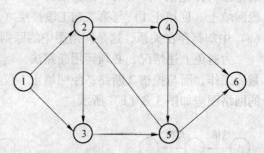

（2）双代号网络图中，严禁出现循环回路，在网络图中如果从一个节点出发顺着某一线路又能回到原出发点，这种线路就称作循环回路。

图3.10　网络图中出现循环回路

例如，图3.10中的2—3—5—2和2—4—5—2就是循环回路，它表示的逻辑关系是错误的，在工艺顺序上是相互矛盾的。

（3）双代号网络图中，在节点之间严禁出现带双向箭头或无箭头的连线。用于表示工程计划的网络图是一种有序有向图，沿着箭头指引的方向进行。因此一条箭线只有一个箭头，不允许出现方向矛盾的双箭头箭线和无方向的无箭头箭线，如图3.11中的2—4和3—4。

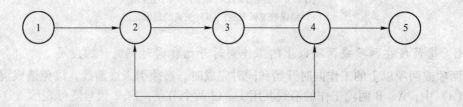

图3.11　出现双向箭头箭线和无箭头箭线错误的网络图

（4）在双代号网络图中，严禁出现没有箭头节点或没有箭尾节点的箭线。

图3.12（a）中出现了没有箭头节点的箭线；图3.12（b）出现了没有箭尾节点的箭线，都是不允许的。没有箭头节点的箭线，不能表示它所代表的工作在何处完成；没有箭尾节点的箭线，不能表示它所代表的工作在何时开始。

（5）可应用母线法绘图。当双代号网络图的某些节点有多条内向箭线或多条外向箭线时，在不违反"一项工作应只有唯一的一条箭线和相应的一对节点编号"的规定的前提

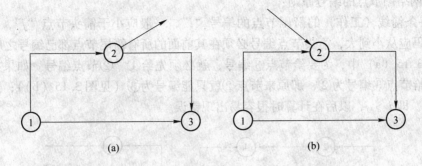

图 3.12　没有箭头节点和箭尾节点箭线的错误网络图

下，可使用母线法绘图。当箭线线型不同时，可在母线上引出的支线上标出。图 3.13 是母线的表示方法。

（6）网络图中，宜避免箭线交叉。绘制网络图时，箭线不宜交叉；当交叉不可避免时，可用过桥法或指向法。图 3.14（a）所示为过桥法；图 3.14（b）所示为指向法。

（7）只能有一个起点节点和终点节点。双代号网络图中应只有一个起点节点；在不分期完成任务的网络图中，应只有一个终点节点；而其他所有节点均应是中间节点。

3.2.2.4　网络图的编号

按照各项工作的逻辑顺序将网络图绘成之后，即可进行节点编号。节点编号的目的是赋予每项工作一个代号，并便于对网络图进行时间参数的计算。

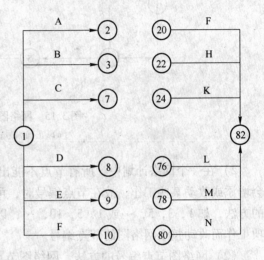

图 3.13　母线的表示方法

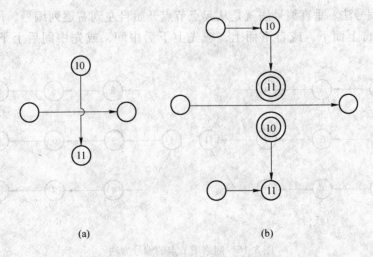

图 3.14　过桥法交叉与指向法交叉

（1）网络图节点的编号原则：

1）一条箭线（工作）的箭尾节点的编号"i"，一般应小于箭头节点"j"，即 $i < j$，编号时号码应从小到大，箭头节点编号必须在其前面的所有箭尾节点都已编号之后进行。

如图 3.15（a）中，为要给节点③编号，就必须先给①、②节点编号。如果在节点①编号后就给节点③编号为②，那原来节点②就只能编号为③（见图 3.15（b））；这样就会出现 3 - 2，即 $i > j$，以后在计算时很容易出现错误。

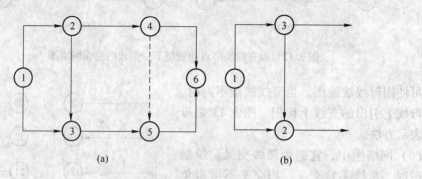

图 3.15　网络图节点的编号原则

（a）正确编号；（b）错误编号

2）在一个网络计划中，所有节点不能出现重复的编号。有时考虑到可能在网络图中会增添或改动某些工作，故在节点编号时，可预先留出备用的节点号，即采用不连续编号的方法，如 1，3，5，…或 1，5，10，…，以便于调整，避免以后由于中间增加一项或几项工作而改动整个网络图的节点编号。

（2）网络图节点编号的方法。网络图节点编号除应遵循上述原则，在编排方法上也有技巧，一般编号方法有两种，即水平编号法和垂直编号法。

1）水平编号法。水平编号法就是从起点节点开始由上到下逐行编号，每行则自左到右按顺序编排，如图 3.16（a）所示。

2）垂直编号法。垂直编号法就是从起点节点开始自左到右逐列编号，每列根据编号规则的要求或自上而下，或自下而上，或先上下后中间，或先中间后上下，如图 3.16（b）所示。

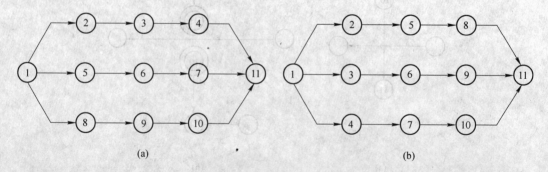

图 3.16　网络图节点的编号方法

（a）水平编号法；（b）垂直编号法

3.2.2.5 绘制步骤

当已知每一项工作的紧前工作时，可按下述步骤绘制双代号网络图：

（1）绘制没有紧前工作的工作箭线，使它们具有相同的开始节点，以保证网络图只有一个起点节点。

（2）依次绘制其他工作箭线。这些工作箭线的绘制条件是其所有紧前工作箭线都已经绘制出来。在绘制这些工作箭线时，应按下列原则进行：

1）当所要绘制的工作只有一项紧前工作时，将该工作箭线直接画在其紧前工作箭线之后即可。

2）当所要绘制的工作有多项紧前工作时，为了正确表达各工作之间的逻辑关系，先用两条或两条以上的虚箭线把紧前工作引到一起。可以按以下3种情况予以考虑：

① 有两项紧前工作时，C 的紧前工作有 A、B，如图 3.17（a）所示。

② 有 3 项紧前工作时，D 的紧前工作有 A、B、C，如图 3.17（b）所示。

③ D 的紧前工作有 A、B，E 的紧前工作有 A、B、C，如图 3.17（c）所示。

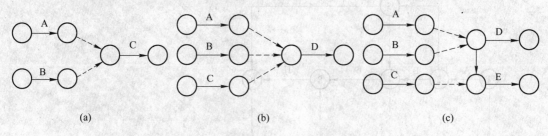

图 3.17　有多项紧前工作的虚箭线表示方法

（3）当各项工作箭线都绘制出来之后，应合并那些没有紧后工作的工作箭线的箭头节点，以保证网络图只有一个终点节点（多目标网络计划除外）。

（4）删除多余的虚箭线。

（5）当确认所绘制的网络图正确后，即可按前述原则和方法进行节点编号。

【例 3.1】 已知各工作之间的逻辑关系见表 3.2，试绘制双代号网络图。

表 3.2　逻辑关系表

工作名称	A	B	C	D	E	F	G	H	I	J	K	L	M	N	P
紧前工作	—	A	A	—	B、C	B、C、D	D	E、F	C	I、H	G、F	K、J	L	L	M、N

解：（1）绘制草图，如图 3.18 所示。

（2）删除多余的虚箭线。

（3）整理及编号。尽可能用水平线、竖向线表示，如图 3.19 所示。

（4）检查。根据网络图写出各工作的紧前工作，然后与表 3.2 对照是否一致。

【例 3.2】 已知工作间的逻辑关系见表 3.3，试绘制双代号网络图。

表 3.3　工作之间逻辑关系表

本工作	A	B	C	D	E	F	G	H	I	J	K	L	M	N	P	Q	R	S
紧前工作	-	A	A	A	B	C	C	E	F、H	F、H	D、G、I	J	K、L	K、L	K、L	M	N、Q	P、R

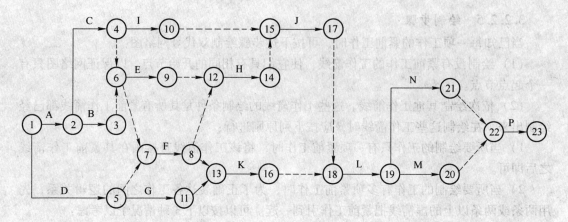

图 3.18　网络图草图

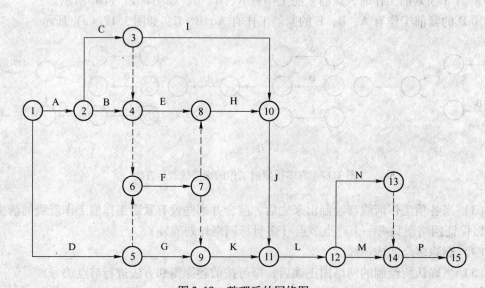

图 3.19　整理后的网络图

解：（1）根据工作间的逻辑关系绘制草图，如图 3.20 所示。

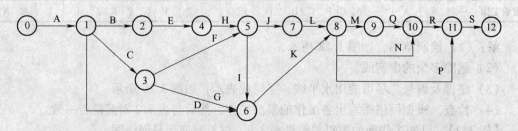

图 3.20　网络图草图

（2）适当调整节点位置。凡遇有交叉工作或带母线线型时，调整节点位置，排在竖向层次上，从而绘制成正式的双代号网络图（见图 3.21）。

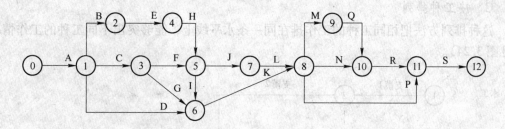

图 3.21 正式的网络图

3.2.2.6 工程施工网络计划的排列方法

为了使网络计划更条理化和形象化，在绘图时应根据不同的工程情况、不同的施工组织方法及使用要求等，灵活选用排列方法，以便简化层次，使各工作之间在工艺上及组织上的逻辑关系准确而清晰，便于施工组织者和工人掌握，也便于计算和调整。

A 混合排列

这种排列方法可以使图形看起来对称美观，但在同一水平方向既有不同工种的作业，也有不同施工段中的作业。一般用于绘制较简单的网络计划（见图 3.22）。

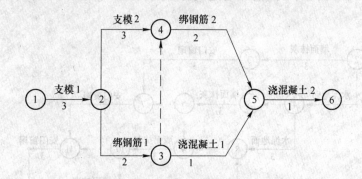

图 3.22 混合排列的网络图

B 按流水段排列

这种排列方法把同一施工段的作业排在同一条水平线，能够反映出工程分段施工的特点，突出表示工作面的利用情况（见图 3.23）。

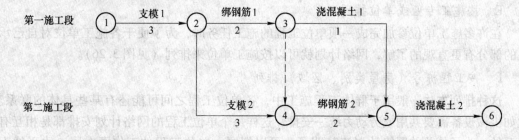

图 3.23 按流水段排列的网络图

C　按工种排列

这种排列方法把相同工种的工作排在同一条水平线上，能够突出不同工种的工作情况（见图3.24）。

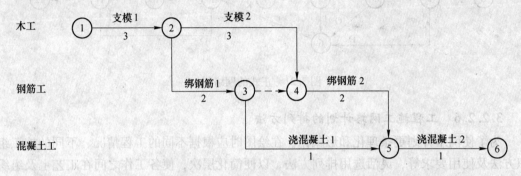

图3.24　按工种排列的网络图

D　按楼层排列

图3.25所示是一个一般室内装修工程的3项工作按楼层由上到下进行施工的网络计划。在分段施工中，当若干项工作沿着建筑物的楼层展开时，其网络计划一般都可以按楼层排列。

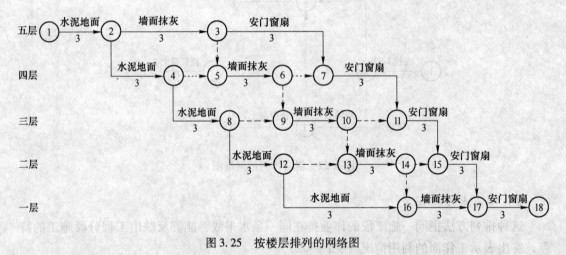

图3.25　按楼层排列的网络图

E　按施工专业或单位排列

在许多施工单位参加完成一项单位工程的施工任务时，为了便于各施工单位对自己承包的部分有更直观的了解，网络计划就可以按施工单位来排列（见图3.26）。

F　按工程栋号（房屋类别、区域）排列

这种排列方法一般用于群体工程施工中，各单位工程之间可能还有某些具体的联系。比如机械设备需要共用或劳动力统一安排，这样每个单位工程的网络计划安排都是相互有关系的，为了使总的网络计划清楚明了，可以把同一单位工程的工作画在同一水平线上（见图3.27）。

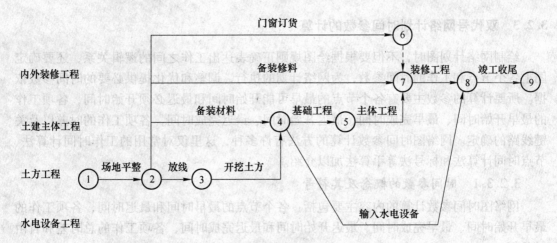

图 3.26 按施工专业或单位排列的网络图

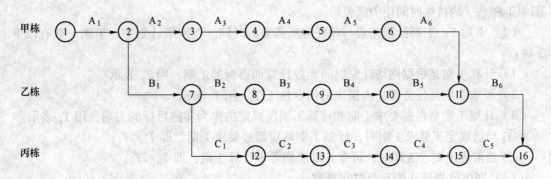

图 3.27 按工程栋号排列的网络图

G 按内外工程排列

在某些工程中，有时也按建筑物的室内工程和室外工程来排列网络计划，即室内外工程或地上地下工程分别集中在不同的水平线上（见图 3.28）。

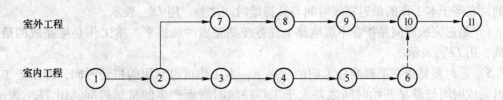

图 3.28 按内外工程排列的网络图

实际工作中可以按需要灵活选用以上几种网络计划的一种排列方法或把几种方法结合起来使用。网络图的图面布置是很重要的，给施工工地基层人员使用时，图面的布置更为重要，必须把施工过程中的时间与空间的变化反映清楚，要针对不同的使用对象分别采取适宜的排列方式。有许多网络图在逻辑关系上是正确的，但往往因为图面混乱，别人不易看清，导致无法发挥应有的作用。

3.2.3 双代号网络计划时间参数的计算

绘制网络计划图时，不但要根据绘图规则正确表达出工作之间的逻辑关系，还要确定图上各个节点和工作的时间参数，为网络计划的执行、调整和优化提供必要的时间参数依据。所要计算的参数主要有各个节点的最早可能开始时间和最迟必须开始时间，各项工作的最早开始时间、最早完成时间、最迟开始时间、最迟完成时间，各项工作的时差以及关键线路的确定。网络图时间参数计算的方法有许多种，这里仅对常用的工作时间计算法、节点时间计算法和标号法等手算法加以介绍。

3.2.3.1 时间参数的概念及其符号

网络图时间参数计算的内容主要包括：各个节点的最早时间和最迟时间，各项工作的最早开始时间、最早完成时间、最迟开始时间和最迟完成时间，各项工作的总时差和自由时差等。

（1）工作持续时间。工作持续时间是指一项工作从开始到完成的时间，在双代号网络图中工作 i—j 的持续时间用 D_{i-j} 表示。

（2）工期 T。工期泛指完成一项任务所需要的时间。在网络计划中，工期一般有以下 3 种：

1）计算工期是根据网络计划时间参数计算而得到的工期，用 T_c 表示。

2）要求工期是任务委托人提出的指令性工期，用 T_r 表示。

3）计划工期是根据要求工期和计算工期所确定的作为实施目标的工期，用 T_p 表示。

① 当已规定了要求工期时，计划工期不应超过要求工期，即 $T_p \leqslant T_r$；

② 当未规定要求工期时，可令计划工期等于计算工期，即 $T_p = T_c$。

（3）网络计划工作的 6 个时间参数：

1）最早开始时间是指在其所有紧前工作全部完成后，本工作有可能开始的最早时刻，用 ES_{i-j} 表示。

2）最早完成时间是指在其所有紧前工作全部完成后，本工作有可能完成的最早时刻，它等于本工作的最早开始时间与其持续时间之和，用 EF_{i-j} 表示。

3）最迟开始时间是指在不影响整个任务按期完成的前提下，本工作必须开始的最迟时刻，它等于本工作的最迟完成时间与其持续时间之差，用 LS_{i-j} 表示。

4）最迟完成时间是指在不影响整个任务按期完成的前提下，本工作必须完成的最迟时刻，用 LF_{i-j} 表示。

5）总时差是指在不影响总工期的前提下，本工作可以利用的机动时间，即由于工作最迟完成时间与最早开始时间之差大于工作持续时间而产生的机动时间，用 TF_{i-j} 表示。利用这段时间延长工作的持续时间或推迟其开工时间，不会影响计划的总工期。

工作总时差还有一个特点，就是它不仅属于本工作，而且与前后工作都有密切的关系，也就是说它为一条或一段线路共有。前一工作动用了工作总时差，其紧后工作的总时差将变为原总时差与已动用总时差的差值。

6）自由时差是指在不影响其紧后工作最早开始时间的前提下，本工作可以利用的机动时间，用 FF_{i-j} 表示。即工作可以在该时间范围内自由地延长或推迟作业时间，不会影响其紧后工作的开工。工作自由时差为工作总时差的一部分。某项工作的自由时差只属于该工作本身所有，与同一条线路上的其他工作无关。

（4）网络计划节点的两个时间参数：

1）节点最早时间是指在双代号网络计划中，以该节点为开始节点的各项工作的最早开始时间，用 ET_i 表示。

2）节点最迟时间是指在双代号网络计划中，以该节点为完成节点的各项工作的最迟完成时间，用 LT_i 表示。

3.2.3.2 工作时间参数计算法

所谓工作时间参数计算法，就是以网络计划中的工作为对象，直接计算各项工作的 6 项时间参数以及网络计划的计算工期。计算时，虚工作必须视同工作进行计算，其持续时间为零。各项工作时间参数的计算结果应标注在箭线之上，如图 3.29 所示。

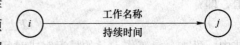

图 3.29　工作计算法的参数标注

A　最早开始时间和最早完成时间的计算

在一般网络计划中，要求任一工作必须等到紧前工作完成后才能开始。因此，工作最早开始时间必须在各紧前工作都计算后才能计算。这就使整个计算形成一个从起点节点开始，顺着箭线方向逐项进行，直至终点节点为止的加法过程。

凡是以起点节点为箭尾节点的工作 i—j，如未规定其最早开始时间，其值等于零。

其他工作的最早开始时间应等于其紧前工作（包括虚工作）最早完成时间的最大值：

$$ES_{i-j} = \max\{EF_{h-i}\} = \max\{ES_{h-i} + D_{h-i}\} \tag{3.1}$$

式中　ES_{i-j}——工作 i—j 的最早开始时间；

EF_{h-i}——工作 i—j 的紧前工作 h—i 的最早完成时间。

工作的最早完成时间等于该工作的最早开始时间加上其持续时间，即：

$$EF_{i-j} = ES_{i-j} + D_{i-j} \tag{3.2}$$

B　计算工期和计划工期

网络计划的计算工期，应等于以网络计划终点节点为完成节点的工作的最早完成时间的最大值，即：

$$T_c = \max\{EF_{i-n}\} \tag{3.3}$$

式中　T_c——网络计划的计算工期；

EF_{i-n}——以网络计划终点节点为完成节点的工作的最早完成时间。

当事先并未对计划提出工期要求时，可令计划工期等于计算工期。当提出要求工期时，可令计划工期小于等于要求工期，编出的计划能满足预定的工期目标。当计算工期小于或等于要求工期时，工期目标自然得到满足。但当计算工期大于要求工期时，就必须对原计划方案作出调整，主要是压缩关键工作的持续时间以缩短计划工期，满足工期要求。

C　最迟完成时间和最迟开始时间的计算

最迟开始时间应从网络图的终点节点开始，逆着箭线方向朝着起点节点依次逐项计算。当部分工作分期完成时，有关工作必须从分期完成的节点开始，逆着箭线方向逐项计算。因此，工作的最迟开始时间必须在各紧后工作都计算后才能计算，从而使整个计算工作形成一个逆箭线方向的减法过程。

以网络计划终点节点为完成节点的工作，其最迟完成时间等于网络计划的计划工期，即：

$$LF_{i-n} = T_p \tag{3.4}$$

式中　LF_{i-n}——以网络计划终点节点为完成节点的工作的最迟完成时间；

　　　T_p——网络计划的计划工期。

其他工作的最迟完成时间，应等于其紧后工作（包括虚工作）最迟开始时间的最小值，即：

$$LF_{i-j} = \min\{LS_{j-k}\} \tag{3.5}$$

式中　LF_{i-j}——工作 $i—j$ 的最迟完成时间；

　　　LS_{j-k}——工作 $i—j$ 的紧后工作 $j—k$ 最迟开始时间。

最迟开始时间对各项工作而言：

$$LS_{i-j} = LF_{i-j} - D_{i-j} \tag{3.6}$$

D　计算工作的总时差

根据定义，工作的总时差等于该工作最迟完成时间与最早完成时间之差，或该工作最迟开始时间与最早开始时间之差：

$$TF_{i-j} = LF_{i-j} - EF_{i-j} = LS_{i-j} - ES_{i-j} \tag{3.7}$$

通过计算不难看出总时差有如下特性：

（1）凡是总时差为最小的工作就是关键工作，由关键工作连接构成的线路为关键线路，关键线路上各工作时间之和即为总工期。如图 3.30 中，工作 1—3、4—6、6—7 为关键工作，线路①—③—④—⑥—⑦为关键线路。

（2）当网络计划的计划工期等于计算工期时，凡总时差大于零的工作为非关键工作，凡是具有非关键工作的线路即为非关键线路。

（3）总时差的使用具有双重性。它既可以被该工作使用，但又属于某非关键线路所共有。当某项工作使用了全部或部分总时差时，则将引起通过该工作的线路上所有工作总时差重新分配。如图 3.30 所示，非关键线路 1—2—7 中，如果工作 1—2 使用了 3d 机动时间，则工作 2—7 就只有 1d 总时差可利用。

E　计算工作的自由时差

对于有紧后工作的工作，其自由时差等于本工作的紧后工作最早开始时间减本工作最早完成时间所得之差：

$$FF_{i-j} = ES_{j-k} - EF_{i-j} \tag{3.8}$$

对于无紧后工作的工作，也就是以网络计划终点节点为完成节点的工作，其自由时差等于计划工期与本工作最早完成时间之差：

$$FF_{i-n} = T_p - EF_{i-n}$$

通过计算可知自由时差有如下特性：

自由时差为某非关键工作独立使用的机动时间，利用自由时差，不会影响其紧后工作的最早开始时间。如图 3.30 中，工作 1—4 有 2d 自由时差，如果使用了 2d 机动时间，也不影响紧后 4—6 的最早开始时间。

此外，非关键工作的自由时差必小于或等于其总时差。

需要指出的是，对于网络计划中以终点节点为完成节点的工作，其自由时差与总时差相等；由于工作的自由时差是其总时差的构成部分，所以当工作的总时差为零时，其自由时差必然为零，可不必进行专门计算。如图 3.30 所示，工作 1—3 和工作 6—7 的总时差全部为零，故其自由时差也全部为零。

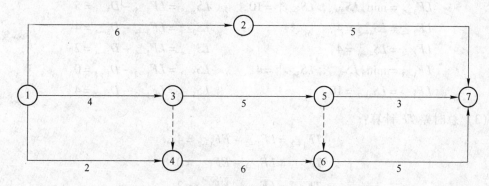

图 3.30 双代号网络计划

F 确定关键工作和关键线路

在网络计划中，总时差最小的工作为关键工作。特别地，当网络计划的计划工期等于计算工期时，总时差为零的工作就是关键工作。找出关键工作之后，将这些关键工作首尾相连，便至少构成一条从起点节点到终点节点的通路，通路上各项工作持续时间总和最大的就是关键线路，其上各项工作的持续时间总和应等于网络计划的计算工期。关键线路上可能有虚工作存在。关键线路一般用粗箭线或双线箭线标出。

【例 3.3】 下面以图 3.30 所示双代号网络计划为例，说明按工作时间参数计算法计算时间参数的过程。

解：（1）ES 和 EF 的计算。工作 1—2、工作 1—3 和工作 1—4 的最早开始时间为零：

$$ES_{1-2} = 0, \qquad EF_{1-2} = ES_{1-2} + D_{1-2} = 6$$
$$ES_{1-3} = 0, \qquad EF_{1-3} = ES_{1-3} + D_{1-3} = 4$$
$$ES_{1-4} = 0, \qquad EF_{1-4} = ES_{1-4} + D_{1-4} = 2$$
$$ES_{2-7} = EF_{1-2} = 6, \qquad EF_{2-7} = ES_{2-7} + D_{2-7} = 11$$
$$ES_{3-4} = EF_{1-3} = 4, \qquad EF_{3-4} = ES_{3-4} + D_{3-4} = 4$$
$$ES_{3-5} = EF_{1-3} = 4, \qquad EF_{3-5} = ES_{3-5} + D_{3-5} = 9$$
$$ES_{4-6} = \max\{EF_{1-4}, EF_{3-4}\} = 4, \qquad EF_{4-6} = ES_{4-6} + D_{4-6} = 10$$
$$ES_{5-6} = EF_{3-5} = 9, \qquad EF_{5-6} = ES_{5-6} + D_{5-6} = 9$$
$$ES_{5-7} = EF_{3-5} = 9, \qquad EF_{5-7} = ES_{5-7} + D_{5-7} = 12$$
$$ES_{6-7} = \max\{EF_{4-6}, EF_{5-6}\} = 10, \qquad EF_{6-7} = ES_{6-7} + D_{6-7} = 15$$

计算工期为 $\qquad T_c = \max\{EF_{2-7}, EF_{5-7}, EF_{6-7}\} = 15$

未规定要求工期，则计划工期等于计算工期。

（2）LS 和 LF 的计算。工作 2—7、工作 5—7 和工作 6—7 的最迟完成时间为计划工期：

$$LF_{6-7} = T_p = 15,\qquad LS_{6-7} = LF_{6-7} - D_{6-7} = 10$$
$$LF_{5-7} = T_p = 15,\qquad LS_{5-7} = LF_{5-7} - D_{5-7} = 12$$
$$LF_{2-7} = T_p = 15,\qquad LS_{2-7} = LF_{2-7} - D_{2-7} = 10$$
$$LF_{5-6} = LS_{6-7} = 10,\qquad LS_{5-6} = LF_{5-6} - D_{5-6} = 10$$
$$LF_{4-6} = LS_{6-7} = 10,\qquad LS_{4-6} = LF_{4-6} - D_{4-6} = 4$$
$$LF_{3-5} = \min\{LS_{5-6},\ LS_{5-7}\} = 10,\qquad LS_{3-5} = LF_{3-5} - D_{3-5} = 5$$
$$LF_{3-4} = LS_{4-6} = 4,\qquad LS_{3-4} = LF_{3-4} - D_{3-4} = 4$$
$$LF_{1-4} = LS_{4-6} = 4,\qquad LS_{1-4} = LF_{1-4} - D_{1-4} = 2$$
$$LF_{1-3} = \min\{LS_{3-4},\ LS_{3-5}\} = 4,\qquad LS_{1-3} = LF_{1-3} - D_{1-3} = 0$$
$$LF_{1-2} = LS_{2-7} = 10,\qquad LS_{1-2} = LF_{1-2} - D_{1-2} = 4$$

（3）总时差 TF 计算：

$$TF_{1-2} = LF_{1-2} - EF_{1-2} = 4$$
$$TF_{1-3} = LF_{1-3} - EF_{1-3} = 0$$
$$TF_{1-4} = LF_{1-4} - EF_{1-4} = 2$$
$$TF_{2-7} = LF_{2-7} - EF_{2-7} = 4$$
$$TF_{3-4} = LF_{3-4} - EF_{3-4} = 0$$
$$TF_{3-5} = LF_{3-5} - EF_{3-5} = 1$$
$$TF_{4-6} = LF_{4-6} - EF_{4-6} = 0$$
$$TF_{5-6} = LF_{5-6} - EF_{5-6} = 1$$
$$TF_{5-7} = LF_{5-7} - EF_{5-7} = 3$$
$$TF_{6-7} = LF_{6-7} - EF_{6-7} = 0$$

（4）自由时差 FF 计算：

$$FF_{1-2} = ES_{2-7} - EF_{1-2} = 0$$
$$FF_{1-3} = ES_{3-5} - EF_{1-3} = 0$$
$$FF_{1-4} = ES_{4-6} - EF_{1-4} = 2$$
$$FF_{2-7} = T_p - EF_{2-7} = 4$$
$$FF_{3-4} = ES_{4-6} - EF_{3-4} = 0$$
$$FF_{3-5} = ES_{5-7} - EF_{3-5} = 0$$
$$FF_{4-6} = ES_{6-7} - EF_{4-6} = 0$$
$$FF_{5-6} = ES_{6-7} - EF_{5-6} = 1$$
$$FF_{5-7} = T_p - EF_{5-7} = 3$$
$$FF_{6-7} = T_p - EF_{6-7} = 0$$

（5）确定关键线路。将 $TF = 0$ 的各工作相连，即①—③—④—⑥—⑦为关键线路。在图中用双箭线标出，如图 3.31 所示。

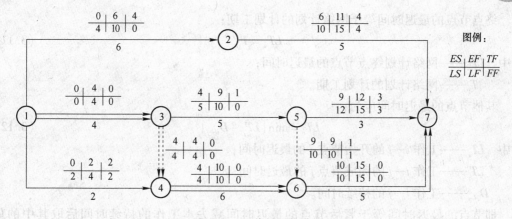

图 3.31 双代号网络计划

3.2.3.3 节点时间参数计算法

节点是箭线之间的连接点。在双代号网络计划中，节点时间参数表示前面工作完成和后面工作开始的时刻。所以只有节点最早时间和最迟时间两个节点时间参数。所谓节点时间参数计算法，就是先计算网络计划中各个节点的最早时间和最迟时间，然后再据此计算各项工作的时间参数和网络计划的计算工期。

A 计算节点的最早时间

节点最早时间就是该节点后各工作的最早开始时间，节点 i 的最早时间用 ET_i 表示，节点最早时间的计算要以紧前的节点时间为基础，这就使整个计算形成一个从起点节点开始，顺着箭线方向（从左向右）依次计算到终点节点为止的加法过程。其计算步骤如下：

网络计划起点节点如未规定最早时间时，其值等于零，即 $ET_1 = 0$。

其他节点的最早时间应为：

$$ET_j = \max\{ET_i + D_{i-j}\} \tag{3.9}$$

式中 ET_j——工作 i—j 的完成节点 j 的最早时间；

ET_i——工作 i—j 的开始节点 i 的最早时间；

D_{i-j}——工作 i—j 的持续时间。

即节点 j 的最早时间等于紧前节点的最早时间加上本工作的持续时间后取其中的最大值。

B 确定计划工期

网络计划的计算工期等于网络计划终点节点的最早时间：

$$T_c = ET_n \tag{3.10}$$

式中 T_c——网络计划的计算工期；

ET_n——网络计划终点节点的最早时间。

C 计算节点的最迟时间

节点最迟时间就是该节点前各工作的最迟完成时间，节点 i 的最迟时间用 LT_i 表示。节点最迟时间的计算要以紧后的节点时间为基础，这就使整个计算形成一个从终点节点开始，逆着箭线方向（从右向左）依次进行计算的减法过程。

终点节点的最迟时间等于网络计划的计划工期：

$$LT_n = T_p \tag{3.11}$$

式中　LT_n——网络计划终点节点的最迟时间；

　　　T_p——网络计划的计划工期。

其他节点的最迟时间应为：

$$LT_i = \min\{LT_j - D_{i-j}\} \tag{3.12}$$

式中　LT_i——工作 i—j 的开始节点 i 的最迟时间；

　　　LT_j——工作 i—j 的完成节点 j 的最迟时间；

　　　D_{i-j}——工作 i—j 的持续时间。

即节点的最迟时间等于紧后节点的最迟时间减去本工作的持续时间后取其中的最小值。

【例 3.4】　仍以图 3.30 所示双代号网络计划为例，说明按节点计算法计算时间参数的过程。

解：（1）ET 的计算：

$$ET_1 = 0$$
$$ET_2 = ET_1 + D_{1-2} = 6$$
$$ET_3 = ET_1 + D_{1-3} = 4$$
$$ET_4 = \max\{ET_1 + D_{1-4}, ET_3 + D_{3-4}\} = 4$$
$$ET_5 = ET_3 + D_{3-5} = 9$$
$$ET_6 = \max\{ET_4 + D_{4-6}, ET_5 + D_{5-6}\} = 10$$
$$ET_7 = \max\{ET_2 + D_{2-7}, ET_5 + D_{5-7}, ET_6 + D_{6-7}\} = 15$$

（2）T_c 的计算：

$$T_c = ET_n = ET_7 = 15$$

（3）LT 的计算：

$$LT_7 = T_p = 15$$
$$LT_6 = LT_7 - D_{6-7} = 10$$
$$LT_5 = \min\{LT_7 - D_{5-7}, LT_6 - D_{5-6}\} = 10$$
$$LT_4 = LT_6 - D_{4-6} = 4$$
$$LT_3 = \min\{LT_4 - D_{3-4}, LT_5 - D_{3-5}\} = 4$$
$$LT_2 = LT_7 - D_{2-7} = 10$$
$$LT_1 = \min\{LT_4 - D_{1-4}, LT_3 - D_{1-3}, LT_2 - D_{1-2}\} = 0$$

上述计算结果如图 3.32 所示。

（4）根据节点的最早时间和最迟时间判定工作的 6 个时间参数。节点时间参数计算完后，就可以根据节点时间判定工作的 6 个时间参数。

工作的最早开始时间等于该工作开始节点的最早时间：

$$ES_{i-j} = ET_i \tag{3.13}$$

工作的最早完成时间等于该工作开始节点的最早时间与其持续时间之和：

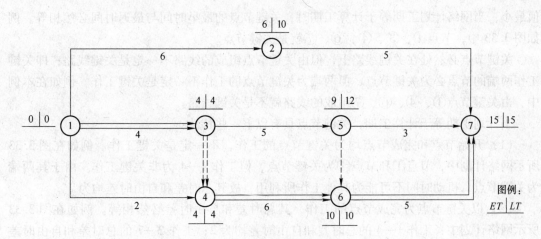

图 3.32 双代号网络计划（按节点计算法）

$$EF_{i-j} = ET_i + D_{i-j} \tag{3.14}$$

工作的最迟完成时间等于该工作完成节点的最迟时间：

$$LF_{i-j} = LT_j$$

工作的最迟开始时间等于该工作完成节点的最迟时间与其持续时间之差：

$$LS_{i-j} = LT_j - D_{i-j} \tag{3.15}$$

工作的总时差：

$$TF_{i-j} = LF_{i-j} - EF_{i-j} = LT_j - (ET_i + D_{i-j}) \tag{3.16}$$

由式（3.16）可知，工作的总时差等于该工作完成节点的最迟时间减去该工作开始节点的最早时间所得差值再减其持续时间。

工作的自由时差：

$$FF_{i-j} = ES_{j-k} - EF_{i-j} = ES_{j-k} - ES_{i-j} - D_{i-j} = ET_j - ET_i - D_{i-j} \tag{3.17}$$

上例按节点计算法，得到工作时间参数结果如图 3.33 所示。

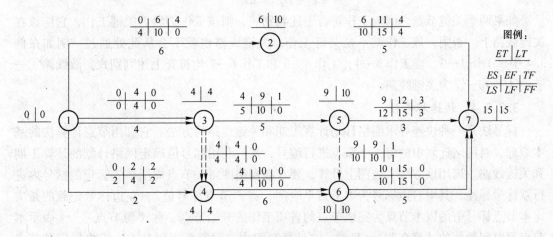

图 3.33 双代号网络计划时间参数计算

在双代号网络计划中，关键线路上的节点称为关键节点，其最迟时间与最早时间的差值最小；当网络计划工期等于计算工期时，关键节点的最早时间与最迟时间必然相等。例如图 3.33 中，节点①、③、④、⑥、⑦就是关键节点。

关键节点必然处在关键线路上，但由关键节点组成的线路不一定是关键线路；即关键工作两端的节点必为关键节点，但两端为关键节点的工作不一定是关键工作。例如在本例中，由关键节点①、④、⑥、⑦组成的线路就不是关键线路。

当计划工期等于计算工期，关键节点具有以下一些特性：

（1）开始节点和完成节点均为关键节点的工作，不一定是关键工作。例如在图 3.33 所示网络计划中，节点①和节点④为关键节点，但工作 1—4 为非关键工作。由于其两端为关键节点，机动时间不可能为其他工作所利用，故其总时差和自由时差均为 2。

（2）以关键节点为完成节点的工作，其总时差和自由时差必然相等。例如在图 3.33 所示网络计划中，工作 1—4 的总时差和自由时差均为 2；工作 2—7 的总时差和自由时差均为 4；工作 5—7 的总时差和自由时差均为 3。

（3）当两个关键节点间有多项工作，且工作间的非关键节点无其他内向箭线和外向箭线时，则两个关键节点间各项工作的总时差均相等。在这些工作中，除以关键节点为完成节点的工作自由时差等于总时差外，其余工作的自由时差均为零。例如在图 3.33 所示网络计划中，工作 1—2 和工作 2—7 的总时差均为 4；工作 2—7 的自由时差等于总时差，而工作 1—2 的自由时差为零。

（4）当两个关键节点间有多项工作，且工作间的非关键节点有外向箭线而无其他内向箭线时，则两个关键节点间各项工作的总时差不一定相等。在这些工作中，除以关键节点为完成节点的工作自由时差等于总时差外，其余工作的自由时差均为零。例如在图 3.33 所示网络计划中，工作 3—5 和工作 5—7 的总时差分别为 1 和 3；工作 5—7 的自由时差等于总时差，而工作 3—5 的自由时差为零。

当利用关键节点判别关键线路和关键工作时，还要满足以下条件：

$$ET_i + D_{i-j} = ET_j$$
$$LT_i + D_{i-j} = LT_j$$

如果两个关键节点之间的工作符合上述判别式，则该工作必然为关键工作，它应该在关键线路上。否则，该工作就不是关键工作，关键线路也就不会从此处通过。例如在例 3.4 中，工作 1—3、虚工作 3—4、工作 4—6 和工作 6—7 均符合上述判别式。故线路①—③—④—⑥—⑦为关键线路。

3.2.3.4 快速标号法

标号法是一种快速寻求网络计划计算工期和关键线路的方法。它利用节点计算法的基本原理，对网络计划中的每一个节点进行编号，然后利用标号值确定网络计划的计算工期和关键线路。运用该方法实施图上计算，要求在网络图每一节点周围事先标记的括号内进行双标号标注，其中右边标号为本节点早时间，称"节点标号值"，左边标号记载的是决定本节点标号值的以本节点为完成节点的各项工作的开始节点，称"源节点号"（表示本节点早时间数值的计算来源）。显然，在计算过程中，对每一不同节点，应先确定其节点标号值，再依次确定源节点号。

应用标号法确定双代号网络计划的时间参数，其计算步骤简要概括如下：

（1）从左往右，确定各个节点的节点标号值。网络图起始节点即第 1 个节点的节点标号值为零，即：

$$b_1 = 0$$

其余节点即第 i 个节点的节点编号值可按以本节点为完成节点的各项紧前工作的开始节点 h 的节点标号值与其对应持续时间之和的最大值取定，即：

$$b_i = \max(b_h + D_{h-i}) \tag{3.18}$$

当计算出节点的标号值后，应该用标号值及其源节点对该节点进行标号。所谓源节点，就是用来确定本节点标号值的节点。当除起始节点以外的任何一个节点的节点标号值一经确定，则据此确定并记载源节点号。如果源节点有多个，应将所有源节点标出。

（2）依照网络图结束节点的标号值确定网络计划的计算工期，即：

$$T_c = b_n$$

（3）从网络图结束节点开始，从右往左，依照源节点号的指示作用，逆向确定关键线路。

【例 3.5】 试用快速标号法确定如图 3.34 所示的双代号网络计划的时间参数计算过程。

解：（1）网络起点节点的标号值为零，即 $b_1 = 0$。

（2）其余节点：

$$b_2 = b_1 + D_{1-2} = 4$$
$$b_3 = \max(b_1 + D_{1-3}, b_2 + D_{2-3}) = 4$$
$$b_4 = \max(b_1 + D_{1-4}, b_2 + D_{2-4}) = 4$$
$$b_5 = b_4 + D_{4-5} = 10$$
$$b_6 = b_3 + D_{3-6} = 10$$
$$b_7 = \max(b_5 + D_{5-7}, b_2 + D_{2-7}, b_6 + D_{6-7}) = 16$$

节点⑦的标号值 16 由节点⑥确定，故节点⑦的源节点就是节点⑥，依此分别确定出每个节点的源节点，并将其连同节点标号值一起标注在图上，结果如图 3.34 所示。

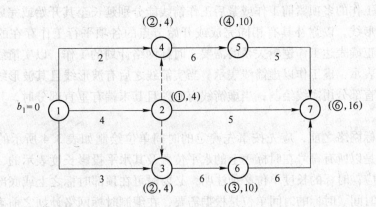

图 3.34 双代号网络计划（标号法）

（3）网络计划的计算工期：

$$T_c = b_7 = 16$$

（4）关键线路。从终点节点⑦开始，逆着箭线方向按源节点找出关键线路为①—②—③—⑥—⑦。

需要补充说明，事实上，快速标号法亦同样适用于单代号网络计划的时间参数计算。

3.2.4　双代号时标网络计划

3.2.4.1　概述

双代号时标网络计划是以时间坐标为尺度编制的双代号网络计划，简称时标网络计划。对应工作或日历天数，按工作持续时间长短比例绘制的时标网络图，其特点是可以直观明了地揭示网络计划的各种时间参数概念内涵，从而便于计划管理人员一目了然地从网络图上看出各项工作的开工与完工时间，在充分把握工期限制条件的同时，通过观察工作时差，实施各项控制活动，适时调整、优化计划。采用时标网络计划，还便于在整个计划的持续时间范围内，逐日统计各种资源的计划需用量，在此基础上，进一步编制资源需用量计划及工程项目的成本计划。因此，在工程项目施工组织与管理过程中，时标网络计划是应用广泛的计划安排与管理工具；由于其具有整合工程项目进度、成本、资源等多重管理目标的作用，已成为目前各项管理应用软件输出的网络计划的主要表现形式。

时标网络计划与无时标网络计划相比较，有以下特点：使用方便，主要时间参数一目了然，具有横道计划的优点，但绘图比较麻烦。由于箭线长短受时标的制约，修改工作持续时间时必须重新绘图；计算量较小，时标网络计划绘图时可以不进行计算，因而可大大节省计算量。只有在图上没有直接表示出来的时间参数（总时差、最迟开始时间及完成时间等），才需进行计算。

3.2.4.2　双代号时标网络计划图的绘制

A　绘图的基本要求

双代号时标网络图的构图要素包括箭线、节点、虚箭线和波形线，其中实箭线、节点、虚箭线所表示的含义与非时标网络图相同，但是，由于时标网络图要求表示实际存在工作的实箭线应按照其天数长度按比例绘图，因此在持续时间各不相同的情况下，为了在构图上使一项工作的多项紧前工作或紧后工作箭线能分别延长至其开始或完成节点，就必须通过设立波形线，以弥补具有相同完成或开始节点的各项平行工作存在的持续时间差异，从而满足正确表达工作逻辑关系的需要。时标网络计划的工作，以实箭线表示；自由时差以波形线表示，虚工作以虚箭线表示。当实箭线之后有波形线且其波形线末端有垂直部分时，其垂直部分用实线绘制；当虚箭线有时差且其末端有垂直部分时，其垂直部分用虚线绘制。

在编制时标网络之前，应先按事先确定的时间单位绘制如表 3.4 所示的时标网络计划。时间长度是以所有符号在时标表上的水平位置及其水平投影长度表示的，与其所代表的时间值相对应；时标的长度单位必须注明，必要时可在顶部时标之上或底部时标之下加注日历的对应时间。时标的时间单位是根据需要，在编制时标网络计划之前确定的，可以是小时、天、周、旬、月或季等。时间可标注在时标计划表顶部，也可以标注在底部，必要时还可在顶部或底部同时标注。时标网络计划宜按最早时间编制；时标网络计划编制前，应先绘制无时标网络计划。

表 3.4 时标计划表

日 历																	
（时间单位）	1	2	3	4	5	6	7	8	9	10	11	12	13	14	15	16	17
网络计划																	
（时间单位）	1	2	3	4	5	6	7	8	9	10	11	12	13	14	15	16	17

B 时标网络计划图的绘制

时标网络计划图的绘制方法可分为间接绘制法和直接绘制法。其中间接绘制法是指先进行网络计划时间参数的计算，再根据计算结果绘图；直接绘制法是指不通过时间参数计算这一过渡步骤，直接绘制时标网络图。采用间接绘制法绘制时标网络图，有助于借助绘图过程，深入理解时间参数概念；而利用直接绘制法绘图，其优点是过程直接，因而生成计划较为快捷。

（1）间接绘制法的绘制步骤。绘制时标计划表；计算每项工作的最早开始时间和最早完成时间；将每项工作的箭尾节点按最早开始时间定位在时标计划表上，其布局应与不带时标的网络计划基本相当，然后编号；用实线绘制出工作持续时间，用虚线绘制无时差的虚工作（垂直方向），用波形线绘制工作和虚工作的自由时差。

【**例 3.6**】 试将如图 3.35 所示的非时标网络计划改绘为时标网络计划。

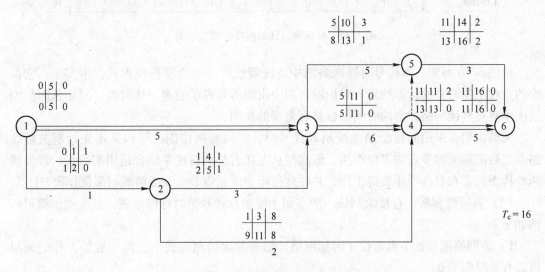

图 3.35 用六时标注法计算双代号网络计划参数

解：首先，取图 3.35 时间参数计算结果中的最早开始时间数据，确定在时标网络计划表中与各项工作相对应箭线的开始节点位置，之后按工作持续时间长短，沿时标指示方向向右延展工作箭线长度，并根据需要，通过在某些非关键工作箭线右端添补波形线，使之到达相应完成节点并与其相连，由此得到如图 3.36 所示的双代号早时标网络图。

其次，取图 3.35 时间参数计算结果中的最迟开始时间数据，确定在时标网络计划表中与各项工作相对应箭线的开始节点位置，之后按工作持续时间长短，沿时标指示方向向右延展工作箭线长度，并根据需要，通过在某些工作箭线左端添补波形线，使之到达相应开始节点并与其相连，由此得到如图3.36所示的双代号迟时标网络图。

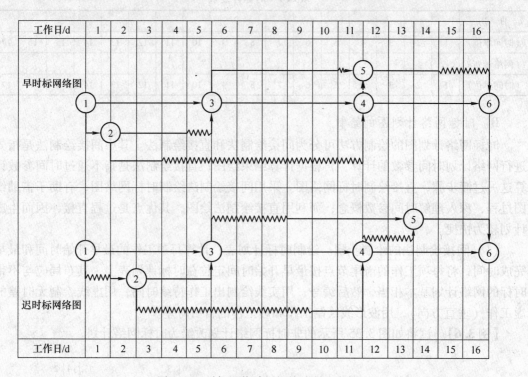

图3.36　时标网络计划间接绘制法举例

由图3.36可知，双代号时标网络图中，虚箭线可呈现为波形线形式，事实上，它反映的是虚工作时差的计算结果。时标网络图中由波形线表示的虚工作时差，对于从时标网络图中直接判读网络计划的时间参数具有重要的作用。

尤需说明，采用间接绘制法绘制双代号早、迟时标网络图，可以采用先绘制关键线路，之后依靠关键节点的定位作用，依次按从左往右及从右往左结合运用实箭线、波形线两种构图元素布置各项非关键工作，并在此过程中画相应节点及虚箭线的简便作图方法。

（2）直接绘制法。直接绘制法一般多用于绘制双代号早时标网络图，其主要步骤可归纳如下：

1）将网络图开始节点定位于时标网络计划表的起始刻度线上，即令起始工作的最早可以开始时间为0；

2）从网络图起始节点开始，按工作持续时间长短在时标表上向右绘制起点节点的外向箭线；

3）除网络图起始节点以外的其他节点位置，应由以本节点为完成节点的最长箭线末端所在位置确定，以本节点为完成节点的其余箭线当其位置不能达到该节点时，应通过补画波形线令其与该节点连接；

4）上述方法从左到右，依次确定其他节点位置，直到完成整个绘图过程。

【例 3.7】 绘制图 3.37 的时标网络计划表。

解：将起点节点定位在时标计划表的起始刻度线上，如图 3.38 所示的节点①；

按工作持续时间在时标表上绘制起点节点的外向箭线，见图 3.38 中的 1—2；

工作的箭头节点，必须在其所有内向箭线绘出以后，定位在这些内向箭线中最晚完成的实箭线箭头处，如图 3.38 中的节点⑤、⑦、⑧、⑨；

某些内向实箭线长度不足以到达该箭头节点时，用波形线补足，如图 3.38 中的 3—7、4—8；

如果虚箭线的开始节点和结束节点之间有水平距离时，以波形线补足，如图 3.38 中的箭线 4—5；

如果没有水平距离，绘制垂直虚箭线，如图 3.38 中的 3—5、6—7、6—8；

用上述方法自左向右依次确定其他节点的位置，直至终点节点定位，绘图完成；

注意确定节点的位置时，尽量与无时标网络图的节点位置相当，保持布局基本不变；

给每个节点编号，编号与无时标网络计划相同。

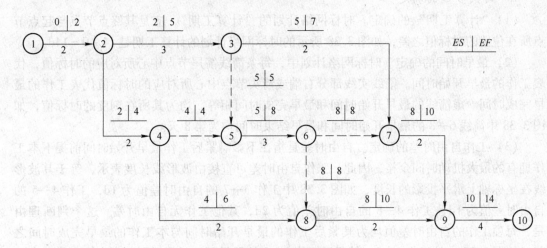

图 3.37 无时标网络计划

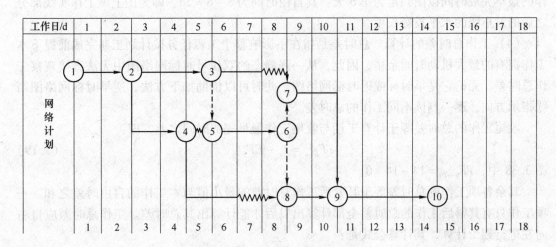

图 3.38 图 3.37 的时标网络计划

3.2.4.3 双代号时标网络计划关键线路和时间参数的确定

学会从时标网络计划中判读各有关时间参数，其意义是进一步加深对网络计划时间参数概念内涵的理解，在此基础上，使计划管理人员无须通过烦琐的计算，便能从图上直接观察出计划所涉及的各项工作的开工、完工时间，在明确关键线路、把握工期限制条件的同时，区分关键工作与非关键工作，通过识别与运用非关键工作时差，调整、优化计划与实施各种相关控制活动。

A 时标网络计划关键线路的确定与表达方式

自终点节点至起点节点逆箭线方向朝起点观察，自始至终不出现波形线的线路，即为关键线路。这是由于不存在波形线，表示在工期限定范围之内，整条线路上任何一项工作均不存在任何一种性质的时差，这条线路是关键线路，而组成该线路的各项工作即为网络计划的关键工作。如图 3.38 中的①—②—③—⑤—⑥—⑧—⑨—⑩和①—②—③—⑤—⑥—⑦—⑨—⑩为关键线路，其余线路为非关键线路。

B 时间参数的确定

（1）"计算工期"的确定。时标网络计划的"计算工期"，应是其终点节点与起点节点所在位置的时标值之差，如图 3.38 所示的时标网络计划的计算工期是 14 − 0 = 14d。

（2）最早时间的确定。时标网络计划中，每条箭线箭尾节点中心所对应的时标值，代表工作的最早开始时间。箭线实线部分右端或箭头节点中心所对应的时标值代表工作的最早完成时间。虚箭线的最早开始时间和最早完成时间相等，均为其所在刻度的时标值，如图 3.38 中箭线 6—8 的最早开始时间和最早结束时间均为第 8 天。

（3）工作自由时差的确定。自由时差是指在不影响紧后工作最早开始时间前提下本工作拥有的最大机动时间余裕，因此，工作自由时差可直接由波形线长度表示，等于其波形线在坐标轴上水平投影的长度，如图 3.38 中工作 3—7 的自由时差值为 1d，工作 4—5 的自由时差值为 1d，工作 4—8 的自由时差值为 2d，其他工作无自由时差。这个判断理由是，每项工作的自由时差值均为其紧后工作的最早开始时间与本工作的最早完成时间之差。如图 3.38 中的工作 4—8，其紧后工作 8—9 的最早开始时间以图判定为第 8 天，本工作的最早完成时间以图判定为第 6 天，其自由时间为 8 − 6 = 2d，即为图上该工作实线部分之后的波形线的水平投影长度。

（4）工作总时差的计算。总时差是指在不影响整个工程任务按计划工期完成前提下本工作拥有的最大机动时间余裕，因此，从一张静态的双代号时标网络图中无法直接观察工作总时差，无论它是早时标或迟时标网络图。此时可以借助如下方法，逆早时标网络图箭线指示方向，逐一判读不同工作的总时差。

收尾工作的总时差等于计算工期与收尾工作最早完成时间之差，即：

$$TF_{i-n} = T_c - EF_{i-n} \tag{3.19}$$

图 3.38 中，$TF_{9-10} = 14 - 14 = 0$。

其余各项工作的总时差等于其紧后工作总时差的最小值与本工作的自由时差之和。一项工作只有其紧后工作的总时差全部计算出以后才能计算出其总时差。工作总时差应自右向左进行逐个计算，其计算公式是：

$$TF_{i-j} = \min\{TF_{j-k}\} + FF_{i-j} \tag{3.20}$$

（5）工作最迟时间的计算。在最早开始时间 ES、最早结束时间 EF、总时差 TF 均已计算出后，工作的最迟时间也可计算出来：

$$LS_{i-j} = ES_{i-j} + TF_{i-j}$$
$$LF_{i-j} = EF_{i-j} + TF_{i-j} \tag{3.21}$$

综上所述，就是在双代号时标网络图中判读时间参数的一般方法。需要补充说明的是，上述判读方法在较大程度上仍未摆脱对时间参数计算公式的依赖，因而显得比较烦琐。事实上，判读时标网络图的基本功应主要是在深入体会时间参数含义的基础上，切实建立有助于各种时间参数相关概念理解的动态思维方式方法，这是不依赖于任何公式直接从图上正确解读时间参数的关键所在。

3.2.5　有时限的网络计划

网络计划的工作中，除受逻辑关系的约束外，有的工作还由于外界因素的影响在时间安排上会受到某种限制，或者不得早于某时刻开始；或者不迟于某时刻完成；或者不得安排在某一期间进行。这就对工作的持续时间提出了最早开始时限 L_{i-j}^{ES}、最迟完成时限 L_{i-j}^{LF} 和中断时限（用限停时间 LD_{i-j} 表示），统称为时限。由于此法比较烦琐，又可用其他方法替代，仅简要介绍。

限制计划安排的外界因素很多。有自然、经济、社会等客观因素引起的时限，例如，土方和室外抹灰工作易受暴雨和严寒的影响；桥梁、水利工程受水位影响；设备安装工作受设备到货日期的影响；开工日期受设计出图的影响；法定假日；农民工农忙期要歇工等；也有人们对计划的要求所引起的时限，如合同、协议等规定的完工期限等。

3.2.5.1　时限在网络图上的表示方法

最早开始时限 L_{i-j}^{ES}，在图上将时限数值之前加 " >> " 表示，标注在工作的水平箭线尾部的上方或竖直箭线尾部的左方（见图3.39(a)）；最迟完成时限 L_{i-j}^{LF}，在图上将时限数值之后加 " << " 表示，标注在工作的水平箭线头部的下方或竖直箭线头部的右方（见图3.39(b)）。这种表示方法形象地显示出受限制的工作及其安排方向。

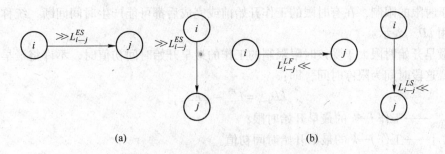

（a）　　　　　　　　　　　　　　　　（b）

图3.39　双代号网络图时限表示方法

(a) 最早完成时限；(b) 最迟完成时限

3.2.5.2　有最早开始时限 L_{i-j}^{ES} 时，工作最早开始时间的计算

首先，按常规方法计算出工作最早开始时间的初值 $[ES_{i-j}]$。然后，按式（3.22）计算最早开始时间：

$$ES_{i-j} = \max\{[ES_{i-j}], L_{i-j}^{ES}\} \tag{3.22}$$

一般地说，有最早开始时限的工作及其后续工作的最早开始时间都可能受到此时限影响，而其他工作则不受影响。

3.2.5.3　有最迟完成时限 L_{i-j}^{LF} 时，工作最迟开始时间计算

先按常规方法计算最迟开始时间初值 $[LS_{i-j}]$，再按式（3.23）计算最迟开始时间：

$$LS_{i-j} = \min\{[LS_{i-j}], (L_{i-j}^{LF} - D_{i-j})\} \tag{3.23}$$

一般来说，有最迟完成时限的工作及其先行的工作，其最迟开始时间都可能受到此时限的影响，而其他工作则不受影响。

3.2.5.4　有时限网络计划时差的计算

工作总时差的计算方法同前，仅 ES、LS 的数值采用考虑时限后的值即可。

有最迟完成时限时：

① 带此时限工作的自由时差为：

$$FF_{i-j} = \min\{(ES_{j-k} - ES_{i-j} - D_{i-j}), (L_{i-j}^{LF} - ES_{i-j} - D_{i-j})\} \tag{3.24}$$

式中　ES_{j-k}——工作 $i—j$ 的紧后工作 $j—k$ 的最早开始时间；

　ES_{i-j}，D_{i-j}——工作 $i—j$ 的最早开始时间和持续时间；

　　L_{i-j}^{LF}——工作 $i—j$ 的最迟完成时限。

② 其所有先行工作的自由时差为：

$$EF_{i-j} = \min\{(ES_{j-k} - ES_{i-j} - D_{i-j}), TF_{i-j}\} \tag{3.25}$$

式中　ES_{i-j}，D_{i-j}——工作 $i—j$ 的最早开始时间和持续时间；

　　TF_{i-j}——工作 $i—j$ 的总时差；

　　ES_{j-k}——工作 $i—j$ 的紧后工作 $j—k$ 的最早开始时间。

一般地说，在有时限的网络计划中，完整的关键线路可能一条也不存在，却肯定有某些关键工作，它们的机动时间或是余地最小。究其原因，有的是由于不影响工期所致，有的是由于不违犯时限所致，这是有时限网络计划最大的不同之处。

3.2.5.5　限停时间的计算

由于时限的限制，在有时限的工作开始前或完成后都可能产生时间间断，统称为限停时间，用 LD_{i-j} 表示。

当最早开始时限大于受该时限限制的工作的最早开始时间初值时，不许将最早开始时间推迟，这段时间为限停时间，即：

$$LD_{i-j} = L_{i-j}^{ES} - [ES_{i-j}] \tag{3.26}$$

式中　L_{i-j}^{ES}——工作 $j—k$ 的最早开始时限；

　$[ES_{i-j}]$——工作 $j—k$ 的最早开始时间初值。

当最迟完成时限小于受该时限限制的紧后工作最迟开始时间的最小值时，必须将最迟完成时间提前，于是，在该工作完成后有一段限停时间，即：

$$LD_{i-j} = \min\{[LS_{j-k}]\} - L_{i-j}^{LF} \tag{3.27}$$

式中　$[LS_{j-k}]$——受时限限制的工作 $i—j$ 的紧后工作 $j—k$ 的最早开始时间；

　　L_{i-j}^{LF}——工作 $i—j$ 的最迟完成时限。

被提前工作后的限停时间，不能作为本工作及其先行工作的时差来利用。但在条件允

许时，可让后续工作利用。

3.2.6　非肯定型网络计划

前面所述的网络计划有两个共同特点：一是各工作之间的逻辑关系是固定的；二是每个工作有肯定的持续作业时间。然而，实际工程中，常发生这两者是不确定的情况，由此产生并发展了两种不同的非肯定型网络计划：因逻辑关系的不确定所产生的网络计划方法，称为图示评审法（GERT）；因工作持续时间不确定所产生的网络计划方法，称为计划评审法（PERT）。本节主要介绍 PERT 型的网络计划方法。

（1）非肯定型网络计划工作时间的分析。非肯定型网络计划某些甚至全部工作的持续时间是事先不能确定的。可根据过去的经验等把工作的持续时间作为随机变量，用概率统计理论，对每一个工作可估计出下面 3 种持续时间，即：

1）最短工作时间 a——在最有利的工作条件下，完成该工作的最短必要时间（乐观时间）；

2）最可能工作时间 c——在正常条件下，完成该工作需用的时间；

3）最长工作时间 b——在最不利的工作条件下，完成该工作的必要时间（悲观时间）。

根据这 3 种时间，可得到其期望（平均值）D_{i-j}，以及均方差 σ_{i-j}，分别为：

$$D_{i-j} = \frac{a + 4c + b}{6}, \qquad \sigma_{i-j} = \frac{b - a}{6} \qquad (3.28)$$

均方差反映了时间分布的离散程序。也就是说，均方差越大，说明时间分布的离散程度越大，平均值 D_{i-j} 的代表性越差；反之，离散程度小，平均值 D_{i-j} 的代表性好。

（2）网络计划的"计划最早可能完成时间"TS 和总体均方差 σ 的确定。以各工作持续时间的平均值 D_{i-j} 作为持续时间，按前述肯定型网络计划的分析方法求得各工作的时间参数，计算工期和关键线路。

以计算工期作为计划的最早可能完成时间，用 TS 表示。

所得关键线路上的各关键工作的总体均方差 σ 为：

$$\sigma = \sqrt{\sum \sigma_{i-j}^2} \qquad (3.29)$$

式中　σ_{i-j}——关键工作 $i-j$ 的均方差；

　　　σ——计划的总体均方差。

（3）按作业所要求的保证概率 P，查表 3.5，求得计划的概率系数 λ。

表 3.5　概率系数 λ 和保证概率 P 值对照表

λ	P	λ	P	λ	P	λ	P
0.0	0.5000	-0.5	0.3085	-1.0	0.1587	-1.5	0.0668
-0.1	0.4602	-0.6	0.2743	-1.1	0.1357	-1.6	0.0548
-0.2	0.4207	-0.7	0.2420	-1.2	0.1151	-1.7	0.0446
-0.3	0.3821	-0.8	0.2119	-1.3	0.0968	-1.8	0.0359
-0.4	0.3446	-0.9	0.1841	-1.4	0.0808	-1.9	0.0287

续表 3.5

λ	P	λ	P	λ	P	λ	P
−2.0	0.0228	0.0	0.5000	+1.1	0.8643	+2.2	0.9861
−2.1	0.0179	+0.1	0.5398	+1.2	0.8849	+2.3	0.9893
−2.2	0.0139	+0.2	0.5793	+1.3	0.9032	+2.4	0.9918
−2.3	0.0107	+0.3	0.6179	+1.4	0.9192	+2.5	0.9938
−2.4	0.0082	+0.4	0.6554	+1.5	0.9332	+2.6	0.9953
−2.5	0.0062	+0.5	0.6915	+1.6	0.9452	+2.7	0.9965
−2.6	0.0047	+0.6	0.7257	+1.7	0.9554	+2.8	0.9974
−2.7	0.0035	+0.7	0.7580	+1.8	0.9641	+2.9	0.9981
−2.8	0.0026	+0.8	0.7881	+1.9	0.9713	+3.0	0.9987
−2.9	0.0019	+0.9	0.8159	+2.0	0.9770		
−3.0	0.0014	+1.0	0.8413	+2.1	0.9821		

（4）网络计划目标时间 TK 的确定。有了化为肯定型计算所得的计划最早可能完成时间 TS、总体均方差 σ 和保证概率下的概率系数 λ，用式（3.30）计算可确定网络计划规定的完工时间或目标时间 TK 为：

$$TK = TS + \lambda \cdot \sigma \tag{3.30}$$

用式（3.30），也可在限定 TK 下，求得限定时间内完成任务的概率系数 λ，查表 3.5 可推知限期完成的保证概率 P。

3.3 单代号网络计划

单代号网络计划是以节点及其编号表示工作，以箭线表示工作之间逻辑关系的网络计划，单代号网络计划是网络计划的另一种表达方式。由于它用节点来表示工作，因此单代号网络图又称节点网络图。它与双代号网络图相比，具有它的一些优点：工作之间的逻辑关系容易表示，因此出现了可反映各种搭接关系表示方法；不用虚箭线，有时需增设起点节点或终点节点；网络图便于检查和修改等，所以单代号网络图发展也很快，应用也十分广泛。

3.3.1 单代号网络图的组成

（1）箭线。单代号网络计划中，箭线表示相邻工作之间的逻辑关系。它既不占用时间，也不消耗资源，因此不用虚箭线。箭线的箭头表示工作前进的方向，箭尾节点表示的工作为箭头节点的紧前工作，箭头节点表示的工作为箭尾节点的紧后工作，因此它的逻辑关系比较简明。箭线应画成水平直线。箭线水平投影的方向应自左向右，表达工作的进行方向，如图 3.40 所示。

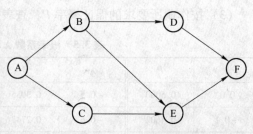

图 3.40 单代号网络计划

（2）节点。单代号网络计划中每一个节点表示一项工作，宜用圆圈或矩形表示。节点所表示的工作名称、持续时间和工作编号等应标注在节点内。

（3）线路。线路的含义是由开始节点至结束节点的通路。线路中，工期最长的线路称为关键线路，用双线线条或黑粗线表示。关键线路上的各项工作称为关键工作。

3.3.2　单代号网络图的绘制

3.3.2.1　绘图符号

单代号网络图又称节点式网络图，它是以节点及其编号表示工作，箭线表示工作之间的逻辑关系。

通常用一个圆圈或方框代表一项工作，至于圆圈或方框内的内容（项目）可以根据实际需要来填写和列出。一般将工作的名称、编号填写在圆圈或方框的上半部分；完成工作所需要的时间写在圆圈或方框的下半部分，如图 3.41 所示。

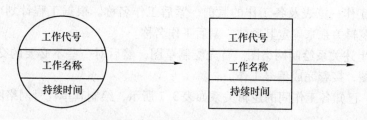

图 3.41　单代号网络图工作的表示方法

3.3.2.2　单代号网络图工作间逻辑关系的表示方法

单代号网络图中各工作的逻辑关系仍然是根据工程中工艺上和组织上的客观顺序来确定的，单代号网络图工作间逻辑关系的常见表示方法见表 3.6。

表 3.6　单代号网络图工作间逻辑关系表示方法

描　述	图　示	描　述	图　示
A 工作完成后进行 B 工作	A → B	B 工作完成后，D、C 工作可以同时开始	B → D、C
B、C 工作完成后进行 D 工作	B、C → D	A 工作完成后进行 C 工作，B 工作完成后同时进行 C、D 工作	A → C，B → D

3.3.2.3　绘图规则

同绘制双代号网络图一样，绘制单代号网络图也必须遵循一定的绘图规则，当违背了这些规则时，就可能出现逻辑混乱，因而无法判别工作之间的关系或无法进行时间参数的计算。基本规则如下：

（1）单代号网络图必须正确表述已定的逻辑关系。

（2）单代号网络图中，不允许出现循环回路。

（3）单代号网络图中，不允许出现双向箭头或无箭头的连线。

（4）在网络图中除起点节点和终点节点外，不允许出现其他没有内向箭线的工作节点和没有外向箭线的工作节点。

（5）绘制网络图时，箭线不宜交叉；当交叉不可避免时，可采用过桥法和指向法绘制。

（6）单代号网络图只应有一个起点节点和一个终点节点；当网络图中有多项起点节点或多项终点节点时，应在网络图的两端分别设置一项虚工作，作为该网络图的起点节点和终点节点。这是单代号网络图特有的。

（7）单代号网络图中不允许出现有重复编号的工作，一个编号只能代表一项工作。

（8）网络图的编号应是箭头节点编号大于箭尾节点编号，即紧前工作的编号一定小于紧后工作的编号。

3.3.2.4 单代号网络图的绘制

单代号网络图的绘制步骤与双代号网络图的绘制步骤基本相同，主要包括两部分：

（1）列出工作一览表及各工作的紧前、紧后工作名称。根据工程计划中各工作在工艺、组织上的逻辑关系来确定其紧前、紧后工作名称。

（2）根据上述关系绘制网络图。首先绘制草图，然后对一些不必要的交叉进行整理，绘出简化网络图，接着完成编号工作。

【例 3.8】 已知各工作间的逻辑关系如表 3.7 所示，绘制其单代号网络图。

表 3.7 工作间逻辑关系

工 作	A	B	C	D	E
紧前工作	—	A	A	A、B、C	C、D
工作时间	5	8	15	15	10

解： 绘制单代号网络图的过程如图 3.42 所示。

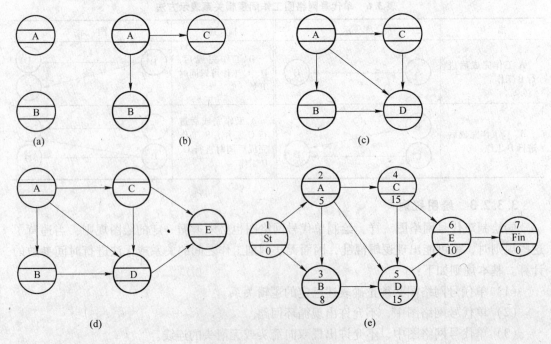

图 3.42 例 3.8 绘图过程

3.3.3 单代号网络图时间参数的计算

单代号网络计划与双代号网络计划只是表现形式不同，它们所表达的内容则完全一样，因此，单代号网络计划时间参数也包括工作最早开始时间 ES_i、最早完成时间 EF_i、最迟开始时间 LS_i、最迟结束时间 LF_i、总时差 TF_i、自由时差 FF_i 以及工作间的时间间隔 $LAG_{i,j}$，时间参数的标注如图 3.43 所示。

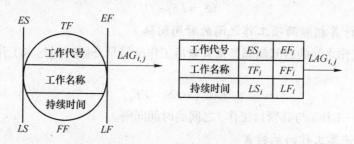

图 3.43　时间参数的标注方式

3.3.3.1　计算工作的最早开始时间和最早完成时间

工作最早开始时间和最早完成时间的计算应从网络计划的起点节点开始，顺着箭线方向按节点编号从小到大的顺序依次进行，直至终点节点为止的加法计算过程。其计算步骤如下。

（1）网络计划起点节点所代表的工作，其最早开始时间未规定时取值为零，即：

$$ES_1 = 0$$

其他工作的最早开始时间应等于其紧前工作最早完成时间的最大值，即：

$$ES_i = \max\{EF_h\} \tag{3.31}$$

式中　ES_i——工作 i 的最早开始时间；

　　EF_h——工作 i 的紧前工作 h 的最早完成时间。

（2）工作的最早完成时间应等于本工作的最早开始时间与其持续时间之和，即：

$$EF_i = ES_i + D_i \tag{3.32}$$

式中　EF_i——工作 i 的最早完成时间；

　　ES_i——工作 i 的最早开始时间；

　　D_i——工作 i 的持续时间。

3.3.3.2　工期的确定

网络计划的计算工期等于其终点节点所代表工作的最早完成时间：

$$T_c = EF_n \tag{3.33}$$

式中　EF_n——终点节点的最早完成时间。

当事先未对计划提出工期要求时，可令计划工期等于计算工期，当有要求工期时，可令计划工期小于等于要求工期。

3.3.3.3　计算工作的最迟完成时间和最迟开始时间

工作最迟完成时间和最迟开始时间的计算是从网络计划的终点节点开始，逆着箭线方向按节点编号从大到小的顺序依次进行，直至起点节点为止的减法计算过程。

（1）终点节点工作 n 的最迟完成时间按网络的计划工期确定，即：

$$LF_n = T_p \tag{3.34}$$

其他工作 i 的最迟完成时间等于紧后工作最迟开始时间中的最小值，即：

$$LF_i = \min\{LS_j\} \tag{3.35}$$

（2）工作的最迟开始时间等于本工作的最迟完成时间与其持续时间之差，即：

$$LS_i = LF_i - D_i \tag{3.36}$$

3.3.3.4 计算相邻两项工作之间的时间间隔

相邻两项工作之间的时间间隔是指其紧后工作的最早开始时间与本工作最早完成时间的差值，即：

$$LAG_{i,j} = ES_j - EF_i \tag{3.37}$$

式中 $LAG_{i,j}$——工作 i 与其紧后工作 j 之间的时间间隔。

3.3.3.5 计算工作的总时差

工作总时差的计算应从网络计划的终点节点开始，逆着箭线方向按节点编号从大到小的顺序依次进行。

（1）网络计划终点节点所代表的工作的总时差应等于计划工期与计算工期之差，即：

$$TF_n = T_p - T_c \tag{3.38}$$

当计划工期等于计算工期时，该工作的总时差为零。

（2）在工作的 4 项基本参数 ES、EF、LS、LF 都计算得出后，总时差可按其基本含义计算，它和双代号网络计划的原理一样。但对于已经计算了时间间隔的单代号网络计划，其工作的总时差应等于本工作与其各紧后工作之间的时间间隔加该紧后工作的总时差所得之和的最小值，即：

$$TF_i = \min\{LAG_{i,j} + TF_j\} \tag{3.39}$$

3.3.3.6 计算工作的自由时差

（1）网络计划终点节点所代表的工作的自由时差等于计划工期与本工作的最早完成时间之差，即：

$$FF_n = T_p - EF_n \tag{3.40}$$

（2）其他工作的自由时差等于本工作与其紧后工作之间时间间隔的最小值，即：

$$FF_i = \min\{LAG_{i,j}\} \tag{3.41}$$

3.3.3.7 确定网络计划的关键线路

A 利用关键工作确定关键线路

同双代号网络计划一致，总时差最小的工作为关键工作。将这些关键工作相连，并保证相邻两项关键工作之间的时间间隔为零而构成的线路就是关键线路。

B 利用相邻两项工作之间的时间间隔确定关键线路

从网络计划的终点节点开始，逆着箭线方向依次找出相邻两项工作之间时间间隔为零的线路就是关键线路。

【例 3.9】 单代号网络计划如图 3.44 所示，试进行时间参数的计算，并标出关键线路。

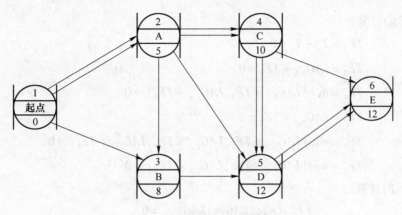

图 3.44　单代号网络图例

解:

（1）ES、EF 的计算。从起点节点开始由左向右作加法运算，即：

$$ES_1 = 0,\qquad\qquad\qquad EF_1 = ES_1 + D_1 = 0$$
$$ES_2 = EF_1 = 0,\qquad\qquad EF_2 = ES_2 + D_2 = 5$$
$$ES_3 = \max\{EF_1, EF_2\} = 5,\qquad EF_3 = ES_3 + D_3 = 13$$
$$ES_4 = EF_2 = 5,\qquad\qquad EF_4 = ES_4 + D_4 = 15$$
$$ES_5 = \max\{EF_2, EF_3, EF_4\} = 15,\qquad EF_5 = ES_5 + D_5 = 27$$
$$ES_6 = \max\{EF_4, EF_5\} = 27,\qquad EF_6 = ES_6 + D_6 = 39$$

由此可得计算工期，$T_c = EF_6 = 39$。

（2）LF、LS 的计算。从终点节点开始由右向左作减法计算，即：

$$LF_6 = T_c = 39,\qquad\qquad LS_6 = LF_6 - D_6 = 27$$
$$LF_5 = LS_6 = 27,\qquad\qquad LS_5 = LF_5 - D_5 = 15$$
$$LF_4 = \min\{LS_5, LS_6\} = 15,\qquad LS_4 = LF_4 - D_4 = 5$$
$$LF_3 = LS_5 = 15,\qquad\qquad LS_3 = LF_3 - D_3 = 7$$
$$LF_2 = \min\{LS_3, LS_4, LS_5\} = 5,\qquad LS_2 = LF_2 - D_2 = 0$$
$$LF_1 = \min\{LS_2, LS_3\} = 0,\qquad LS_1 = LF_1 - D_1 = 0$$

（3）$LAG_{i,j}$ 计算：

$$LAG_{1,2} = ES_2 - EF_1 = 0$$
$$LAG_{1,3} = ES_3 - EF_1 = 5$$
$$LAG_{2,3} = ES_3 - EF_2 = 0$$
$$LAG_{2,4} = ES_4 - EF_2 = 0$$
$$LAG_{2,5} = ES_5 - EF_2 = 10$$
$$LAG_{3,5} = ES_5 - EF_3 = 2$$
$$LAG_{4,5} = ES_5 - EF_4 = 0$$
$$LAG_{4,6} = ES_6 - EF_4 = 12$$
$$LAG_{5,6} = ES_6 - EF_5 = 0$$

（4）TF 的计算：

$$TF_6 = T_p - T_c = 0$$

$$TF_5 = LAG_{5,6} + TF_6 = 0$$

$$TF_4 = \min\{LAG_{4,5} + TF_5, LAG_{4,6} + TF_6\} = 0$$

$$TF_3 = LAG_{3,5} + TF_5 = 2$$

$$TF_2 = \min\{LAG_{2,5} + TF_5, LAG_{2,4} + TF_4, LAG_{2,3} + TF_3\} = 0$$

$$TF_1 = \min\{LAG_{1,2} + TF_2, LAG_{1,3} + TF_3\} = 0$$

（5）FF 的计算：

$$FF_1 = \min\{LAG_{1,2}, LAG_{1,3}\} = 0$$

$$FF_2 = \min\{LAG_{2,3}, LAG_{2,4}, LAG_{2,5}\} = 0$$

$$FF_3 = LAG_{3,5} = 2$$

$$FF_4 = \min\{LAG_{4,5}, LAG_{4,6}\} = 0$$

$$FF_5 = LAG_{5,6} = 0$$

$$FF_6 = T_p - EF_6 = 0$$

（6）关键线路。从定义上讲，$TF = 0$ 的各节点相连的线路即为关键线路，有时可能出现不只一条关键线路，可用连接的箭线 LAG（间隔时间）为零来判断。本例关键线路标在图 3.45 中，用双线线条标示，关键工作为 A、C、D、E。

以上计算结果汇总在图 3.45 中。

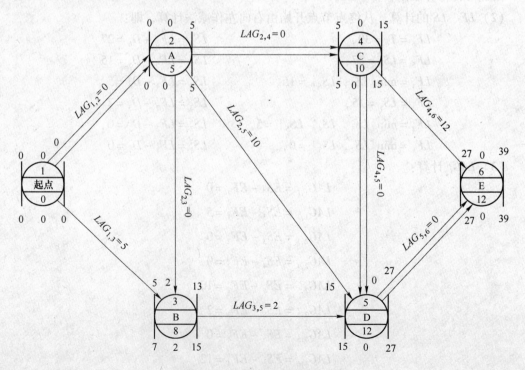

图 3.45 单代号网络图例题结果

3.3.4　单代号搭接网络计划

3.3.4.1　基本概念

前面所讲的网络计划方法，无论双代号还是单代号，工作之间的逻辑关系是一种衔接关系，即紧前工作完成后紧后工作才能开始。但在许多情况下，紧后工作的开始，并不以紧前工作的完成为条件，只要紧前工作开始一段时间能为紧后工作提供一定的开始工作的条件之后，紧后工作就可以插入而与紧前工作平行施工。工作间的这种关系称为搭接关系。如果用前面简单的网络计划来表达工作之间的搭接关系，则必须将所搭接工作从搭接处划分为两项工作，将搭接关系转换为顺序衔接关系，这样划分后的工作若用双代号网络图表示，需要 5 个工作；用单代号网络图表示，需要 4 个工作，如图 3.46 所示，这使得网络计划变得更加复杂。为了简单、直接地表达工作之间的搭接关系，使网络计划的编制达到简化，便出现了搭接网络计划。搭接网络计划是通常用单代号网络图形式表达出来的，可用于表示工作之间各种不同搭接关系的网络计划，即以节点表示工作，以节点之间的箭线表示工作之间的逻辑顺序和搭接关系。

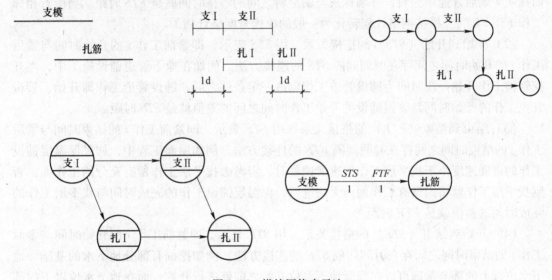

图 3.46　搭接网络表示法

搭接网络计划具有以下特点：

（1）一般采用单代号网络计划比较简明，在箭线联系的同时采用时距标注就能正确表达其逻辑关系，而且更清晰。当只有一个起点工作或一个结束工作时，不必设置虚拟的起点节点或虚拟的终点节点。

（2）搭接网络计划的计划工期不一定取决于与终点相联系的工作的完成时间，而可能取决于中间工作的完成时间；中间工作的最早开始时间，也不一定仅与紧前工作的完成时间有关，而可能与前面某些工作的完成时间有关。因此，虽只有一个起点工作或一个终点工作，都必须增设虚拟的起点节点和终点节点。

（3）要求每项工作创造工作面的速度大致是均匀的，或稳定地递增或递减。

3.3.4.2　搭接关系的种类及表达方式

相邻工作之间的搭接关系主要有 4 种基本搭接关系，如图 3.47 所示。

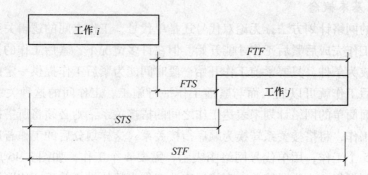

图 3.47　相邻工作间搭接关系

（1）结束到开始（*FTS*）的搭接关系。用 *FTS* 表示，即紧前工作 i 的结束时间与紧后工作 j 的开始时间之间存在时间间隔 *FTS* 的连接方法。例如在做外装饰时，一定要等外墙面抹灰干燥后才能刷涂料，外墙抹灰与刷涂料之间的等待时间就是 *FTS* 时距。当所有相邻工作 *FTS* = 0 时，搭接网络计划转化为一般的单代号网络计划了。

（2）开始到开始（*STS*）的搭接关系。用 *STS* 表示，即紧前工作 i 的开始时间与紧后工作 j 的开始时间之间存在时间间隔 *STS* 的连接方法。例如在地下管道铺设施工中，当开挖管沟工作开始一段时间为铺设管道工作创造一定条件之后，铺设管道工作即开始，管沟开挖工作的开始时间与管道铺设的开始工作时间之间的差值就是 *STS* 时距。

（3）结束到结束（*FTF*）的搭接关系。用 *FTF* 表示，即紧前工作 i 的结束时间与紧后工作 j 的结束时间之间存在时间间隔 *FTF* 的连接方法。例如屋面工程中，如果保温层铺设工作的进展速度小于找平层工作的进展速度时，需考虑找平层工作留有充分的工作面；否则找平层工作就将因没有工作面而无法进行，保温层铺设工作的完成时间与找平层工作的完成时间的差值就是 *FTF* 时距。

（4）开始到结束（*STF*）的搭接关系。用 *STF* 表示，即紧前工作 i 的开始时间与紧后工作 j 的结束时间之间存在时间间隔 *STF* 的连接方法。例如挖掘有部分地下水的基础，地下水位以上的部分基础可以在降低地下水位开始之前就进行开挖，而在地下水位以下的部分基础则必须在降低地下水位以后才能开始。这就是说，降低地下水位的完成与何时挖地下水位以下的部分基础有关，而降低地下水位何时开始则与挖土的开始无直接关系。若设挖地下水位以上的基础土方需要 10d，则挖土方开始于降低水位的完成之间的搭接关系即为 *STF*，其时距是 10d。

（5）混合的搭接关系。除以上 4 种基本关系外，还存在由 4 种基本关系中两种以上来限制工作间的逻辑关系的情况，称为混合搭接关系。例如工作 i 和工作 j 之间可能同时存在 *STS* 和 *FTF* 或同时存在 *STF* 和 *FTS* 两种搭接关系，其表达方式如图 3.48 和图 3.49 所示。

3.3.4.3　单代号搭接网络图的绘制

单代号搭接网络图的绘制与单代号网络图的绘制方法基本相同，首先根据工作的工艺

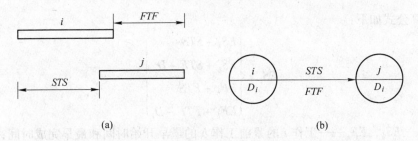

图 3.48 *STS* 和 *FTF* 混合搭接关系及其在网络计划中的表达方式

（a）搭接关系；（b）网络计划中的表达方式

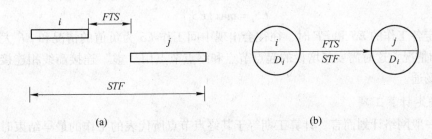

图 3.49 *STF* 和 *FTS* 混合搭接关系及其在网络计划中的表达方式

（a）搭接关系；（b）网络计划中的表达方式

逻辑关系与组织逻辑关系绘制工作逻辑关系表，确定相邻工作的搭接关系与搭接时距；其次根据工作逻辑关系表，按单代号网络图绘制方法，绘制单代号网络图；最后再将搭接关系与搭接时距标注在工作箭线上。

3.3.4.4 单代号搭接网络计划时间参数的计算

单代号搭接网络计划时间参数的计算与前述单代号网络计划计算原理基本相同，区别在于需要将搭接关系与时距加以考虑。其计算步骤大致如下：

（1）根据工作之间具体搭接关系的不同，分别计算工作的最早开始时间和最早完成时间；

（2）确定网络计划的工期；

（3）结合时距种类及其具体取值，计算每相邻两项工作的时间间隔；

（4）计算工作总时差和自由时差；

（5）确定工作的最迟开始时间和最迟结束时间；

（6）依据相邻工作时间间隔最小原则确定关键线路。

由于搭接网络计划具有几种不同形式的搭接关系，所以其计算也较前述的单代号网络计划的计算复杂一些。

A 工作最早时间的计算

这仍是一个起点节点出发，沿着箭线方向逐项计算，直至终点节点为止的加法过程。

起始工作的最早开始时间的规定以及其他工作的最早开始时间、最早结束时间的计算，与一般网络计算相同。

有搭接关系的工作的最早开始时间，取决于该工作与紧前工作之间搭接关系的类型和时距，计算公式如下：

$$ES_i = \begin{cases} ES_h + STS \\ ES_h + STF - D_i \\ EF_h + FTS \\ EF_h + FTF - D_i \end{cases} \qquad (3.42)$$

式中　　　　ES_h，EF_h——工作 i 的紧前工作 h 的最早开始时间和最早完成时间；

STS，STF，FTS，FTF——该工作与紧前工作之间的搭接关系时距。

当一项工作有多个紧前工作或搭接关系时，应按照该工作与每个紧前工作的搭接关系分别计算其最早开始时间，并取其最大值作为该工作的最早开始时间，即：

$$ES_i = \max\{ES_i\} \qquad (3.43)$$

在确定各工作的 ES 和 EF 时，往往会出现中间工作 ES 为负值的情况和 EF 大于终点节点 ES 的情况，这时需要与增设的起点节点和终点节点用"虚"连接箭线相连接，以保证线路的畅通。

B　确定计算工期

对于一般网络计划而言，计算工期等于其终点节点所代表的工作的最早结束时间，即 $T_c = EF_n$。但对于搭接网络计划，由于其存在着比较复杂的搭接关系，在确定计算工期之前要对各节点的最早完成时间进行检查，确保其小于终点节点的最早结束时间。如果所有节点的最早结束时间小于终点节点的最早结束时间，就取终点节点的最早结束时间为计算工期。如果某些点的最早完成时间大于终点节点的最早完成时间，则取节点最早完成时间值最大的节点的最早完成时间作为整个网络计划的计算工期，并在此节点到终点节点之间增加一条虚箭线。

C　计算相邻两工作之间的时间间隔

相邻两工作之间的搭接关系不同，其时间间隔的计算方法也不同，计算公式如下：

$$LAG_{i,j} = \begin{cases} ES_j - EF_i - FTS \\ ES_j - ES_i - STS \\ EF_j - EF_i - FTF \\ EF_j - ES_i - STF \end{cases} \qquad (3.44)$$

当相邻两项工作之间存在着两种以上搭接关系及时距时，应分别计算出时间间隔，然后取其中的最小值。

D　计算工作的总时差和自由时差

搭接网络计划中工作的总时差和自由时差含义及计算均和一般网络计划相同。

E　工作最迟时间的计算

这是一个从终点节点开始，逆箭线方向逐项进行，直至起点节点为止的减法计算过程。

终点节点最迟结束时间的确定以及其他工作的最迟开始时间、最迟结束时间的计算，与一般网络计算相同。

有搭接关系的工作的最迟完成时间，按式（3.45）进行计算：

$$LF_i = \min \begin{cases} LS_j - FTS \\ LS_j - STS + D_i \\ LF_j - FTF \\ LF_j - STF + D_i \end{cases} \qquad (3.45)$$

F 关键线路和关键工作的确定

关键线路和关键工作的确定方法同前,此处不再赘述。

【例3.10】 单代号搭接网络计划如图3.50所示,计算时间参数并确定关键线路。

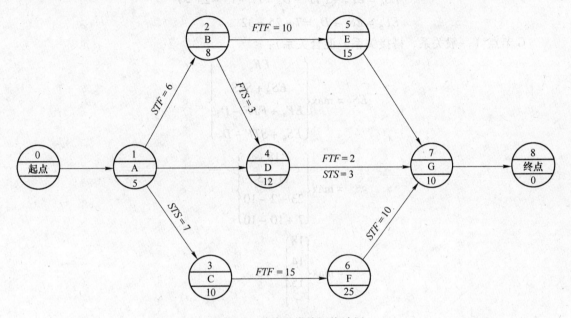

图3.50 单代号搭接网络计划

解:本例题存在一般关系、搭接关系和混合搭接关系,分别依条件和公式计算。

(1) ES、EF 计算。

起点节点: $ES_0 = 0$, $EF_0 = ES_0 + D_0 = 0$

A 点节点(一般关系): $ES_1 = EF_0 = 0$

$$EF_1 = ES_1 + D_1 = 0 + 5 = 5$$

B 节点(搭接关系):

$$ES_2 = ES_1 + STF - D_2 = 0 + 6 - 8 = -2 < 0$$

由于该节点最早开始时间为负值,将起点节点与 B 节点间用"虚"箭线相连(一般关系),使 $ES_2 = 0$,即:

$$EF_2 = ES_2 + D_2 = 0 + 8 = 8$$

C 节点(搭接关系): $ES_3 = ES_1 + STS = 0 + 7 = 7$

$$EF_3 = ES_3 + D_3 = 7 + 10 = 17$$

D 节点(一般关系、搭接关系):

$$ES_4 = \max \begin{cases} EF_1 \\ EF_2 + FTS \end{cases}$$

$$= \max \begin{Bmatrix} 5 \\ 8+3 \end{Bmatrix} = 11$$

$$EF_4 = ES_4 + D_4 = 11 + 12 = 23$$

E 节点（搭接关系）：

$$ES_5 = EF_2 + FTF - D_5 = 8 + 10 - 15 = 3$$

$$EF_5 = ES_5 + D_5 = 3 + 15 = 18$$

F 节点（搭接关系）：

$$ES_6 = EF_3 + FTF - D_6 = 17 + 15 - 25 = 7$$

$$EF_6 = ES_6 + D_6 = 7 + 25 = 32$$

G 节点（一般关系、搭接关系、混合关系）：

$$ES_7 = \max \begin{Bmatrix} EF_5 \\ ES_4 + STS \\ EF_4 + FTF - D_7 \\ ES_6 + STF - D_7 \end{Bmatrix}$$

$$= \max \begin{Bmatrix} 18 \\ 11+3 \\ 23+2-10 \\ 7+10-10 \end{Bmatrix}$$

$$= \max \begin{Bmatrix} 18 \\ 14 \\ 15 \\ 7 \end{Bmatrix} = 18$$

$$EF_7 = ES_7 + D_7 = 18 + 10 = 28$$

终点节点（一般关系）：它的 ES 是所有工作 EF 的最大值，即：

$$ES_8 = \max\{EF_i\} = \max \begin{Bmatrix} 28 \\ 18 \\ 32 \\ 23 \end{Bmatrix} = 32$$

将所取 EF_i 的节点（F 节点）与终点节点用"虚"箭线相连（一般关系）。

$$EF_8 = ES_8 + D_8 = 32 + 0 = 32 = T_c$$

当 $T_p = T_c$ 时，可先求 $LAG_{i,j}$，再求 TF，FF 及 LS，LF。也可按下列方法计算。

（2）LF，LS 计算。

终点节点：

$$LF_8 = T_p = T_c = 32$$

$$LS_8 = LF_8 - D_8 = 32 - 0 = 32$$

G 节点：

$$LF_7 = LS_8 = 32$$

$$LS_7 = LF_7 - D_7 = 32 - 10 = 22$$

F 节点：

$$LF_6 = \min \begin{Bmatrix} LS_8 \\ LF_7 - STF + D_6 \end{Bmatrix}$$

$$= \min \begin{Bmatrix} 32 \\ 32 - 10 + 25 \end{Bmatrix}$$

$$= \min \begin{Bmatrix} 32 \\ 47 \end{Bmatrix} = 32$$

$$LS_6 = LF_6 - D_6 = 32 - 25 = 7$$

E 节点：

$$LF_5 = LS_7 = 22$$

$$LS_5 = LF_5 - D_5 = 22 - 15 = 7$$

D 节点：

$$LF_4 = \min \begin{Bmatrix} LS_7 - STS + D_4 \\ LF_7 - FTF \end{Bmatrix}$$

$$= \min \begin{Bmatrix} 22 - 3 + 12 \\ 32 - 2 \end{Bmatrix}$$

$$= \min \begin{Bmatrix} 31 \\ 30 \end{Bmatrix} = 30$$

$$LS_4 = LF_4 - D_4 = 30 - 12 = 18$$

C 节点：

$$LF_3 = LF_6 - FTF = 32 - 15 = 17$$

$$LS_3 = LF_3 - D_3 = 17 - 10 = 7$$

B 节点：

$$LF_2 = \min \begin{Bmatrix} LF_5 - FTF \\ LS_4 - FTS \end{Bmatrix}$$

$$= \min \begin{Bmatrix} 22 - 10 \\ 18 - 3 \end{Bmatrix}$$

$$= \min \begin{Bmatrix} 12 \\ 15 \end{Bmatrix} = 12$$

$$LS_2 = LF_2 - D_2 = 12 - 8 = 4$$

A 节点：

$$LF_1 = \min \begin{Bmatrix} LS_4 \\ LS_3 - STS + D_1 \\ LF_2 - STF + D_1 \end{Bmatrix}$$

$$= \min \begin{Bmatrix} 18 \\ 7 - 7 + 5 \\ 12 - 6 + 5 \end{Bmatrix}$$

$$= \min \begin{Bmatrix} 18 \\ 5 \\ 11 \end{Bmatrix} = 5$$

$$LS_1 = LF_1 - D_1 = 5 - 5 = 0$$

起点节点：

$$LF_0 = \min \begin{Bmatrix} LS_2 \\ LS_1 \end{Bmatrix} = \min \begin{Bmatrix} 4 \\ 0 \end{Bmatrix} = 0$$

$$LS_0 = LF_0 - D_0 = 0 - 0 = 0$$

（3）TF 的计算。

$$TF_0 = LS_0 - ES_0 = 0 - 0 = 0$$
$$TF_1 = LS_1 - ES_1 = 0 - 0 = 0$$
$$TF_2 = LS_2 - ES_2 = 4 - 0 = 4$$
$$TF_3 = LS_3 - ES_3 = 7 - 7 = 0$$
$$TF_4 = LS_4 - ES_4 = 18 - 11 = 7$$
$$TF_5 = LS_5 - ES_5 = 7 - 3 = 4$$
$$TF_6 = LS_6 - ES_6 = 7 - 7 = 0$$
$$TF_7 = LS_7 - ES_7 = 22 - 18 = 4$$
$$TF_8 = LS_8 - ES_8 = 32 - 32 = 0$$

（4）$LAG_{i,j}$ 的计算。

$$LAG_{0,1} = ES_1 - EF_0 = 0 - 0 = 0$$
$$LAG_{0,2} = ES_2 - EF_0 = 0 - 0 = 0$$
$$LAG_{1,2} = EF_2 - ES_1 - STF = 8 - 0 - 6 = 2$$
$$LAG_{1,3} = ES_3 - ES_1 - STS = 7 - 0 - 7 = 0$$
$$LAG_{1,4} = ES_4 - EF_1 = 11 - 5 = 6$$
$$LAG_{2,5} = EF_5 - EF_2 - FTF = 18 - 8 - 10 = 0$$
$$LAG_{2,4} = ES_4 - EF_2 - FTS = 11 - 8 - 3 = 0$$
$$LAG_{3,6} = EF_6 - EF_3 - FTF = 32 - 17 - 15 = 0$$
$$LAG_{4,7} = \min \begin{Bmatrix} EF_7 - EF_4 - FTF \\ ES_7 - ES_4 - STS \end{Bmatrix}$$
$$= \min \begin{Bmatrix} 28 - 23 - 2 \\ 18 - 11 - 3 \end{Bmatrix}$$
$$= \min \begin{Bmatrix} 3 \\ 4 \end{Bmatrix} = 3$$
$$LAG_{5,7} = ES_7 - EF_5 = 18 - 18 = 0$$
$$LAG_{6,7} = EF_7 - ES_6 - STF = 28 - 7 - 10 = 11$$
$$LAG_{6,8} = ES_8 - EF_6 = 32 - 32 = 0$$
$$LAG_{7,8} = ES_8 - EF_7 = 32 - 28 = 4$$

（5）FF_i 的计算。

$$FF_0 = \min \begin{Bmatrix} LAG_{0,1} \\ LAG_{0,2} \end{Bmatrix} = \min \begin{Bmatrix} 0 \\ 0 \end{Bmatrix} = 0$$

$$FF_1 = \min \begin{Bmatrix} LAG_{1,2} \\ LAG_{1,4} \\ LAG_{1,3} \end{Bmatrix} = \min \begin{Bmatrix} 2 \\ 6 \\ 0 \end{Bmatrix} = 0$$

$$FF_2 = \min \begin{Bmatrix} LAG_{2,4} \\ LAG_{2,5} \end{Bmatrix} = \min \begin{Bmatrix} 0 \\ 0 \end{Bmatrix} = 0$$

$$FF_3 = LAG_{3,6} = 0$$

$$FF_4 = LAG_{4,7} = 3$$

$$FF_5 = LAG_{5,7} = 0$$

$$FF_6 = \min\left\{\begin{matrix} LAG_{6,7} \\ LAG_{6,8} \end{matrix}\right\} = \min\left\{\begin{matrix} 11 \\ 0 \end{matrix}\right\} = 0$$

$$FF_7 = LAG_{7,8} = 4$$

$$FF_8 = 0$$

（6）关键路线和关键工作。当 $T_p = T_c$ 时，取 $TF = 0$ 的各节点，且连线 $LAG_{i,j} = 0$ 的线路定为关键线路，在图 3.51 中，用双线箭线标示。关键工作为 A、C 和 F。计算结果如图 3.51 所示。

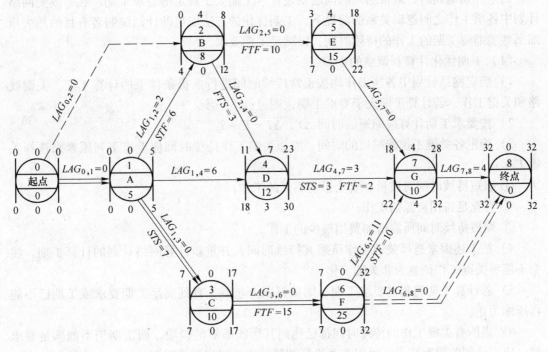

图 3.51　例题计算结果

3.4　网络计划的优化

经过调查研究，确定施工方案，划分施工过程，分析施工过程间的逻辑关系，绘制网络图和计算时间参数等步骤，可以确定网络计划的初始方案。然而要使工程计划如期实施，获得缩短工期、质量优良、资源消耗少和工程成本低的效果，必须对网络计划进行优化。网络计划优化，就是在满足既定的约束条件下，按某一目标，通过不断的调整，寻求最优网络计划方案的过程。网络计划的优化目标，应按计划任务的需要和条件选定，包括工期目标、费用目标和资源目标，其对应的优化分为工期优化、资源优化和费用优化。

当网络计划的计算工期大于要求工期时，通过不断压缩关键线路上关键工作的持续时间，达到缩短工期直至满足要求工期的目的所进行的调整称为工期优化。

一个部门或单位在一定时间内所能提供的各种资源是有一定限度的。为了经济而有效地利用这些资源，使可供使用的资源均衡地消耗，即在资源有限的条件下，寻求最短工期的调整方法，称为"资源有限，工期最短"的优化；另一种是在工期限定条件下，力求资源消耗均衡的调整方法，称为"工期固定，资源均衡"的优化。这两种调整称为资源优化。

完成一项工作常可以采用很多种施工和组织方法。而不同的施工和组织方法对完成同一工作就会有不同的持续时间和费用。从多种方案中，确定一个成本最优或较优方案的调整方法称为费用优化。

3.4.1　工期优化

网络计划编制后，最常遇到的问题就是计算工期大于规定的要求工期。在不改变网络计划中各项工作之间逻辑关系的前提下，工期优化的方法能帮助计划编制者有目的地去压缩那些能缩短工期的工作的持续时间，以满足工期要求。

（1）工期优化计算和调整的步骤：

1）确定网络计划中各项工作均按正常持续时间进行前提条件下的计算工期、关键线路和关键工作，若计算工期大于要求工期，则进行下一步。

2）按要求工期计算应缩短的时间 ΔT，$\Delta T = T_r - T_c$。

3）确定各关键工作能缩短的时间。缩短关键工作持续时间应考虑下列因素来选择关键工作：

① 缩短持续时间对质量和安全影响不大的工作；

② 有充足备用资源的工作；

③ 缩短持续时间所需增加费用最少的工作。

4）按上述因素选择关键工作压缩其持续时间，并重新计算网络计划的计算工期。注意不能将关键工作调整为非关键工作。

5）若计算工期仍超过要求工期，则重复以上步骤，直到满足工期要求或工期已不能再压缩为止。

6）当所有关键工作的持续时间都已达到其所能缩短的极限，而工期仍不能满足要求时，应对计划的原有技术、组织方案进行调整或重新审定要求工期。

在工期优化过程中，按照经济合理的原则，不能将关键工作压缩成非关键工作；此外，当工期优化过程中出现多条关键线路时，必须将各条关键线路的总持续时间压缩相同数值。

（2）工期优化实例。

【例3.11】　某网络计划如图3.52所示，图中括号数字为工作最短持续时间，不带括号数字为正常持续时间（单位：天）。上级指令（要求工期）工期为100d，试进行工期优化。

解：（1）按工作正常持续时间计算节点时间参数，找出关键线路和关键工作（计算过程略）。计算结果如图3.52所示。关键线路用双箭线标在图上，关键工作为 C、E、G。

（2）计算应缩短的时间：

$$\Delta T = T_r - T_c = 160 - 100 = 60$$

（3）计算各关键工作可缩短时间。C 工作的可压缩时间为 20d（50－30＝20d），E 工作的可压缩时间为 30d（60－30＝30d），G 工作的可压缩时间为 25d（50－25＝25d），所有关键工作可压缩的总时间为 75d。

（4）分析缩短各项关键工作持续时间的利弊：若将 G 的持续时间缩短为极限持续时间 25d，则会出现新的关键线路。因此，工作 G 不能压缩为 25d。若 G 工作缩短 10d，C、E 工作压缩至最短，进行计算。

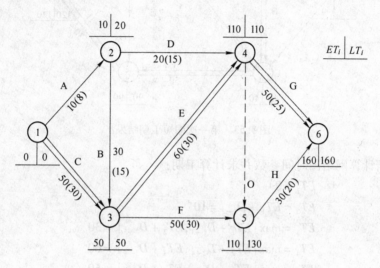

图 3.52　网络计划优化前

（5）按确定的缩短方案求计算工期。

$$ET_1 = 0$$

$$ET_2 = ET_1 + D_{1-2} = 10$$

$$ET_3 = \max\{ET_1 + D_{1-3}, ET_2 + D_{2-3}\} = 40$$

$$ET_4 = \max\{ET_2 + D_{2-4}, ET_3 + D_{3-4}\} = 70$$

$$ET_5 = \max\{ET_3 + D_{3-5}, ET_4 + D_{4-5}\} = 90$$

$$ET_6 = \max\{ET_4 + D_{4-6}, ET_5 + D_{5-6}\} = 120$$

$$T_c = ET_6 = LT_6 = 120$$

$$LT_5 = LT_6 - D_{5-6} = 90$$

$$LT_4 = \min\{LT_6 - D_{4-6}, LT_5 - D_{4-5}\} = 80$$

$$LT_3 = \min\{LT_5 - D_{3-5}, LT_4 - D_{3-4}\} = 40$$

$$LT_2 = \min\{LT_4 - D_{2-4}, LT_3 - D_{2-3}\} = 10$$

$$LT_1 = \min\{LT_3 - D_{1-3}, LT_2 - D_{1-2}\} = 0$$

关键线路为 1—2—3—5—6，关键工作为 A、B、F、H。工期 120d，未达到要求工期，应缩短时间为 20d。第一次缩短的计算结果和关键线路见图 3.53。

（6）分析并选择可缩短的关键工作及方案。B 工作可缩短 10d；F 工作可缩短 20d，共计缩短 30d，采用此方案较为适宜。

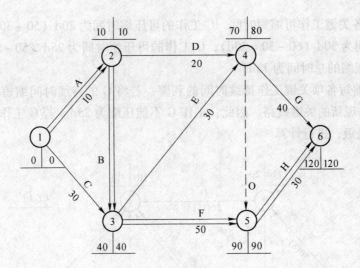

图 3.53 第一次缩短工期结果

（7）重新计算网络图时间参数并求计算工期：

$$ET_1 = 0$$
$$ET_2 = ET_1 + D_{1-2} = 10$$
$$ET_3 = \max\{ET_1 + D_{1-3}, ET_2 + D_{2-3}\} = 30$$
$$ET_4 = \max\{ET_2 + D_{2-4}, ET_3 + D_{3-4}\} = 60$$
$$ET_5 = \max\{ET_3 + D_{3-5}, ET_4 + D_{4-5}\} = 60$$
$$ET_6 = \max\{ET_4 + D_{4-6}, ET_5 + D_{5-6}\} = 100$$
$$T_c = ET_6 = LT_6 = 100$$
$$LT_5 = LT_6 - D_{5-6} = 70$$
$$LT_4 = \min\{LT_6 - D_{4-6}, LT_5 - D_{4-5}\} = 60$$
$$LT_3 = \min\{LT_5 - D_{3-5}, LT_4 - D_{3-4}\} = 30$$
$$LT_2 = \min\{LT_4 - D_{2-4}, LT_3 - D_{2-3}\} = 10$$
$$LT_1 = \min\{LT_3 - D_{1-3}, LT_2 - D_{1-2}\} = 0$$

关键线路为 1—3—4—6。此时，原来的关键工作不变，符合计算规则，B 工作可工作 20d，而不影响总工期，还不至于过分压缩，A、B 又称为关键工作。工期满足要求工期的要求，计算结果和关键线路如图 3.54 所示。

3.4.2 费用优化

网络计划在优化工期目标时，要考虑工期缩短所增加的直接费用最少。费用优化就是应用前述的网络计划方法，在一定约束条件下，综合考虑成本与工期两者的相互关系，以期达到成本低、工期短目的定量方法之一。费用优化是寻求工程总成本最低时的工期安排或按要求工期寻求最低成本的计划安排的过程。

3.4.2.1 工期与工程费用的关系

在建筑施工过程中，完成一项工作可采用多种不同的施工和组织方法，相应地会有不同的工期与工程费用。在一般情况下，对同一工程的总成本来说，施工工期的长短与其费

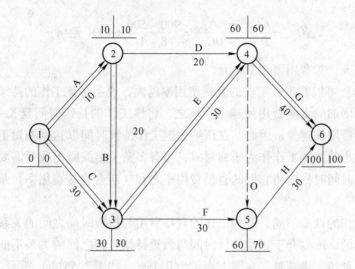

图 3.54 工期优化结果

用在一定范围内成反比关系。即工期越短成本越高；工期缩短到一定程度后，再继续增加人力、物力及费用也不一定能使工期缩短；而工期延长也会增加成本。

工程费用包括直接费用和间接费用两部分，它们与时间关系又各有其自身的变化规律。

A 直接费用曲线

直接费用由人工费、材料费、机械使用费等组成。施工方案不同，直接费用也就不同；如果施工方案一定，工期不同，直接费用也不同。大体来讲，在一定范围内，直接费用会随着工期的缩短而增加，或者随着工期的延长而减少。

工作的直接费用随着持续时间的缩短而增加，如图 3.55(a) 所示，图中 DC 表示工作的最短持续时间，CC 表示按最短持续时间工作时所需的直接费用；DN 表示工作的正常持续时间，CN 表示按正常持续时间完成工作时所需的直接费用。图 3.55(a) 表示了工作直接费随其持续时间改变而改变的情况，时间和费用之间的关系是连续变化的，称为连续型变化。这样，介于正常持续时间 DN 和最短持续时间 DC 之间的任意持续时间费用，可根据其直接费用率（工作持续时间每缩短单位时间而增加的直接费用）推算出来。当工作划分不是很粗时，可采用图中直线来替代曲线以简化工作。直接费用率在图 3.55(a) 中就是直线的斜率，按式 (3.46) 计算：

$$\Delta C_{i-j} = \frac{CC_{i-j} - CN_{i-j}}{DN_{i-j} - DC_{i-j}} \tag{3.46}$$

式中 ΔC_{i-j}——工作的直接费用率；

CC_{i-j}——按最短持续时间完成工作所需的直接费用；

CN_{i-j}——按正常持续时间完成工作所需的直接费用；

DN_{i-j}——工作的正常持续时间；

DC_{i-j}——工作的最短持续时间。

例如，某工作经过计算确定其正常持续时间为 8d，所需费用为 500 元。在考虑增加人力、机具设备和加班的情况下，其最短时间为 4d，而费用为 900 元，则其单位变化率为：

$$\Delta C_{i-j} = \frac{CC_{i-j} - CN_{i-j}}{DN_{i-j} - DC_{i-j}} = \frac{900 - 500}{8 - 4} = 100(\text{元/d})$$

即每缩短一天，其费用增加 100 元。

从式（3.46）可以看出，工作的直接费用率越大，说明将该工作的持续时间缩短一个时间单位，所需增加的直接费用就越多；反之，将该工作的持续时间延长一个时间单位，所需增加的直接费用就越少。因此，在压缩关键工作持续时间以达到缩短工期目的时，应将直接费用率最小的关键工作作为压缩对象；当有多条关键线路出现而需要同时压缩多个关键工作的持续时间时，应将它们的直接费用率之和（组合直接费用率）最小者作为压缩对象。

考虑到各工作的性质不同，有些工作的直接费用与持续时间之间的关系是根据不同施工方案分别估算的，所以介于正常持续时间与最短持续时间之间的关系不能用线性关系表示；只能存在几种情况供选择，在图上表示为几个点，如图 3.55(b) 所示。

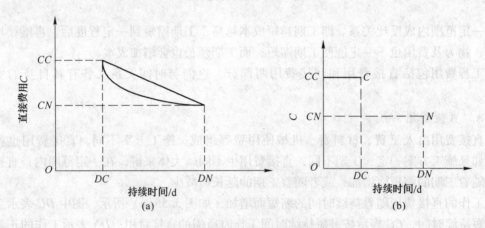

图 3.55   直接费用 – 时间关系图

（a）连续型；（b）非连续型

B   间接费用曲线

间接费用包括企业经营管理的全部费用，与施工单位的管理水平、施工条件、施工组织等有关，一般会随着工期的缩短而减少。间接费用曲线表示了间接费用在一定范围内和时间成正比关系，通常用直线表示，其斜率表示间接费用在单位时间内的增加值（或减少值），称为间接费用率，记为 $\Delta C'_{i-j}$，如图 3.56 所示。间接费用率一般根据实际情况确定。

C   工程费用曲线

把直接费用和间接费用两种费用叠加起来，即构成工程费用曲线。工程总费用最低点 B 坐标，就是工程的最低费用和相应的最优工期，为费用优化寻求的目标，如图 3.57 所示。图 3.57 中 T_L 表示最短工期，T_o 表示最优工期，T_N 表示正常工期。在考虑工程费用时，还应通过叠加考虑工期变化带来的其他损益，包括效益增量和资金的时间价值等。

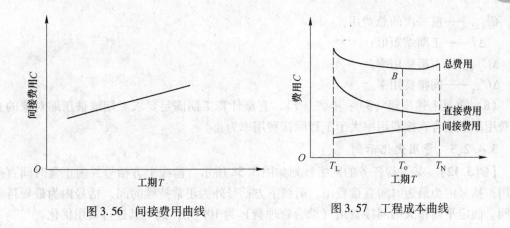

图 3.56　间接费用曲线　　　　　　图 3.57　工程成本曲线

3.4.2.2　费用优化的方法及步骤

费用优化的基本方法就是从网络计划各工作的持续时间和费用的关系中，依次找出既能使计划工期缩短又能使其直接费用增加最少的工作，即找出直接费用率（或组合直接费用率）最小的关键工作，不断缩短其持续时间；同时考虑间接费用随工期缩短而减少的数值，最后求得工程成本最低时的相应最优工期安排或按要求工期求得最低费用的计划安排。

按照上述基本思路，费用优化按下列步骤进行：

（1）按工作的正常持续时间确定计算工期，找出关键工作及关键线路，计算网络计划在正常情况下的总直接费用。

（2）计算各项工作的直接费用率。

（3）当只有一条关键线路时，应找出直接费用率最小的一项关键工作，作为缩短持续时间的对象；当有多条关键线路时，应找出组合直接费用率最小的一组关键工作，作为缩短持续时间的对象。

（4）对于选定的压缩对象（一项关键工作或一组关键工作），首先比较其直接费用率（或组合直接费用率）ΔC_{i-j} 与工程间接费用率 $\Delta C'_{i-j}$ 的大小：

1）若 $\Delta C_{i-j} > \Delta C'_{i-j}$，说明压缩关键工作的持续时间会使工程总费用增加，此时应停止缩短关键工作的持续时间，在此之前的方案即为优化方案；

2）若 $\Delta C_{i-j} = \Delta C'_{i-j}$，说明压缩关键工作的持续时间不会使工程总费用增加，故应缩短关键工作的持续时间；

3）若 $\Delta C_{i-j} < \Delta C'_{i-j}$，说明压缩关键工作的持续时间会使工程总费用减少，故应缩短关键工作的持续时间。

（5）当需要缩短关键工作的持续时间时，其缩短值的确定必须符合下列两条原则：

1）缩短后工作的持续时间不能小于其最短持续时间；

2）缩短持续时间的工作不能变成非关键工作。

（6）计算关键工作持续时间缩短后相应的费用增加值。

（7）计算总费用：

$$C_t^T = C_{t+\Delta T}^T + \Delta T \cdot \Delta C_{i-j} - \Delta T \cdot \Delta C'_{i-j} = C_{t+\Delta T}^T + \Delta T(\Delta C_{i-j} - \Delta C'_{i-j}) \tag{3.47}$$

式中　　C_t^T——工期缩短至 t 时的总费用；

$C_{t+\Delta T}^{T}$——前一次的总费用；

ΔT——工期缩短值；

ΔC_{i-j}——直接费用率；

$\Delta C_{i-j}'$——间接费用率。

（8）重复上述步骤（3）~步骤（7），直至计算工期满足要求工期或被压缩对象的直接费用率或组合直接费用率大于工程间接费用率为止。

3.4.2.3　费用优化示例

【例3.12】　某工程任务的网络计划如图3.58所示。箭线上方括号外为正常时间直接费用，括号内为最短时间直接费用，箭线下方括号外为正常持续时间，括号内为最短持续时间。假定平均每天的间接费用（综合管理费）为100元，试对其进行费用优化。

解：第一步，列出时间和费用的原始数据表，并计算各工作的费用率（见表3.8）。

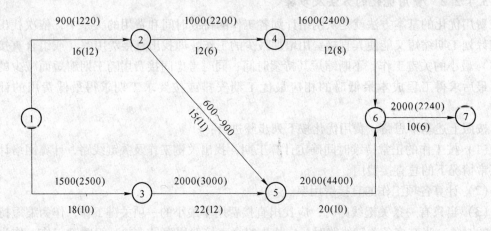

图 3.58　某工程网络计划

表 3.8　时间 – 费用数据表

工作代号	正常工期		最短工期		相差		费用率 ΔC_{17} /元·d^{-1}	费用与时间变化情况
	时间 D_{17}^{N}/d	直接费用 C_{17}^{N}/元	时间 D_{17}^{C}/d	直接费用 C_{17}^{C}/元	$(C_{17}^{C}-C_{17}^{N})$ /d	$(D_{17}^{N}-D_{17}^{C})$ /元		
1—2	16	900	12	1220	4	320	80	连续
1—3	18	1500	10	2500	8	1000	125	连续
2—4	12	1000	6	2200	6	1200	200	连续
2—5	15	600	11	900	4	300	75	非连续
3—5	22	2000	10	3000	10	1000	100	连续
4—6	12	1600	8	2400	4	800	200	连续
5—6	20	2000	10	4400	10	2400	240	连续
6—7	10	2000	6	2240	4	240	60	连续
		$\sum$ 11600		$\sum$ 18860				

第二步，分别计算各工作在正常持续时间和最短持续时间下网络计划时间参数，确定

其关键路线，如图 3.59 和图 3.60 所示。

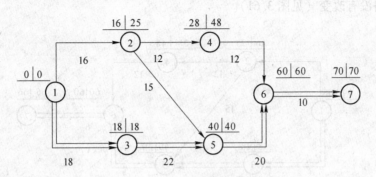

图 3.59 正常持续时间网络计划图

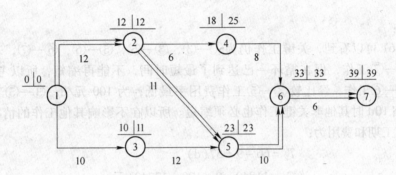

图 3.60 最短时间网络计划图

从图 3.59 和图 3.60 可以看到，正常持续时间网络计划的计算工期为 70d，关键线路为 ①→③→⑤→⑥→⑦，正常时间直接费用为 11600 元。

最短持续时间网络计划的计算工期为 39d，关键线路为 ①→②→⑤→⑥→⑦，最短时间直接费用为 18860 元。

图 3.59 与图 3.60 相比，两者计算工期相差 70 – 39 = 31d，直接费用相差 18860 – 11600 = 7260 元。

第三步，进行工期缩短，从直接费用增加额最少的关键工作入手进行优化。优化通常需经过多次循环。而每一个循环又分以下几步：

（1）通过计算找出上次循环后网络计划的关键线路和关键工作；

（2）从各关键工作中找出缩短单位时间所增加费用最少的方案；

（3）通过计算并确定该方案可能缩短的最多天数；

（4）计算由于缩短工作持续时间所引起的费用增加或其循环后的费用。

在本例中，循环一：

在正常持续时间原始网络计划图（见图 3.59）中，关键工作为 ①—③，③—⑤，⑤—⑥，⑥—⑦，在表 3.8 中可以看到：⑥—⑦工作费用变化率最小，为 60 元/d，时间可缩短 4d，则：

工期 $$T_1 = 70 - 4 = 66(d)$$

直接费用　　　　　　　　　$C_1 = 11600 + 4 \times 60 = 11840$（元）

关键线路没有改变（见图 3.61）。

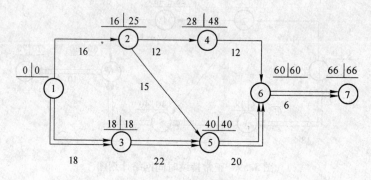

图 3.61　最终优化网络计划（循环一）

循环二：

从图 3.61 可以看到，关键工作仍为①—③，③—⑤，⑤—⑥，⑥—⑦，表中费用率最低的是⑥—⑦工作，但在循环一已达到了最短时间，不能再缩短，所以考虑①—③，③—⑤，⑤—⑥工作，经比较③—⑤工作费用率最低，为 100 元/d，③—⑤工作可缩短 10d，但压缩 10d 时其他非关键工作也必须缩短。所以在不影响其他工作的情况下，只能压缩 9d，其工期和费用为：

$$T_2 = 66 - 9 = 57(\text{d})$$

$$C_2 = 11840 + 9 \times 100 = 12740(\text{元})$$

这时关键线路已变成 2 条（见图 3.62）。

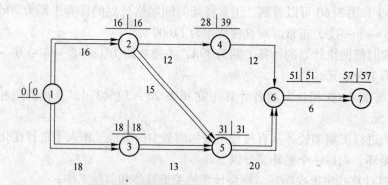

图 3.62　最终优化网络计划（循环二）

循环三：

从图 3.62 可以看到，关键线路已变为 2 条：

$$①\to②\to⑤\to⑥\to⑦$$
$$①\to③\to⑤\to⑥\to⑦$$

关键工作为：①—②，②—⑤，⑤—⑥，①—③，③—⑤，⑥—⑦。

其压缩方案为：

方案一：缩短⑤—⑥工作，每天增加费用 240 元，可缩短 10d。

方案二：缩短①—②，①—③，每天增加费用 205 元，可缩短 4d。

方案三：缩短①—②，③—⑤，只能缩短 1d，每天增加费用 180 元。

方案四：缩短②—⑤，①—③，缩短 4d，每天平均增加费用 200 元。

根据增加费用最少的原则，经过比较选择方案三，若平均缩短①—②，③—⑤各 1d，其工期和费用为：

$$T_3 = 57 - 1 = 56(d)$$

$$C_3 = 12740 + 1 \times 180 = 12920(元)$$

缩短后的网络计划如图 3.63 所示。

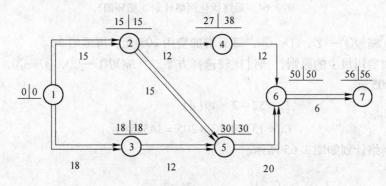

图 3.63　最终优化网络计划（循环三）

循环四：

从图 3.63 可以看到，关键线路仍为 2 条：

$$①→②→⑤→⑥→⑦$$
$$①→③→⑤→⑥→⑦$$

关键工作为：①—②，②—⑤，⑤—⑥，①—③，③—⑤，⑥—⑦。

方案一：缩短⑤—⑥工作，每天增加费用 240 元，可压缩 10d。

方案二：缩短①—②，①—③，每天增加费用 205 元，可压缩 4d。

方案三：缩短①—③，②—⑤，缩短 4d，每天平均增加费用 200 元。

根据增加费用最少的原则，通过比较选择方案三，缩短①—③，②—⑤工作，缩短 4d，每天平均增加费用 200 元。

$$T_4 = 56 - 4 = 52(d)$$

$$C_4 = 12920 + 4 \times 200 = 13720(元)$$

缩短的网络计划如图 3.64 所示。

循环五：

从图 3.64 可以看到，关键线路仍为：

$$①→②→⑤→⑥→⑦$$
$$①→③→⑤→⑥→⑦$$

关键工作为：①—②，②—⑤，⑤—⑥，①—③，③—⑤，⑤—⑦。

其压缩方案为：

方案一：缩短⑤—⑥工作，每天增加费用 240 元，可压缩 10d。

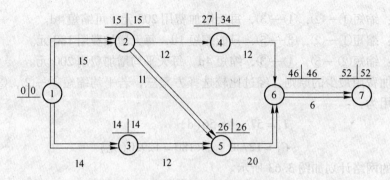

图 3.64   最终优化网络计划（循环四）

方案二：缩短①—②，①—③，每天增加费用 205 元，可缩短 3d。

根据增加费用最少的原则，通过比较选择方案二，缩短①—②，①—③，缩短 3d，平均每天增加 205 元。

$$T_5 = 52 - 3 = 49(\text{d})$$

$$C_5 = 13720 + 3 \times 205 = 14335(\text{元})$$

缩短的网络计划如图 3.65 所示。

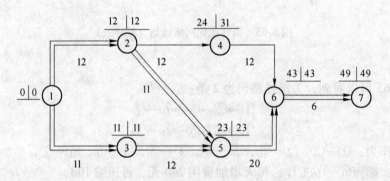

图 3.65   最终优化网络计划（循环五）

循环六：

从图 3.65 可以看到，关键线路仍为：

$$①\to②\to⑤\to⑥\to⑦$$
$$①\to③\to⑤\to⑥\to⑦$$

其压缩方案只有一个，即压缩⑤—⑥。

可压缩 10d，每天增加费用 240 元，但⑤—⑥工作由于压缩到 8d，其费用增加，工期未能缩短，所以只能压缩 7d。

$$T_6 = 49 - 7 = 42(\text{d})$$

$$C_6 = 14335 + 7 \times 240 = 16015(\text{元})$$

缩短后的网络计划如图 3.66 所示。

循环七：

从图 3.66 可以看到，其关键线路变为 3 条：

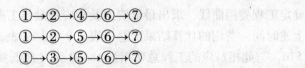

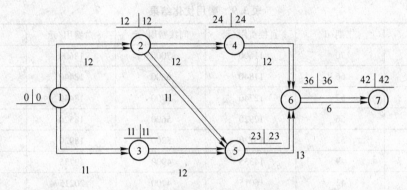

图 3.66 最终优化网络计划（循环六）

其压缩方案为：

方案一：缩短②—④，⑤—⑥，每天增加费用 440 元，可缩短 3d。

方案二：缩短④—⑥，⑤—⑥，每天增加费用 440 元，可缩短 3d。

由于方案一和方案二增加的费用相同，所以可以选任意方案，若选方案二，则缩短 3d。

$$T_7 = 42 - 3 = 39(\text{d})$$

$$C_7 = 16015 + 3 \times 440 = 17335(\text{元})$$

缩短后的网络计划如图 3.67 所示。

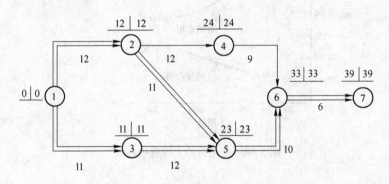

图 3.67 最终优化网络计划（循环七）

从图 3.67 可以看出，②—④，④—⑥工作还可继续缩短，但与其平行的其他工作不能再缩短了，即已达到极限时间，所以，尽管缩短②—④，④—⑥工作费用增加了，但工期并没有再缩短，因为缩短②—④，④—⑥工作是徒劳的。

另一方面，从循环七可看到共缩短 70 – 31 = 39（d），增加直接费用 17335 – 11600 = 5735（元），而全部采用最短持续时间的直接费用为 18860 元，采用优化方案直接费用 17335 元，则可节约 18860 – 17335 = 1525（元）。

第四步：列表计算，将优化后的每一循环的结果汇总列表，并将直接费用与间接费用叠加，确定工程费用曲线，求出最低费用及相应的最佳工期。

将上述时间－费用的计算结果汇总于表 3.9 中，从表 3.9 中可知，本工程的最优化工期约为 57d，与此相对应的工程总费用为 18440 元（最低费用）。

表 3.9 费用优化结果

循环次数	工期/d	直接费用/元	间接费用/元	总费用/元	最低数
原始网络	70	11600	7000	18600	
1	66	11840	6600	18440	
2	57	12740	5700	18440	18440
3	56	12920	5600	18520	
4	52	13720	5200	18920	
5	49	14335	4900	19235	
6	42	16015	4200	20215	
7	39	17335	3900	21235	

本例中，根据表 3.9 和图 3.68，可得到最低总费用为 18440 元，对应的最低工期为 57d。

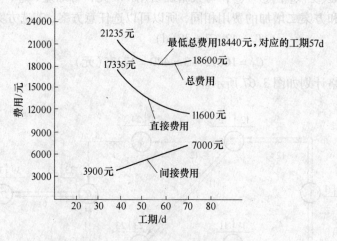

图 3.68 优化后的工程费用曲线

3.4.3 资源优化

资源是指为完成一项计划任务所需投入的人力、材料、机械设备和资金等，一项工程任务的完成，所需资源量基本是不变的，不可能通过资源优化将其减少。资源优化的目的是通过改变工作的开始时间和完成时间，使资源按照时间的分布符合优化目标。资源优化中的"资源"，是指完成某工作所需用的各种人力、材料、机械设备和资金等的统称；一项工作在单位时间内所耗用的资源量，称为资源强度，用 Q 表示；一项工作在单位时间内各资源需用量之和，称为资源需用量，用 R 表示；单位时间内可供计划使用的某种资源的最大数量称为资源限量。

在通常情况下，网络计划的资源优化分为两种，即"资源有限－工期最短"的优化和"工期固定－资源均衡"的优化。前者是通过调整计划安排，在满足资源限制条件下，使工期延长最少的过程；而后者是通过调整计划安排，在工期保持不变的条件下，使资源需用量尽可能均衡的过程。为简化问题，这里假定网络计划中的所有工作需要同一种资源。

3.4.3.1 "资源有限－工期最短"的优化

"资源有限－工期最短"优化，宜逐个按"时间单位"作资源检查，当出现第 t 个"时间单位"资源需用量大于资源限量时，应进行计划调整。

A "资源有限－工期最短"优化的前提条件

（1）在优化过程中，不改变网络计划中各项工作之间的逻辑关系和持续时间；

（2）网络计划中各项工作的资源需用量在优化过程中是合理的，而且保持不变，即为常数；

（3）除规定允许中断的工作外，应保持工作的连续性。

B 资源优化顺序分配原则

（1）先对关键工作按资源需用量大小，以从大到小的顺序分配。

（2）再对非关键工作按总时差大小，以从小到大的顺序分配；总时差相等时，按每日资源需用量的递减编号进行分配。

C 资源优化的步骤

（1）计算网络计划每"时间单位"的资源需用量。

（2）从计划开始日期起，逐个检查每个"时间单位"资源需用量是否超过所能供应的资源限量。若在整个工期范围内每个"时间单位"资源需用量均能满足资源限量的要求，则可行优化方案就编制完成；否则，必须进行计划调整。

（3）分析超过资源限量的时段（每"时间单位"资源需用量相同的时间区段）。如果在该时段内几项工作平行作业，则采取将一项工作安排在与之平行的另一项工作之后进行的办法，以降低该时段的资源需用量。对于两项平行作业的工作 $m—n$ 和 $i—j$ 来说，为了降低相应时段的资源需用量，将工作 $i—j$ 安排在工作 $m—n$ 后进行，如图 3.69 所示。

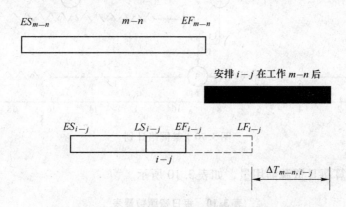

图 3.69 $m—n$ 和 $i—j$ 两项工作的顺序

如果将工作 $i—j$ 安排在工作 $m—n$ 后进行，网络计划的工期延长值为：

$$\Delta T_{m-n,i-j} = EF_{m-n} + D_{i-j} - LF_{i-j} = EF_{m-n} - LS_{i-j} \tag{3.48}$$

式中　$\Delta T_{m-n,i-j}$——在资源冲突的诸工作中，工作 $i-j$ 安排在工作 $m-n$ 后进行，网络计划工期所延长的时间；

　　　　EF_{m-n}——工作 $m-n$ 的最早完成时间；

　　　　D_{i-j}——工作 $i-j$ 的持续时间；

　　　　LF_{i-j}——工作 $i-j$ 的最迟完成时间；

　　　　LS_{i-j}——工作 $i-j$ 的最迟开始时间。

这样，在有资源冲突的时段中，对平行作业的工作进行两两排序，即可得出若干个 $\Delta T_{m-n,i-j}$，选择其中最小的 $\Delta T_{m-n,i-j}$，将相应的工作 $i-j$ 安排在工作 $m-n$ 之后进行，则既可降低该时段的资源需用量，又使网络计划的工期延长值最短。即：

$$\Delta T = \min\left\{\Delta T_{m-n,i-j}\right\}$$

式中　ΔT——在各种顺序安排中，最佳安排所对应的工期延长时间的最小值。

（4）当最早完成时间最小值和最迟开始时间最大值同属一项工作时，应找出最早完成时间为次小、最迟开始时间为次大的工作，分别组成两个顺序方案，再从中选取较小者进行调整。

（5）对调整后的网络计划安排重新计算每个时间单位的资源需用量。

（6）重复上述步骤，直至整个工期范围内每个时间单位的资源需用量均满足资源限量为止。

D　优化示例

【例 3.13】　某网络计划如图 3.70 所示，图中箭线上的数为工作持续时间，箭线下的数为工作资源强度，假定每天只有 9 个工人可供使用，如何安排各工作最早开始时间使工期达到最短？

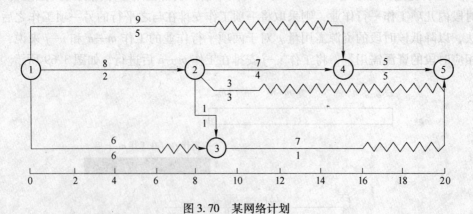

图 3.70　某网络计划

解：（1）计算每日资源需用量，如表 3.10 所示。

表 3.10　每日资源数量表

工作日	1~6	7~8	9	10~11	12~15	16	17~20
资源数量	13	7	13	8	5	6	5

（2）逐日检查是否满足要求。在表 3.10 中看到第一天资源需用量就超过可供资源量（9 人）要求，必须进行工作最早开始时间调整。

（3）分析资源超限的时段。在第 1~6 天，有工作 1—4、1—2、1—3，分别计算 $EF_{i—j}$，$LS_{i—j}$，确定调整工作最早开始时间方案，见表 3.11。

表 3.11　超过资源限量的时段的工作时间参数表

工作代号	$EF_{i—j}$	$LS_{i—j}$
1—4	9	6
1—2	8	0
1—3	6	7

根据式（3.48），确定 $\Delta T_{m—n,i—j}$ 最小值，最早完成时间的最小值和最迟开始时间的最大值属于同一工作 1—3，找出最早完成时间的次小值及最迟开始时间的次大值是 8 和 6，组成两组方案。

$$\Delta T_{1—3,1—4} = 6 - 6 = 0$$
$$\Delta T_{1—2,1—3} = 8 - 7 = 1$$

可以看出，选择工作 1—4 安排在工作 1—3 之后进行，工期不增加，每天资源需用量从 13 人减少到 8 人，满足要求；如果有多个平行作业工作，当调整一项工作的最早开始时间后仍不能满足要求，就应继续调整。

重复以上计算方法与步骤。可行优化方案见表 3.12 及图 3.71。

表 3.12　可行优化方案的每日资源数量表

工作日	1~6	7~8	9	10~11	12~15	16	17	18	19~22
资源数量	8	7	6	9	9	8	4	9	6

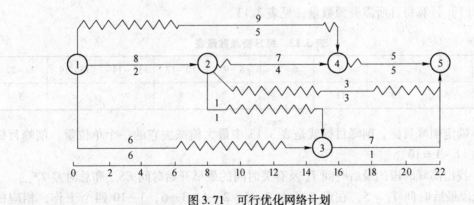

图 3.71　可行优化网络计划

3.4.3.2　"工期固定 – 资源均衡"的优化

这种优化是利用时差来降低资源高峰值，安排建设工程进度计划时，需要使资源需用量尽可能地均衡，使整个工程每单位时间的资源需用量不出现过多的高峰和低谷，这样不仅有利于工程建设的组织与管理而且可以降低工程费用。这种优化方法称为"削峰法"。

A　优化步骤

（1）计算网络计划每"时间单位"的资源需用量。

（2）确定削峰目标，其值等于每"时间单位"资源需用量的最大值减一个单位量。

（3）找出高峰时段的最后时间 T_h 及有关时间的最早开始时间 ES_{i-j} 和总时差 TF_{i-j}。优先以时间差值最大的工作 $i-j$ 作为调整对象。

（4）计算有关工作的时间差值：

$$\Delta T_{i-j} = TF_{i-j} - (T_h - ES_{i-j}) \tag{3.49}$$

（5）当峰值不能再减少时，即得到优化方案；否则，重复以上步骤。

B　优化示例

【例3.14】　某时标网络计划如图3.72所示，箭线上的数字表示工作持续时间，箭线下的数字表示工作资源强度，试优化该时标网络计划。

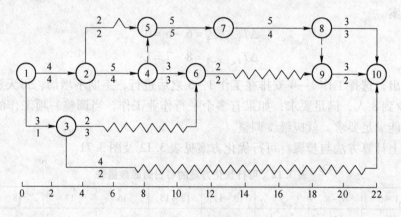

图3.72　某时标网络计划

解：（1）计算每日所需资源数量，见表3.13。

表3.13　每日资源数量表

工作日	1~3	4	5	6~7	8~9	10~12	13~14	15~19	20~22
资源数量	5	9	11	8	4	8	7	4	5

（2）确定削峰目标。削峰目标就是表3.13中最大值减去它的一个单位量。削峰目标定为10（11-1=10）。

（3）找出高峰时段的最后时间 T_h 及有关时间的最早开始时间 ES_{i-j} 和总时差 TF_{i-j}。高峰段最后时间 $T_h = 5$，在第5天有2—5、2—4、3—6、3—10四个工作，相应的 ES_{i-j} 和 TF_{i-j} 分别为：

$$ES_{2-4} = 4, \qquad TF_{2-4} = 0$$
$$ES_{2-5} = 4, \qquad TF_{2-5} = 3$$
$$ES_{3-6} = 3, \qquad TF_{3-6} = 12$$
$$ES_{3-10} = 3, \qquad TF_{3-10} = 15$$

（4）按式（3.49）计算：

$$\Delta T_{2-4} = TF_{2-4} - (T_h - ES_{2-4}) = -1$$
$$\Delta T_{2-5} = TF_{2-5} - (T_h - ES_{2-5}) = 2$$
$$\Delta T_{3-6} = TF_{3-6} - (T_h - ES_{3-6}) = 10$$
$$\Delta T_{3-10} = TF_{3-10} - (T_h - ES_{3-10}) = 13$$

其中工作 3—10 的值最大，故优先将该工作向右移动 2d（即第 5 天以后开始），然后计算每日资源数量，看峰值是否小于或等于削峰目标（10）。如果由于工作 3—10 最早开始时间改变，在其他时段中出现超过削峰目标的情况时，则重复步骤（3）～步骤（5），直至不超过削峰目标为止。本例工作 3—10 调整后，其他时间里没有再出现超过削峰目标，见表 3.14 及图 3.73。

表 3.14 每日资源数量表

工作日	1～3	4	5	6～7	8～9	10～12	13～14	15～19	20～22
资源数量	5	7	9	8	6	8	7	4	5

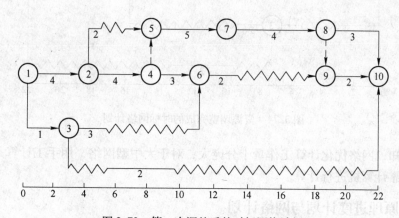

图 3.73 第一次调整后的时标网络计划

从表 3.14 得知，第一次调整后，资源数量最大值为 9，故削峰目标定为 8；逐日检查至第 5 天，资源数量超过削峰目标值，在第 5 天中有工作 2—4、3—6、2—5，计算各值 ΔT_{i-j}，其中工作 ΔT_{3-6} 值为最大，故优先调整工作 3—6，将其向右移动 2d，资源数量变化见表 3.15。

表 3.15 每日资源数量表

工作日	1～3	4	5	6～7	8～9	10～12	13～14	15～19	20～22
资源数量	5	4	6	11	6	8	7	4	5

由表 3.15 可知，在第 6、7 两天资源数量又超过 8。高峰段最后时间 $T_h = 7$，在这一时段中有工作 2—5、2—4、3—6、3—10，再按式（3.49）计算 ΔT_{i-j} 值：

$$\Delta T_{2-4} = TF_{2-4} - (T_h - ES_{2-4}) = 0 - (7 - 4) = -3$$
$$\Delta T_{2-5} = TF_{2-5} - (T_h - ES_{2-5}) = 3 - (7 - 4) = 0$$
$$\Delta T_{3-6} = TF_{3-6} - (T_h - ES_{3-6}) = 10 - (7 - 5) = 8$$

$$\Delta T_{3-10} = TF_{3-10} - (T_{\mathrm{h}} - ES_{3-10}) = 12 - (7-5) = 10$$

按理应选择值最大的工作 3—10，但因为它的资源强度为 2，调整它仍然不能达到削峰目标，故选择工作 3—6（它的资源强度为 3），满足削峰目标，将使之向右移动 2d。

通过重复上述计算步骤，最后削峰目标定为 7，不能再减少了，优化计算结果见表 3.16 及图 3.74。

表 3.16　每日资源数量表

工作日	1~3	4	5~7	8~9	10	11~18	19	20~22
资源数量	5	4	6	7	5	7	6	5

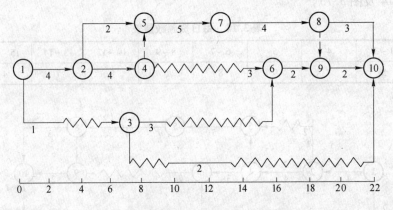

图 3.74　资源调整完成的时标网络计划

由上可知，网络优化计算工作量十分庞大，对于大中型网络，用手工计算是难以实现的，只能依靠计算机进行计算。

3.5　流水原理进度计划与网络计划

网络计划与流水原理是两种安排进度计划的方法。通过两种进度计划的比较，揭示两种安排进度计划的实质。

3.5.1　流水原理进度计划的核心

一般说来，流水施工的施工组织方式强调连续、均衡和有节奏，其中连续是流水施工的核心。

（1）连续施工在流水施工中包含两方面的含义：一方面保证每一个施工过程在各施工段上连续施工，或者说专业工作队连续施工，或者说专业工作队不窝工，现称其为"工艺连续"；另一方面指相邻施工过程在同一施工段尽可能保持连续施工，或者说相邻施工过程至少在一个施工段上不空闲，或者说尽可能使工作面不空闲，现称其为"空间连续"。这种连续施工的核心思想决定了流水施工进度计划的计算工期。

（2）均衡施工是流水施工相对于顺序施工和平行施工在资源供应方面的优点体现，改善了顺序施工在同一时间内投入资源过少和平行施工在同一时间内投入资源过大的缺点，避免了施工期间劳动力和建筑材料使用的不均衡性，给资源的组织供应和运输等都带来了方便，可以达到节约使用资源的目的。

（3）有节奏施工是针对流水施工几种不同施工组织形式而言的。流水施工根据流水节拍的不同分为等节奏流水、异节奏流水和分别流水。有节奏施工是尽量使流水节拍安排得大致相等，使工人工作时间有一定的规律性，这种规律性可以带来良好的施工秩序、和谐的施工气氛和可观的经济效果。

横道图计划正是流水施工核心思想的具体应用。横道图又称横线图、甘特图，它是利用时间坐标上横线条的长度和位置来反映工程各施工过程的相互关系和进度。横道图的左边部分列出各施工过程（或工程对象）的名称，在右边部分用横线条表示工作进度线，用来表达各施工过程在时间和空间上的进展情况。横道图计划的优点是较易编制、简单、明了、直观、易懂。因为有时间坐标，各项工作的施工起讫时间、作业持续时间、工作进度、总工期以及流水作业的情况等都表示得清楚明确，一目了然；对人力和资源的计算也便于据图叠加。它的缺点主要是不能全面地反映出各工作相互之间的关系和影响，不便进行各种时间计算，不能客观地突出工作的重点（影响工期的关键工作），也不能从图中看出计划中的潜力所在。这些缺点的存在，对改进和加强施工管理工作是不利的。

3.5.2　网络计划的核心

（1）网络计划是由网络图表达任务构成、工作顺序并加注工作时间参数的进度计划。一般网络计划的优点是把施工过程中的各种有关工作组成了一个有机的整体，因而能全面而明确地反映出各工作之间的相互制约和相互依赖的关系。它可以进行各种时间参数计算，能在工作繁多、错综复杂的计划中找出影响工程进度的关键工作。便于管理人员集中精力抓施工中的主要矛盾，确保按期竣工。同时，通过利用网络计划中反映出来的各工作的机动时间，可以更好地运用和调配资源。在计划的执行过程中，当某一工作因故提前或拖后时，能从计划中预见到它对其他工作及总工期的影响程度，便于及早采取措施以充分利用有利的条件或有效地消除不利的因素。此外，它还可以利用现代化的计算工具——计算机，对复杂的计划进行绘图、计算、检查、调整与优化。它的缺点是从图上很难清晰地看出流水作业的情况，也难以根据一般网络图算出资源需要量的变化情况。

（2）时标网络计划结合了横道图和一般网络计划的优点，在一般网络计划的基础上加注时间坐标，既简单、明了、直观，又能全面明确地反映出各工作之间的相互关系，清晰地反映出关键工作以及各工作的机动时间。

（3）不论是一般网络计划，还是时标网络计划，都强调施工过程之间相互制约和相互依赖的关系，这种关系称为逻辑关系。根据施工工艺和施工组织的要求分为工艺逻辑和组织逻辑。正是这种逻辑关系的存在，网络计划各工作之间才有主次之分，从而有关键工作的重点保证和非关键工作上机动时间的利用。总之，施工过程之间的逻辑关系决定了网络计划的计算工期，是网络计划的核心。

3.5.3　流水原理进度计划与网络计划的比较

（1）组织施工中，常用的进度计划表达形式有两种：横道图与网络计划，横道图与网络计划尽管施工内容完全一样，但两者用不同的计划方法，在进度计划安排上侧重点不同，会造成计算工期的差异。

（2）专业施工队在分段施工中，网络计划强调逻辑关系（工艺逻辑和组织逻辑），流水施工进度计划强调施工连续，连续施工除隐含网络计划要求的工艺逻辑和组织逻辑关系外，还要求专业工作队连续施工的"工艺连续"以及保证工作而不空闲的"空间连续"，这样加大流水步距，导致按流水施工进度计划的计算工期变长。按流水施工进度安排的计算工期 $T_流$ 与按网络计划安排的计算工期 $T_网$ 的大小关系：

$$T_流 \geqslant T_网$$

【例 3.15】 某基础工程，施工过程按挖槽（A）→垫层（B）→墙基（C）→回填土（D），施工段 $M = 4$（Ⅰ，Ⅱ，Ⅲ，Ⅳ），其施工过程在各施工段上的流水节拍或持续时间见表 3.17。试分别编制该土建基础工程的流水进度计划和网络进度计划。

表 3.17　施工过程的流水节拍（持续时间）　　　　　　　　（d）

施工过程	施工段Ⅰ	施工段Ⅱ	施工段Ⅲ	施工段Ⅳ
挖槽 A	5	6	5	6
垫层 B	2	1	2	1
墙基 C	4	3	5	4
回填土 D	2	2	4	2

解：（1）按流水施工安排进度计划——横道图。按潘特考夫斯基法"累加数列求和错位相减，取其最大值"求流水步距。

首先，将施工过程的流水节拍依次累加得一数列，

A：5　11　16　22

B：2　3　5　6

C：4　7　12　16

D：2　4　8　10

其次，将上述数列错位相减取最大值得流水步距，

A 与 B 错位相减：　　$K_{AB} = \max[5, 9, 13, 17, -6] = 17$

B 与 C 错位相减：　　$K_{BC} = \max[2, -1, -2, -6, -16] = 2$

C 与 D 错位相减：　　$K_{CD} = \max[4, 5, 8, 8, -10] = 8$

计算工期，得

$$T = \sum_{i=1}^{n-1} K_{i,i+1} + \sum_{j=1}^{m} t_j + \sum Z - \sum C = (17 + 2 + 8) + (2 + 2 + 4 + 2) = 37(d)$$

绘制横道图如图 3.75 所示。

本方法计算流水步距采用的"累加数列错位相减取其最大值"法实际体现了流水施工连续施工的实质。如计算流水步距 K_{AB}，为保证施工段Ⅰ不空闲，$K_{ABⅠ} = 5$；为保证施工段Ⅱ不空闲，$K_{ABⅡ} = 9$；为保证施工段Ⅲ不空闲，$K_{ABⅢ} = 13$；为保证施工段Ⅳ不空闲，$K_{ABⅣ} = 17$。考虑到流水施工连续施工，专业工作队连续施工（"工艺连续"）且相邻施工过程至少有一个施工段不空闲，取 $K_{AB} = \max[5, 8, 13, 17, -6] = 17$，体现"空间连续"。

（2）按网络计划安排进度计划。按一般网络计划绘制双代号时标网络计划。

时标网络计划本质上也是网络计划，常用双代号表示。现按网络计划的逻辑关系绘制双代号网络图后，不经计算，按最早时间参数直接绘制双代号时标网络计划，如图 3.76 所示，计算工期为 29，短于流水施工工期 37。

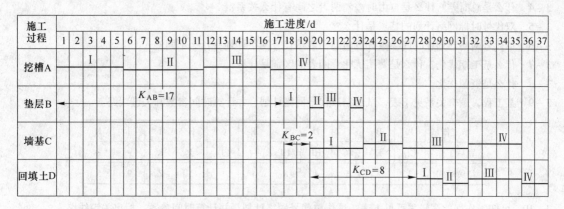

图 3.75　某土建基础工程按流水进度计划

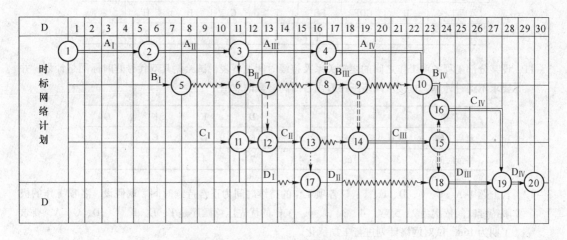

图 3.76　某基础工程按时标网络计划

（3）结论。流水施工与网络计划是安排进度计划的两种方法，流水施工强调连续施工，而网络计划强调施工过程之间的逻辑关系正确，因而在安排进度计划时会得出完全不同的计算工期，从本案例得出，按流水施工进度计划计算的工期为 $T_{流}=37$，按照一般网络计划的工期为 $T_{网}=29$。由图 3.75 与图 3.76 比较分析，不难看出它们在进度安排上的差别。在分段施工的条件下，按流水施工进度安排的计算工期 $T_{流}$ 与按网络计划安排的计算工期 $T_{网}$ 的大小关系为：

$$T_{流} \geq T_{网}$$

复习思考题

3-1　什么是网络图？试述网络图的表达方式。

3-2　绘制网络图的基本规则是什么？

3-3　什么是关键线路？它的作用是什么？

3-4　什么是总时差？什么是自由时差？两者之间有什么关系？

3-5　双代号时标网络计划的特点是什么？

3-6　单代号网络计划在时间参数计算时与一般单代号网络计划有什么不同？

3-7　什么是工期优化？什么是费用优化？两者的区别是什么？

3-8　什么是资源优化？

3-9　某工程，逻辑关系见下表，试绘制双代号网络计划，并计算时间参数和关键线路。

本工作	A	B	C	D	E	F	G	H	I	J	K
紧后工作	CD	E	FG	HI	HI	-	J	J	K	-	-
持续时间	3	2	5	4	8	4	1	2	7	9	5

3-10　已知工作间的逻辑关系见下表，试作单代号网络计划，并计算时间参数，标出关键线路。

本工作	A	B	C	D	E	F	G	H
紧后工作	B	CDE	FG	F	G	H	H	-
持续时间	1	3	1	6	2	4	2	4

3-11　设某分部工程各项工作之间的逻辑关系及持续时间见下表，试绘制其双代号非时标网络计划，并要求不通过计算，直接从网络图中看出各时间参数的取值。

本工作	A	B	C	D	E	F	G
紧后工作	BCD	EF	F	G	G	G	-
持续时间	3	6	4	7	4	5	5

3-12　若上题中 A、B、C、D、E、F、G 各项工作的持续时间为正常持续时间。现假设，各项工作的极限持续时间依次为 2、5、4、4、3、3、4；工作的优先压缩顺序是 F、E、B、C、D、G、A；要求工期为 16d。试对网络计划进行工期优化。

4 单位工程施工组织设计

4.1 概述

单位工程施工组织设计是以单位工程为对象编制的用以指导和组织单项工程从施工准备到工程竣工施工活动的技术经济文件，是施工组织总设计的具体化，也是施工单位编制月（旬）作业计划、分部分项工程作业设计的基础和主要依据。编制单位工程施工组织设计应根据工程的建筑结构特点、建设要求与施工条件，合理选择施工方案，编制施工进度计划，规划施工现场的平面布置，编制各种资源需求量计划，制定降低成本的技术组织措施和保证工程质量与安全文明施工的措施。

4.1.1 单位工程施工组织设计的主要内容

单位工程施工组织设计的内容包括：

（1）工程概况。主要包括工程特点、建设地点特征和施工条件等内容，就工程基本情况做的一个简要的、重点突出的介绍。

（2）施工方案。主要包括确定施工流向和施工程序、划分施工段、确定施工顺序、主要分部工程施工方法和施工机械的选择、技术组织措施的制订等内容。

（3）施工进度计划。主要包括确定施工项目，划分施工过程，计算工程量、劳动量和机械台班量，确定各施工项目的作业时间，组织各施工项目的搭接关系并绘制进度计划图表等内容。

（4）施工准备工作计划。主要包括技术准备、现场准备、劳动力及施工机具设备、材料、构件加工半成品的准备等内容。

（5）各项资源需用量计划。主要包括劳动力需用量计划、材料需用量计划、构件、加工半成品需用量计划、施工机具需用量计划、运输量计划等内容。

（6）施工平面图。单位工程施工所需起重运输机械位置的确定，加工场地、材料、构件等的设置场地布置，运输道路、临时设施及供水、供电管线的布置。大型单位工程应分阶段作出平面布置图。

（7）技术经济指标。主要包括工期指标、劳动生产率指标、质量和安全指标、降低成本指标、三大材料节约指标、主要工种工程机械化程度指标等。

其中，施工方案、施工进度计划、施工平面图应作为重点内容。

4.1.2 单位工程施工组织设计的编制程序

单位工程施工组织设计的编制程序如图4.1所示。它是指单位工程施工组织设计各个组成部分形成的先后次序及相互制约关系。

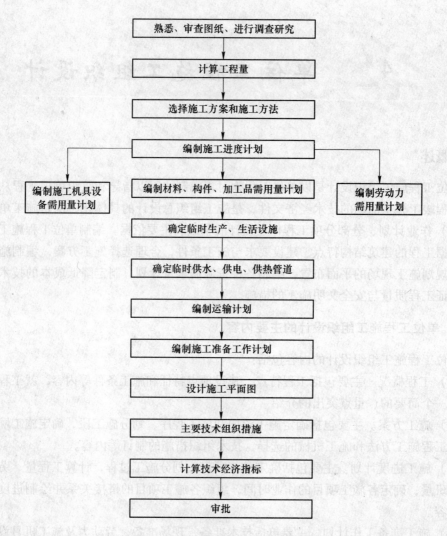

图 4.1 单位工程施工组织设计编制程序

4.1.3 单位工程施工组织设计的编制依据

单位工程施工组织设计的编制依据主要有以下几方面：

（1）上级主管部门和建设单位（或监理单位）对该单位工程的有关要求，工程承包合同中的有关规定。

（2）施工组织总设计和经过会审的施工图及会审记录。

（3）施工企业年度施工计划对该单位工程的安排和规定的各项指标。

（4）工程预算文件提供的有关数据及有关定额。

（5）资源供应情况。如劳动力、材料、构件、半成品、主要机械设备等的来源和供应情况。

（6）建设单位对工程施工可能提供的条件，如施工用水、用电及可借用作为临时设施的用房、施工用地等。

（7）设备安装、进场时间和对土建的要求，以及对所需场地的要求。

（8）施工现场的具体情况。如地形、地上与地下障碍物、水准点、气象、工程与水文地质报告、交通运输道路等。

（9）国家有关规定、规范、规程及施工组织设计的有关参考资料等。引进项目或设备应按相应的资料及要求办理。

4.2 工程概况

4.2.1 工程建设概况

工程建设概况包括拟建工程的建设单位，工程名称，工程规模、性质、用途、资金来源及工程投资额，开竣工的日期，设计单位，施工单位（包括施工总承包和分包单位），施工图纸情况，施工合同，主管部门的有关文件或要求，组织施工的指导思想等。

4.2.2 工程施工概况

工程施工概况是指对工程全貌进行综合说明，主要包括以下几个方面：

（1）建筑设计特点。主要说明拟建工程的建筑面积、层数、高度、平面形状、平面组合情况及室内外的装修情况。

（2）结构设计特点。主要介绍基础的特点和类型、埋置的深度、主体结构的类型、预制构件的类型及安装、抗震设防的烈度、工作量、主要工程实物量等。

（3）建设地点的特征。包括拟建工程的位置、地形、工程地质条件，土的冻结期时间与冻结厚度，冬雨季起止时间，地下水位、水质，气温，主导风向、风力和地震烈度等。

（4）施工条件。包括"三通一平"情况（建设单位提供水、电源及管径、容量及电压等），现场周边的环境，施工场地的大小，地上、地下各种管线的位置，当地交通运输的条件，预制构件的生产及供应情况，预拌混凝土供应情况，施工企业、机械、设备和劳动力的落实情况，劳动力的组织形式和内部承包方式等。

4.2.3 工程施工特点

概括单位工程的施工特点是施工中的关键问题，主要介绍工程施工的重点和难点所在，以便在施工方案的选择时制订出切实可行的施工方案，在组织资源供应、技术力量配备以及施工组织上采取有效的措施，使施工顺利地进行，提高项目的经济效益和管理水平。

4.3 施工方案设计

施工方案是单位工程施工组织的核心内容，它直接影响工程施工的质量、工期和经济效益，因此，必须从单位工程施工的全局出发慎重研究决定，施工方案合理与否，将直接影响单位工程的施工效果。施工方案一般包括确定施工流向和施工程序，主要分部工程的施工方法和施工机械的选择，安排施工顺序和施工方案的技术经济比较等内容。施工方案选择时，应在拟定的几个可行的施工方案中，经过技术经济分析比较，选择最优的施工方案，并作为安排施工进度计划和设计施工平面图的依据。

4.3.1　确定施工流向

施工的流向是指平面上和竖向上的施工顺序。一般来说，对单层建筑物，只要按其区段或跨间分区分段地确定在平面上的施工流向；对多层建筑物，除了应确定每层平面上的施工流向外，还需确定其层或单元在竖向上的施工流向。不同的施工流向可产生不同的质量、进度和成本效果，是组织施工很重要的一环，为此在确定施工流向时，应着重考虑以下问题：

（1）建设单位生产和使用的要求。先投产、先使用，先施工、先交工，这样可以发挥基本建设投资的效果。

（2）平面上各部分施工的简繁程度。一般来说，技术复杂、工期较长的部位应先施工。

（3）施工技术与组织上的要求。例如，图 4.2 所示为多层建筑物层数不等时的施工流向示意图，其中图 4.2(a) 为从层数多的第 Ⅱ 段开始施工，再进入较少层数的施工段 Ⅲ（或 Ⅰ）进行施工，然后再依次进入第二层、第三层顺序施工；图 4.2(b) 为从有地下室的第 Ⅱ 段开始施工，接着进入一层的第 Ⅲ 段施工，然后再进入第 Ⅰ 段，继而又从第一层的第 Ⅱ 段开始，由下至上逐层逐段依此顺序进行施工，采取这两种施工顺序组织施工时，要使各施工过程的工作队在各施工段上（包括各层的施工段）连续施工。

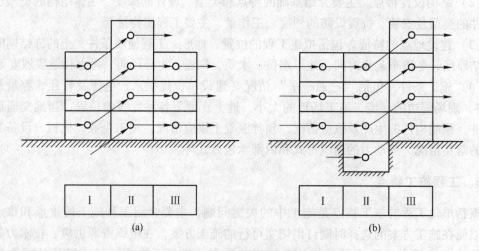

图 4.2　层数不等的多层房屋施工流向图

4.3.2　确定施工程序

施工程序是指单位工程中各分部工程施工的先后顺序及其制约关系。按照常规施工方法时施工程序应遵循"先地下后地上，先主体后围护，先结构后装修"的原则来确定。

"先地下后地上"，指的是在地上工程开始之前，尽量把管线等地下设施和土方工程、基础工程完成或基本完成，以免对地上部分施工产生干扰，带来不便，影响质量。"先土建后设备"，指的是不论工业建筑还是民用建筑，土建与水、暖、气、电、通信等建筑设备的关系要摆正，要从保证质量、降低成本的角度，处理好相互之间的关系。"先主体后围护"，主要指结构中主体与围护的关系。对于一些采用新的施工方法的新型结构施工的程序应视具体情况而定，如升层建筑与大板建筑其装修则先于结构，装修在预制或整体安装前已经完成，即"为先装修后结构"。

4.3.3 确定施工顺序

施工顺序是指各项工程或施工过程之间的先后次序。确定合理的施工顺序，是拟定施工方案和编制施工进度计划首先要考虑的问题。

确定各施工过程的施工顺序，必须符合由结构构造确定的工艺顺序，还应与所选用的施工方法和施工机械协调一致，同时还要考虑施工组织、施工质量、安全技术的要求，以及当地气候条件等因素。其目的是为了更好地按照施工的客观规律组织施工，使各施工过程的工作队紧密配合，平行、搭接、穿插施工，既能保证施工的质量与安全，又能充分利用空间，争取时间，缩短工期。

4.3.3.1 混合结构多层民用房屋的施工顺序

多层民用房屋的施工一般分为基础工程、主体结构工程和装饰工程等 3 个阶段。图 4.3 所示为三层混合结构房屋的施工顺序。

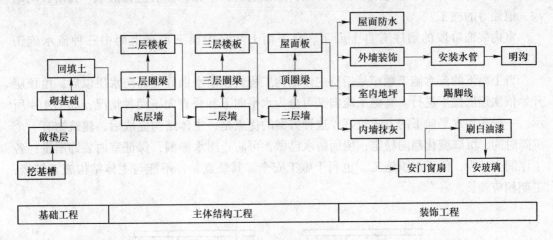

图 4.3　三层混合结构房屋施工顺序示意图

A　基础工程阶段

该阶段是指室内地坪（±0.000）以下的工程，首先考虑地下洞穴、地下障碍物和软弱地基需要处理的情况，如无此问题，其施工顺序一般是先挖基槽，然后浇筑混凝土垫层，接着砌筑基础（有时包括混凝土地梁），最后回填土。地下管道的敷设则与基础工程施工相配合进行，以免基础完工后再打洞挖槽安装管道，影响工程质量和进度。如果有桩基础，则应另列桩基工程，按桩基施工工艺确定施工顺序。如果有地下室，则在地下室施工时，按挖土、做垫层、地下室底板施工、墙身施工、防水施工，再进行地下室顶板施工，最后回填土。

在这一阶段施工中，基坑开挖后，应立即验槽做垫层，其间隔时间不能太长，以防下雨后基坑内积水影响其承载能力。如果由于技术或组织上的原因不能立即验槽，可留一层土在浇筑混凝土垫层之前再挖。在砌筑基础前应考虑垫层的技术间歇要求。回填土一般在基础（或地下室）完工后一次分层夯填完毕，为主体工程施工创造良好的工作条件。但当工程数量较大，且工期又较紧迫的情况下，也可以将填土分段与主体结构搭接施工。

B　主体结构工程阶段

对于多层混合结构房屋，主体结构工程的工序依次为搭脚手架、砌墙（包括安装门窗框、安装预制门窗过梁）、现浇圈梁及局部大梁和楼板混凝土、安装预制楼板和灌缝等。其中砌墙和安装楼板是主导工序（其工程量大、用工多、工期长），应使其连续施工。为了充分利用空间，节约时间，可将一个工程分为若干个施工段，组织流水施工，以保证施工的连续性。

C　装饰工程阶段

装饰工程阶段的工作包括顶（顶棚）墙（内墙面）抹灰，粉楼地面，粉踢脚线，安装门窗扇，门窗油漆，玻璃，喷白或刷涂料等工序。其中顶墙抹灰和粉楼地面是主导工序，应尽量使其连续施工。一般在主结构验收以后进行。

装饰工程可分为室外装饰和室内装饰。室外装饰采用自上而下的流水施工方式，当由上而下每层的所有工序都完成后，即开始拆除该层的脚手架，然后进行散水、台阶、明暗沟、道路等的施工。

室内装饰阶段的顺序有自上而下、自下而上和自中而下再自上而中三种流水施工方案。

自上而下的流水施工顺序是指待主体结构工程封顶断水做好屋面防水层以后，由顶层开始依次逐层往下进行。其施工流向又可分为水平向下和垂直向下两种情况，如图4.4所示。一般采用水平向下的方式较好，这种方案的优点是：主体结构完成后，建筑物有一个沉降时间，沉降变化趋向稳定；屋面防水已做，可防止雨水渗漏，保证室内装饰质量；各工序间交叉少，便于组织施工，也利于施工安全。其缺点是：不能与主体结构施工搭接，工期相应较长。

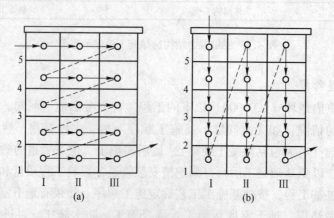

图4.4　自上而下的施工流向
（a）水平向下；（b）垂直向下

自下而上的流水施工顺序是在主体结构工程安装第三层楼板之后，装饰工程提前插人，与主体工程交叉搭接施工，从底层开始逐层向上。如图 4.5 所示，其施工流向也可分为水平向上和垂直向上，这种方案的优点是：装饰工程可以与主体结构工程搭接，能缩短工期，缺点就是：工序之间交叉多，劳动力和材料供应集中，施工机械负担重，现场施工组织和管理较复杂，需要增设安全措施。

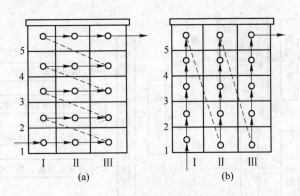

图 4.5　自下而上的施工流向

（a）水平向上；（b）垂直向上

自中而下再自上而中的施工顺序，综合了以上两种方法的优缺点，一般适用于高层建筑的装饰工程。在同一层内抹灰工作不宜交叉进行。顶墙与地面抹灰的顺序可灵活安排，先地面后顶墙，有利于收集落地灰以节约材料，也有利于预制板与地面的粘结，但抹灰脚手架易损坏地面。先顶墙后地面，则必须将结构层上的落地灰渣清洗干净再做地面，以保证地面面层的质量。

另外，为了保证和提高施工质量，楼梯间（施工时期的主要通道）的抹灰和踏步抹面通常在其他抹灰工作完工以后，自下而上地进行；喷白或刷涂料必须待顶墙抹灰干燥后方可进行。

室内与室外装饰工程的先后顺序与施工条件（工期要求、劳动力配备情况）和气候条件有关。可以先室外后室内，也可以先室内后室外或室外室内同时平行施工。但当采用单排脚手架砌墙时，由于架眼需要填补，至少在同一层须做完室外墙面粉刷后再做内墙粉刷。

D　屋面工程阶段

屋面工程目前大多数采用卷材防水屋面，其施工顺序总是按照屋面构造的层次，由下向上逐层施工。一般应先做好女儿墙、烟囱及水箱等，再依次施工铺保温层、找平层、刷冷底子油、铺卷材防水层等。屋面工程与装饰工程可同时进行，相互影响不大。

E　水暖电卫工程阶段

水暖电卫工程应与土建施工密切配合，进行交叉施工。基础施工时，最好将上下管沟做好，不具备条件时应预留位置；主体结构施工时，应预留出有关孔洞沟槽和预埋件等；在装饰工程前，则应安设好各种管道和电气照明的墙内暗管、接线盒等，明线及设备安装可在抹灰后进行。

4.3.3.2　单层工业厂房的施工顺序

单层工业厂房一般采用装配式钢筋混凝土排架体系比较多，这种结构形式的施工特点为：基础挖土量及现浇混凝土量大、现场预制构件及结构吊装量大、各工种配合施工要求高等。

单层工业厂房的施工一般包括基础工程、预制工程、结构吊装工程及其他工程（包括围护结构、屋面工程、地坪、装饰及设备安装等）4个阶段。其施工顺序如图4.6所示。

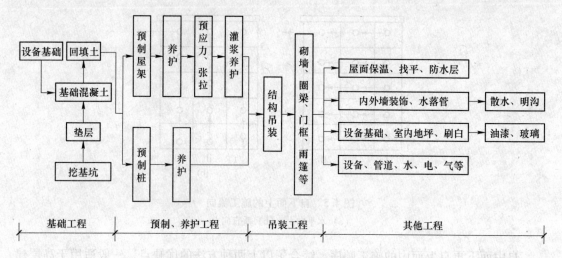

图4.6　单层工业厂房施工顺序示意图

A　基础工程的施工顺序

基础工程施工顺序一般是：基坑挖土、做垫层、安装基础模板、扎筋、浇混凝土、养护、拆模、回填土等。如采用桩基础，可另列一个施工过程，也可在施工准备阶段进行。对于厂房内的设备基础，应根据不同的情况采用如下两种施工方案：一种是封闭式施工方案，即厂房柱基和上部结构先施工，设备基础后施工；另一种是开敞式施工方案，即厂房基础和设备基础先施工，上部结构后施工。前者适用于设备基础不大、不深、不靠近桩基的情况，其优点是不受气候影响，构件预制，结构吊装较方便；但工期较长，设备基础施工时场地较狭小。后者适用于设备基础较大、较深，且靠近桩基的情况，其优缺点刚好与前者相反。施工时应按先深后浅的原则安排设备基础的先后顺序。

桩基施工宜分段进行流水施工，与现场预制工程、结构吊装工程的分段相结合，其流向应尽可能一致，当桩基完成后，应尽快回填土并平整场地，为现场预制创造条件。

B　预制工程的施工顺序

单层厂房构件的预制方式一般采用构件加工厂预制、拟建车间外部预制和车间内部就地预制等方式。这里着重阐述现场预制的施工顺序。一般对于大型构件，如柱、屋架、托架梁、大型吊车梁等，可在现场拟建车间内部就地预制；中小型构件可在加工厂预制，如大型屋面板、吊车梁、基础梁、连系梁等；种类及规格繁多的异形构件，可在现场拟建车间外部集中预制，如门窗过梁等；钢结构构件和木制品等宜在专门的加工厂预制。在具体确定预制方案时，应根据构件技术特征、预制的条件、工期要求及运输条件等因素因地制宜地确定。

现场就地预制钢筋混凝土柱的施工顺序为：场地平整夯实、支模、扎筋、预埋铁件、浇筑混凝土、养护、拆模等。

现场后张法预制屋架的施工顺序为：场地平整夯实（或做台膜）、支模、扎筋（有时先扎筋后支模）、预留孔洞、预埋铁件、浇筑混凝土、养护、拆模、预应力筋张拉、锚固和灌浆等。

一般来讲，预制构件的制作是在基础回填土、场地平整完成一部分之后就可以进行，这时结构安装方案已定，构件布置图已绘出。其制作的施工流向应与基础工程的施工流向一致。这样既可以使构件制作早日开始，又能及早地交出工作面，为结构安装工程提早施工创造条件。它实际应与选择吊装机械和吊装方法同时考虑。

所有确定现场预制的构件，应根据所选的吊装方法、场地条件、工期要求，确定是分别预制，还是同时预制。

预制构件安装的日期主要取决于构件混凝土达到允许吊装强度所需要的时间。

C　结构吊装工程施工顺序

结构吊装工程是单层工业厂房施工中的主导工程。其施工内容依次为：柱子、吊车梁、连系梁、基础梁、托架、屋架、天窗架、大型屋面板及支撑系统等构件的绑扎、起吊、就位、临时固定、校正和最后固定等。

吊装顺序主要取决于吊装方法。若采用分件吊装法时，其吊装顺序是：第一次开行吊装柱子，并进行校正和固定，待接头混凝土强度达到设计强度的 70% 后，再吊装吊车梁；第二次开行吊装吊车梁、托架、连系梁及柱间支撑。吊车梁的校正工作应在房屋骨架经过校正并最后固定之后进行；第三次开行按节间吊装屋架、天窗架、屋面板及屋面支撑等。若采用综合吊装法时，其吊装顺序是：先吊装一二个节间的 4~6 根柱子，并迅速校正和固定，再吊装吊车梁及屋盖系统的构件，如此按节间依次吊装，直至整个厂房吊装完毕。有时也可把第二次、第三次开行合并为一次开行，称二次吊装法。

抗风柱的吊装顺序一般可采取下述两种方法：一种是在吊装柱的同时先安装该跨一端的抗风柱，另一端则在屋盖吊装完毕后进行；另一种是全部抗风柱的吊装均待屋盖吊装完毕后进行。

D　其他工程的施工顺序

（1）围护工程的施工顺序为：搭设垂直运输机具（如井架、门架、起重机等），砌筑内外墙（脚手架搭设与其配合），现浇门框、雨篷等。一般在结构吊装工程完成之后或吊装完一部分区段之后，即可开始分段施工。

（2）屋面工程一般在屋盖构件吊装完毕，垂直运输机械搭好后进行，也可在墙体砌筑完成后进行，其施工过程与顺序与砖混结构相似。

（3）装饰工程也可分为室内装饰和室外装饰。室内装饰工程包括地面（整平夯实、垫层、面层）、安装门窗扇、油漆、安装玻璃、墙面抹灰、刷白等；室外装饰工程包括外墙勾缝或抹灰、勒脚、散水、花台等。两者可平行施工，并可与其他施工过程交叉穿插进行，一般不占工期。地面工程应在地下管道、电缆完成后进行。砌筑工程完成后，即进行内外抹灰，外抹灰自上而下进行。门窗安装一般与砌墙穿插进行，也可在砌墙完成后进行。内墙面及构件刷白，应安排在墙面干燥和大型屋面板灌缝之后开始，并在油漆开始之前结束。

（4）水暖器电卫等设备安装与砖混结构一样。而生产设备安装一般由专业公司承担。

4.3.4 确定施工方法

施工方法是针对拟建工程的主要分部分项工程而言的，其内容应简明扼要，重点突出。凡新技术、新工艺和对拟建工程起关键作用的项目，以及工人在操作上还不够熟练的项目，应详细而具体地拟定该项目的操作过程和方法、质量要求和保证质量的技术安全措施、可能发生的问题和预防措施等。凡常规做法和工人熟练项目，不必详细拟定，只要对这些项目提出拟建工程中的一些特殊要求就行了。

在多层民用建筑施工中，重点应拟定土方工程（包括降低地下水位）及主体结构工程的施工方法，特别是垂直运输问题。对单层工业厂房，重点应拟定土方工程、基础工程、构件预制工程及结构安装工程等的施工方法。

（1）土石方工程。

1）计算土石方工程量，确定开挖或爆破方法，选择相应的施工机械。当采用人工开挖时应按工期要求确定劳动力数量，并确定如何分区分段施工。当采用机械开挖时应选择机械挖土的方式，确定挖掘机型号、数量和行走路线，以充分利用机械能力，达到最高的挖土效率。

2）地形复杂的地区进行场地平整时，确定土石方调配方案。

3）基坑深度低于地下水位时，应选择降低地下水位的方法，确定降低地下水所需设备。

4）当基坑较深时，应根据土壤类别确定边坡坡度、边坡支护方法，确保安全施工。

（2）混凝土及钢筋混凝土。

1）确定混凝土工程施工方案，如滑模法、爬升法或其他方法等。

2）明确砌筑施工中的流水分段和劳动力组合形式等。

3）确定脚手架搭设方法和技术要求。

（3）结构吊装工程。

1）根据选用的机械设备确定结构吊装方法，安排吊装顺序、机械位置、开行路线及构件的制作、拼装场地。

2）确定构件的运输、装卸、堆放方法，所需的机具、设备的型号、数量和对运输道路的要求。

（4）现场垂直、水平运输。

1）确定垂直运输量，选择垂直运输方式、脚手架的选择及搭设方式。

2）水平运输方式及设备的型号、数量，配套使用的专用工具、设备（如混凝土车、灰浆车、料斗、转车、砖笼等），确定地面和楼层上水平运输的行驶路线。

3）合理地布置垂直运输设施的位置，综合安排各种垂直运输设施的任务和服务范围、混凝土后台上料方式。

4.3.5 施工机械的选择

选择施工方法必然涉及施工机械的选择问题。选择施工机械时，应着重考虑以下几个方面：

（1）首先选择主导工程的施工机械，如地下工程的土方机械，主体结构工程的垂直、水平运输机械，结构吊装工程的起重机械等。

（2）各种辅助机械或运输工具应与主导机械的生产能力协调配套，以充分发挥主导机械的效率。例如在土方工程中，运土汽车容量应是挖土机斗容量的倍数；结构安装工程中，运输工具的数量和运输量应能保证结构安装的起重机连续工作。

（3）在同一工地上，应力求施工机械的种类和型号尽可能少一些。例如，对于工程量小而分散的工程，应尽量采用多用途机械，如挖土机既可用于挖土，又可用装卸、起重和打桩；一般对于面积为 $4000 \sim 5000m^2$ 的中型工业厂房，采用一台起重机安装就比较经济。这样，机械类型少一些，既便于工地管理，也可减少机械转移的工时消耗。

（4）充分发挥施工单位现有机械的能力。当本单位的机械能力不能满足工程施工需要时，应尽可能购置或租赁新型机械或多用途机械。这样做对提高施工技术水平和企业自身的发展都是必要的。

4.3.6 施工方案的技术经济评价

4.3.6.1 单指标比较法

如果在方案选择时，只考虑一个主要指标或在其他的指标相同条件下，只比较一个指标就决定方案的取舍问题，就采用单指标比较法。如工期、成本、劳动耗用等。这时，方案的分析、评价最为简单，只要在几个对比方案中，凡要求的单一指标为最优的方案，就是选择的方案。

4.3.6.2 多指标比较法

该法简便实用，目前用得较多。比较时要选用适当的指标，注意可比性。

有下列两种情况要分别对待：

（1）一个方案的各项指标均优于另一个方案，优劣是明显的，可立即确定最优方案。

（2）通过计算，几个方案的指标优劣不同，在分析比较时要对指标进行加工，形成单指标，然后分析比较优劣。其方法有评分评价法、价值评价法等。

4.3.6.3 评分评价法

评分评价法是将各施工方案的评价指标，按其重要程度进行鉴定，给予一定比重分值，进一步判定各方案，对其各类指标的满足程度确定分值，经过数学运算进行综合，得出总分值，选择总分值大者为最佳方案。一般可采用加权评分法。

【例 4.1】 某工程针对其施工组织要求，对已拟订的 3 个施工方案从其流水段划分、安全性及施工顺序安排进行评定，从中选择最优施工方案。其评分结果见表 4.1。

表 4.1 各方案评分表

指　标	权　数	第一方案	第二方案	第三方案
流水段	0.35	95	90	85
安全性	0.30	90	93	95
施工顺序	0.35	85	95	90

解：第一方案的总分：

$$m_2 = 95 \times 0.35 + 90 \times 0.30 + 85 \times 0.35 = 90.00$$

第二方案的总分：

$$m_2 = 90 \times 0.35 + 93 \times 0.30 + 95 \times 0.35 = 92.65$$

第三方案的总分：

$$m_3 = 85 \times 0.35 + 95 \times 0.30 + 90 \times 0.35 = 89.75$$

故应选用第二方案。

4.3.6.4　价值评价法

价值评价法是对各方案均计算出最终价值，用价值量的大小评价方案优劣。

【例 4.2】　某工程每个焊点的价值分析数据见表 4.2，共有 1200 个接头，选出最优方案。

表 4.2　不同焊接方法价值分析数据

项　目	电渣压力焊		帮　条　焊		绑　　扎	
	用量	金额/元	用量	金额/元	用量	金额/元
钢材	0.189kg	0.095	4.04kg	2.02	7.1kg	3.55
材料	0.5kg	0.45	1.09kg	1.64	0.022kg	0.023
人工	0.14 工日	0.38	0.20 工日	0.4	0.025 工日	0.05
电量消耗	2.1 度	0.168	25.2 度	2.02	—	—
合　计	—	1.093	—	6.08	—	3.623

解：从每个接头所消耗的价值看，电渣压力焊最省，共有 1200 个接头，金额为 1311.6 元，比帮条焊节省 5984.4 元，比绑扎节约 3036 元，故应采用电渣压力焊接方案。

从上面分析可看出，施工方案技术经济分析一般要经过选择对比方案、确定对比方案的指标体系、计算分析技术经济指标、综合分析评价等基本过程。

4.4　单位工程施工进度计划

4.4.1　概述

单位工程施工进度计划，是在既定施工方案的基础上，根据规定的工期和各种资源供应条件，遵循各施工过程合理的工艺顺序，统筹安排各项施工活动，对各分部分项工程的开始和结束时间作出具体的日程安排。它是控制工程施工进度和工程竣工期限等各项施工活动的计划，同时又是编制各种资源需要量计划的依据。施工进度计划一般用图表形式表示，通常有网络图和横道图两种，后者又称施工进度计划表。单位工程施工进度计划的编制步骤如图 4.7 所示。

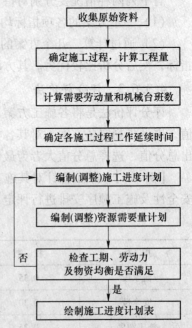

图 4.7　施工进度计划编制步骤

施工进度计划的主要作用是为编制企业季度、月度生产计划提供依据，也为平衡劳动力，调配和供应各种施工机械和各种物资资源提供依据，同时也为确定施工现场的临时设施数量和动力配备等提供依据。施工进度计划与其他方面，如施工方法是否合理，工期是否满足要求等更是有着直接的关系，而这些因素往往是相互影响和相互制约的。因此，编制施工进度计划应细致地、周密地考虑这些因素。

4.4.2 进度计划编制的依据

编制进度计划的主要依据有：

（1）经过审批的建筑总平面图、地形图、单位工程施工图、设备及基础图、适用的标准图及技术资料。

（2）施工总工期及开、竣工日期。

（3）施工组织总设计对本单位工程的有关规定。

（4）施工条件、劳动力、材料、构件及机械供应情况，分包单位情况等。

（5）主要分部分项工程的施工方案。

（6）劳动定额、机械台班定额及本企业施工水平。

（7）工程承包合同及业主的合理要求。

（8）其他有关资料。如当地的气象资料等。

4.4.3 进度计划编制程序

单位工程施工进度计划编制的一般程序如图4.8所示。

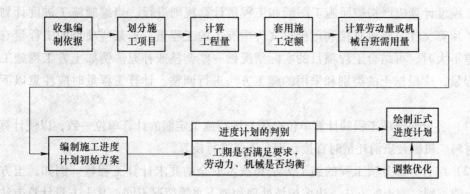

图4.8 单位工程施工进度计划编制程序

4.4.4 编制步骤

4.4.4.1 划分施工过程

施工过程是进度计划的基本组成单元，其划分的粗与细、适当与否关系到进度计划的安排，因而应结合具体的施工项目来合理地确定施工过程。这里的施工过程主要包括直接在建筑物（或构筑物）上进行施工的所有分部分项工程，不包括加工厂的预制加工及运输过程。即这些施工过程不进入到进度计划中，可以提前完成，不影响进度。在确定施工过程时，应注意以下几个问题：

（1）施工过程划分的粗细程度，主要取决于进度计划的客观需要。编制控制性进度计划时，施工过程应划分得粗一些，通常只列出分部工程名称。编制实施性施工进度计划时，项目要划分得细一些，特别是其中的主导工程和主要分部工程，应尽量详细而且不漏项以便于指导施工。

（2）施工过程的划分要结合所选择的施工方案。施工方案不同，施工过程的名称、数量和内容也会有所不同。

（3）适当简化施工进度计划内容，避免工程项目划分过细、重点不突出。编制时可考虑将某些穿插性分项工程合并到主要分项工程中去，如安装门窗框可以并入砌墙工程。对于在同一时间内，由同一工程队施工的过程可以合并为一个施工过程，而对于次要的零星分项工程，可合并为"其他工程"一项。

（4）水暖电卫工程和设备安装工程通常是由专业施工队负责施工。因此，在施工进度计划中只要反映出这些工程与土建工程如何配合即可，不必细分，一般采用与项目穿插进行。

（5）所有施工过程应大致按施工顺序先后排列，所采用的施工项目名称可参考现行定额手册上的项目名称。

总之，划分施工过程要粗细得当，最后根据划分的施工过程列出施工过程一览表以供使用。

4.4.4.2　计算工程量

工程量计算应严格按照施工图纸和工程量计算规则进行。当编制施工进度计划时已经有了预算文件，则可直接利用预算文件中有关的工程量。若某些项目的工程量有出入但相差不大时，可结合工程项目的实际情况做一些调整或补充。例如土方工程施工中挖土工程量，应根据土的类别和采用的施工方法进行调整。计算工程量时应注意以下几个问题：

（1）各分部分项工程的计算单位必须与现行施工定额的计算单位一致，以便计算劳动量和材料、机械台班消耗量时直接套用，不必进行换算。

（2）结合分部分项工程的施工方法和技术安全的要求计算工程量。例如，土方开挖时，土的类别、挖土的方法、边坡护坡处理和地下水等情况不同，其土方量计算方法均有所不同。

（3）结合施工组织的要求，当施工组织要求分区、分段、分层施工时，工程量也应按分区、分段、分层分别加以计算，以利于施工组织和进度计划的编制。

（4）计算工程量时，尽量考虑编制其他计划时使用工程量数据的方便，做到一次计算，多次使用。

4.4.4.3　计算劳动量和机械台班数

计算完每个施工段各施工过程的工程量后，可以根据现行的劳动定额，结合施工单位的实际情况计算相应的劳动量和机械台班数。计算公式如下：

$$P = \frac{Q}{S} \quad 或 \quad P = Q \times H \tag{4.1}$$

式中 P——完成某分部分项工程所需的劳动量（工日或台班）；

　　　Q——某分部分项工程的工程量（m^3，m^2，t 等）；

　　　S——某分部分项工程人工或机械的产量定额（m^3/工日或台班，m^2/工日或台班，t/工日或台班等）；

　　　H——某分部分项工程人工或机械的时间定额（工日或台班/m^3，工日或台班/ m^2，工日或台班/t 等）。

对于计划中"其他工程"项目的劳动量或机械台班量，可根据合并项目的实际情况进行计算。实践中常根据工程特点，结合工地和施工单位的具体情况，以总劳动量的一定比例估算，一般约占总劳动量的 10% ~ 20%。

当某一分项工程是由若干具有同一性质而不同类型的分项工程合并而成时，应根据各个不同分项工程的劳动定额和工程量，按合并前后总劳动量不变的原则计算合并后的综合产量定额（或综合时间定额）。计算公式如下：

$$S = \frac{Q_1 S_1 + Q_2 S_2 + \cdots + Q_n S_n}{Q_1 + Q_2 + \cdots + Q_n} \tag{4.2}$$

式中　　　　S——综合产量定额；

Q_1，Q_2，$\cdots$，Q_n——组成某分部工程的各分项工程量；

S_1，S_2，$\cdots$，S_n——组成某分部工程的各分项工程产量定额。

有些新技术或特殊的施工方法无定额可遵循，此时，可将类似项目的定额进行换算或根据经验资料确定，或采用三点估计法确定综合定额。三点估计法计算式如下：

$$s = \frac{a + 4m + b}{6} \tag{4.3}$$

式中 s——综合产量定额；

　　　a——最乐观估计的产量定额；

　　　b——最保守估计的产量定额；

　　　m——最可能估计的产量定额。

4.4.4.4　确定各施工过程的持续时间

计算出各施工过程的劳动量（或机械台班）后，可以根据现有的人力或机械来确定各施工过程的作业时间。

4.4.4.5　编制进度计划方案

在编制施工进度计划时，应首先确定主导施工过程的施工进度，使主导施工过程能尽可能连续施工，其余施工过程应予以配合，服从主导施工过程的进度要求，具体方法如下：

（1）确定主要分部工程并组织流水施工。首先确定主要分部工程，组织其中主导分项工程的连续施工并将其他分项工程和次要项目尽可能与主导施工过程穿插配合、搭接或平行作业。

（2）按各分部工程的施工顺序编排初始方案。各分部工程之间按照施工工艺顺序或施工组织的要求，将相邻分部工程的相邻分项工程按流水施工要求或配合关系搭接起来，组成单位工程进度计划的初始方案。

（3）检查和调整施工进度计划的初始方案，绘制正式进度计划。无论采用流水作业法还是网络计划技术，施工进度计划的初始方案均应进行检查、调整和优化。其主要内容有：

1）各施工过程的施工顺序、平行搭接和技术组织问题是否合理。

2）编制的计划工期能否满足合同规定的工期要求。

3）劳动力和物资资源方面是否能保证均衡、连续施工。

根据检查结果，对不满足要求的进行调整，如增加或缩短某施工过程的持续时间；在施工顺序允许的情况下，将某些分项工程的施工时间前后移动；或调整施工方法或施工技术组织措施等。总之通过调整，在满足工期的条件下，达到使劳动力、材料、设备需要趋于均衡，主要施工机械利用合理的目的。

此外，在施工进度计划执行过程中，往往会因人力、物力及现场客观条件的变化而打破原定计划，因此，在施工过程中，应经常检查和调整施工进度计划。

4.5　资源需要量计划

施工进度计划确定之后，可根据各工序及持续期间所需资源编制出材料、劳动力、构件、半成品、施工机具等资源需要量计划，作为有关职能部门按计划调配的依据，以利于及时组织劳动力和物资的供应，确定工地临时设施，以保证施工顺利地进行。

4.5.1　劳动力需要量计划

单位工程劳动力需要量计划是根据单位工程施工进度计划和施工预算、劳动定额编制的，主要用于调配劳动力，安排生活福利设施，优化劳动组合。其编制方法是：将施工进度计划表内所列每天施工的项目、所需工人人数按工种进行汇总，即可得出每天所需工种及其人数。也可按此方法统计出周、旬、月所需工种及人数。其表格形式见表 4.3。

表 4.3　单位工程劳动力需要量计划

序号	工种名称	需要总工日数	人数	需要时间												备注
				月			月			月			月			
				上	中	下	上	中	下	上	中	下	上	中	下	

4.5.2　主要材料需要量计划

单位工程主要材料需用量是根据施工进度计划和施工预算、材料消耗定额编制的，主要为组织备料、确定仓库、堆场面积、组织运输之用。其编制方法是：将进度表中的工程量与材料消耗定额相乘，加以汇总，并考虑材料储备定额求出，也可根据施工预算和进度计划进行计算，得出每天或周或旬或月所需材料数量。其表格形式见表4.4。

表 4.4 单位工程主要材料需用量计划

序号	材料名称	规格	需用量		供应时间	备 注
			单位	数量		

4.5.3 构件和半成品需要量计划

建筑结构构件、配件和其他加工半成品的需要量计划主要用于落实加工订货单位，并按照所需规格、数量、时间，组织加工、运输和确定仓库或堆场，可根据施工图和施工进度计划编制，其表格形式见表4.5。

表 4.5 建筑结构构件、配件和其他加工半成品的需要量计划

序号	构件、配件及半成品名称	规格	图号	需要量		使用部位	加工单位	供应日期	备注
				单位	数量				

4.5.4 施工机械需要量计划

根据施工方案和施工进度计划确定施工机械的类型、数量、进场时间。其编制方法是将施工进度计划表中每个施工过程、每天所需的机械类型、数量和施工工期进行汇总，以得出施工机械的需要计划，见表4.6。

表 4.6 施工机械需要量计划

序号	机械类型	类型、型号	需要量		货源	使用起止时间	备 注
			单位	数量			

4.6 单位工程施工平面图设计

单位工程施工平面图即一幢建筑物（或构筑物）的施工现场布置图，它是在建筑总平面图上布置出来的。它是施工方案在现场空间上的体现，反映着已建工程和拟建工程之间，以及各种临时建筑、设施相互之间的空间关系。其设计就是结合工程特点和现场条件，按照一定的设计原则，对施工机械、施工道路、加工棚、材料构件堆场、临时设施、水电管线等进行平面的规划和布置，并绘制成图。它是单位工程施工组织设计的主要组成部分。

4.6.1 单位工程施工平面图的内容和原则

（1）设计的内容。单位工程施工现场平面图是用以指导单位工程施工的现场平面布置图，它涉及与单位工程有关的空间问题，是施工总平面图的组成部分。单位工程施工平面图设计的主要依据是单位工程的施工方案和施工进度计划，一般按 1∶200～1∶500 的比例绘制。施工平面图应标明的内容一般有：

1）建筑总平面图上已建和拟建的地上和地下的一切建筑物、构筑物及其他设施的位置和尺寸。

2）测量放线标桩、地形等高线和土方取舍场地。

3）移动式起重机开行路线及垂直运输设施的位置。如履带式起重机、汽车式起重机、有轨塔吊及固定式塔吊、井架、龙门架等。

4）材料、加工半成品、构件和机具堆场。

5）生产用临时设施，如混凝土、砂浆搅拌站，钢筋加工棚，木工棚，仓库等。

6）生活用临时设施，如办公室、工人宿舍、娱乐休息室、厕所、食堂等。

7）临时给水排水管线，供电线路及道路，包括高压泵站、变压站、配电房、永久性和临时性道路等。

8）一切安全和消防设施的位置。

（2）设计的原则：

1）在保证施工顺利进行的前提下，现场布置应尽量紧凑，不占或少占农田。

2）合理使用场地，一切临时性设施布置时，应尽量不占用拟建永久性房屋或构筑物的位置，以免造成不必要的搬迁。

3）临时设施的布置，应有利于工人的生产和生活。

4）应尽量减少临时设施的数量，降低临时设施费用。

5）现场内的运输距离应尽量短，减少或避免二次搬运。

6）要符合劳动保护、技术安全和防火的要求。

4.6.2 单位工程施工平面图的设计依据

在设计施工平面图之前，应对现场进行仔细的察看，认真地进行调查研究，弄清工程特点和现场条件，并对设计施工平面图的有关资料进行分析，使其设计与施工现场的实际情况一致，起到指导现场施工的作用。

设计单位工程施工平面图主要依据以下 3 个方面的资料。

（1）设计和施工的原始资料：

1）自然条件资料。如气象、地形、水文及工程地质资料等，主要用于正确确定各种临时设施位置；设计施工排水沟；确定易燃、易爆以及有碍人体健康的设施的位置等。

2）技术经济条件资料。如交通运输、供水供电及排水条件、地方资源、生产和生活基地状况等。这一资料对设计施工平面图具有决定性作用。主要用于设计仓库位置、材料及构件堆场；布置水、电管线及道路；确定现场施工可利用的生产和生活设施等。

（2）设计资料：

1）建筑总平面图。图中有已建和拟建房屋和构筑物。根据此图可正确设计临时建筑和设施的位置，以及修建工地运输道路和解决排水等，也便于考虑是否可以利用已有房屋或需拆除的障碍物。

2）一切已有和拟建的地上、地下管道位置。在施工中，应尽可能考虑利用这些管道。若对施工有影响，则需考虑相应的解决措施，如迁移或拆除。此外，还要避免把临时建筑物布置在拟建的管道上面。

3）建筑区域的竖向设计资料和土方调配图。这些资料对布置水、电管线，安排土方的挖填及确定取土、弃土地点有非常密切的关系。

4）有关施工图设计资料。

（3）施工资料：

1）施工方案。据此可以确定起重机械和其他施工机具的位置；吊装方案与构件预制、堆场的布置等。

2）单位工程施工进度计划。根据进度计划的安排，掌握各个施工阶段的情况，对分阶段布置施工现场，有效利用施工用地起着重要的作用。

3）各项资源需用量计划表。据此可确定仓库和堆场的面积、形式及尺寸，并合理确定其位置。

4）建设单位能提供的原有房屋及其他生活设施情况。

4.6.3 单位工程施工平面图布置的步骤

4.6.3.1 确定垂直运输机械的位置

垂直运输机械的位置直接影响着搅拌站、加工厂以及各种材料、构建的堆场或仓库等的位置，以及场内道路和水电管网的位置等，因此，它是施工现场全局的中心环节，应首先确定。由于各种垂直运输机械的性能不同，其位置布置也不同。

（1）固定式垂直运输机械的位置。固定式垂直运输机械有井架、龙门架、桅杆和固定式塔式起重机等，这类设备的布置主要根据机械性能、建筑物的平面形状和尺寸、施工段划分的情况、材料来向和运输道路等情况而定。应做到使用方便、安全，便于组织流水施工，便于楼层和地面运输，并使其运距短。通常，当建筑物各部位高度相同时，布置在施工段界限附近；当建筑物高度不同或平面较复杂时，布置在高低跨分界处或拐角处；当建筑物为点式高层时，采用固定式塔式起重机应布置在建筑物中间或转角处；井架可布置在窗间墙处，以免墙体留槎，井架用卷扬机不能离井架架身过近。

（2）移动式垂直运输机械的位置。移动式垂直运输机械又分为有轨式和无轨式。有轨式塔式起重机的轨道一般沿建筑物的长向布置，其位置和尺寸取决于建筑物的平面形状和尺寸、构件自重、起重机的性能及四周施工场地的条件。应尽量使起重机能在工作幅度范围内将材料和构件直接吊运到操作地点，避免出现死角。如果确实难以避免，则要求死角的范围越小越好，同时在死角上不出现吊装最重、最高的构件，并在确定吊装方案时，提出具体的安全技术措施，以保证死角范围内的构件和材料顺利吊装。另一方面，在确定其服务范围时，还应考虑有较宽敞的施工用地，以便安排构件堆放及搅拌出料进入料斗后能直接挂钩起吊。主要临时道路也不宜安排在塔吊服务范围之内。无轨式塔式起重机一般不用作水平运输和垂直运输，专用作构件的装卸和起吊。吊装时的开行路线及停机位置主要取决于建筑物的平面布置、构件自重、吊装高度和吊装方法等。

(3) 外用施工电梯。外用施工电梯又称人货两用电梯，是一种安装在建筑物外部，施工期间用于运送施工人员及建筑材料的垂直提升机械。其位置的布置应方便人员上下和物料集散；由电梯口至各施工处的平均距离最短；便于安装附墙装置等。

(4) 混凝土泵。混凝土泵设置处应场地平整，道路通畅，供料方便，离浇筑地点近，便于配管、排水、供水、供电，在混凝土泵作用范围内不得有高压线等。

4.6.3.2　确定搅拌站、材料堆场、仓库和加工厂的位置

砂浆及混凝土搅拌站的位置，要根据房屋类型、现场施工条件、起重运输机械和运输道路的位置等来确定。布置搅拌站时应考虑尽量靠近使用地点，并考虑运输、卸料方便；或布置在塔式起重机服务半径内，使水平运输距离最短。材料和半成品是指水泥、砂、石、砖、石灰和预制构件等。这些材料和半成品堆放位置在施工平面图上很重要，要根据施工现场条件、工期、施工方法、施工阶段、运输道路、垂直运输机械和搅拌站的位置以及材料储备量综合考虑。如搅拌站所用的砂、石堆场和水泥库房应尽量靠近搅拌站布置；砂、石堆场应与运输道路连通或布置在道路边，以便卸车；沥青堆放场及熬制锅的位置应离开易燃品仓库或堆放场，并宜布置在下风向。仓库的位置应根据其材料使用地点来确定。各种加工厂的位置应根据加工材料使用地点，以不影响主要工种工程施工为原则，通过不同方案优选来确定。

4.6.3.3　确定现场主要运输道路

施工现场的施工道路要进行合理规划和设置，应尽可能利用设计中永久性道路的路基，在土建工程结束之前再铺路面。施工现场要有道路指示标志，人行道、车行道应坚实平坦，保持畅通。应尽量采用单行线和减少不必要的交叉点，单车道路宽度应不小于3.5m，双车道路宽度应不小于6m。现场道路布置时，应保证有足够的转弯半径，载重汽车的弯道半径一般应不小于15m，特殊情况不小于10m。道路两侧要设置排水沟，保持路面排水畅通。现场的道路不得任意挖掘和截断。如因工程需要必须开挖时，也要与有关部门协调一致，并在通过道路的沟渠上搭设能确保安全的桥板，以保道路的畅通。

4.6.3.4　临时设施的布置

临时设施分为生产性临时设施和生活性临时设施。生产性临时设施有钢筋加工棚、木工房、水泵房等；生活性临时设施有办公室、食堂、宿舍等。临时设施布置的原则是有利于生产，方便生活，安全防火。生产性临时设施如钢筋加工棚的位置，宜布置在建筑物四周稍远的位置，且有一定的材料、成品堆放场地。一般情况下，办公室应靠近施工现场，设于工地入口处，亦可根据现场实际情况选择合适的地点设置；工人宿舍应布置在安全的

上风向一侧等。

4.6.3.5 水电管网的布置

（1）现场临时供水管网的布置。施工供水管网首先要经过计算、设计，然后进行设置，其中包括水源选择、用水量计算、取水设施、储水设施、配水布置、管径的计算等。

1）单位工程的临时供水管网一般采用枝状布置方式，供水计算和设计可以简化或根据经验进行安排，一般 $5000 \sim 10000 \mathrm{m}^2$ 的建筑物，施工用水的总管径为 100mm，支管径为 40mm 或 25mm。

2）消防用水一般利用城市或建设单位的永久消防设施。如自行安排，应按有关规定设置，消防水管线的直径不小于 100mm，布置应靠近十字路口或路边。距路边应不大于 2m，距建筑物外墙应不小于 5m，不大于 25m，且应设有明显的标志。

3）高层建筑的施工用水应设置蓄水池和加压泵，以满足高空用水的需要。

4）管线铺设可用明管，也可用暗管，一般最好埋设在地面以下，防止汽车或其他机械在上面行走时压坏。

5）管线布置应避开拟建工程或室外管沟处。此外，还应将供水管分别接至各用水点，如搅拌站、淋灰池、食堂及办公区等。

（2）现场临时用电设计。临时用电设计包括用电量计算、电源和变压器选择、配电线路的布置和导线截面。建筑施工现场大量的机械设备和设施需要用电，保证供电及其安全是施工顺利进行的重要措施，施工现场临时供电包括动力用电和照明用电两种，动力用电通常包括土建用电及设备安装工程和部分设备试转用电，照明用电是指施工现场和生活区的室内外照明用电。如果是扩建的单位工程，可计算施工用电总数供建设单位解决，不另设变压器；单独的单位工程应计算出现场施工用电和照明用电的数量、选用变压器和导线截面的类型。工地变压器应布置在现场边缘高压线接入处，离地应大于 3m，在 2m 以外的四周用高度大于 1.7m 铁丝围住，保证安全，并设有明显的标志，不应把变压器设置在交通要道口；其线路应架设在道路的一侧，距离建筑物的水平距离应大于 1.5m，垂直距离应在 2m 以上。

施工平面图的内容应根据工程特点、工期长短、现场情况等确定。因为建筑施工是一个复杂多变的生产过程，各种施工机械、材料、构件等是随着过程的进展而逐渐进场的，而且是逐渐变动、消耗的。因此，工程进展中，工地上的实际布置情况是随时在改变着，如基础施工、主体施工、装饰施工等各个阶段在施工平面图上是经常变化的。一般对中小型工程只需绘制出主体施工阶段的平面布置图即可，而对工期较长或受场地限制的大中型工程，则应分阶段绘制施工平面图。在布置各阶段的施工平面图时，对整个施工期间使用的一些主要道路、水电管线、垂直运输机械和临设房屋等，不要轻易变动，以节省费用。

施工平面图经初次布置后，应分析比较，调整优化，再绘制成正式施工平面图，在图中应作必要的文字说明，并标上图例、比例、指北针。要求比例正确、图例规范、线条分明、字迹端正、图面整洁美观、满足建筑制图规则要求。某单层厂房施工平面图如图 4.9 所示。

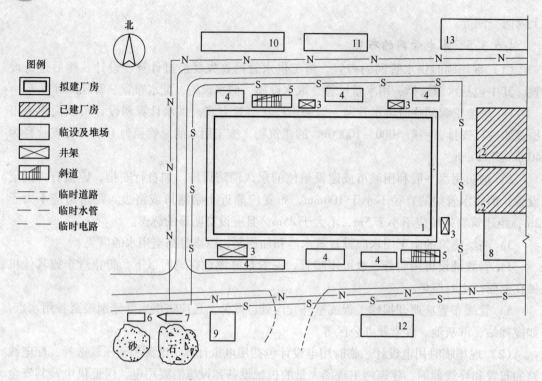

图例

☐ 拟建厂房
▨ 已建厂房
☐ 临设及堆场
☒ 井架
▥ 斜道
━ ╍ 临时道路
━ ━ 临时水管
━ ━ 临时电路

图 4.9 某单层厂房施工平面图

4.7 质量、安全及文明施工措施

4.7.1 质量保证体系与保证措施

（1）质量目标。建设工程质量控制的目标，就是通过有效的质量控制工作和具体的质量控制措施，在满足投资和进度要求的前提下，实现工程预定的质量目标。在单位工程施工组织设计中应根据工程项目的施工质量要求和特点，确定单项（单位）工程的施工质量控制目标。质量目标分为"优良"和"合格"，确定的目标应逐层分解，作为确定施工质量控制点的依据。

（2）质量控制的组织结构。科学高效的质量控制组织机构是施工顺利、成功进行的组织保证。质量控制组织机构是一个质量管理网络系统，应由项目经理领导，由总工程师策划并组织实施，现场各专业项目经理协调控制，专业责任工程师监督管理。组织结构的建立包括机构的设计与职能划分、人员配备及岗位职责的确定。

（3）质量控制措施。编制质量控制措施时首先应根据工程施工质量目标的要求，对影响施工质量的关键环节、部位和工序设置质量控制点，然后针对各控制点制定质量控制措施。质量控制措施一般包括：材料、半成品、预制构件和机具设备质量检查验收措施；主要分部、分项工程质量控制措施；各施工质量控制点的跟踪监控办法等。

4.7.2 安全计划及保证措施

（1）安全管理目标。安全管理目标是实现安全施工的行动指南。安全管理目标在设定时应坚持"安全第一，预防为主"的安全方针，突出重大事故、负伤频率、施工环境标准合格率等方面的指标，在施工期间杜绝一切重大安全事故。制定的目标一般略高于施工项目管理者的能力和水平，使之经过努力可以完成。如可设定安全目标为"五无目标"，即"无死亡事故，无重大伤人事故，无重大机械事故，无火灾，无中毒事故"。

（2）安全生产管理体系。安全生产管理体系主要包括安全工作中的安全管理小组的组建及其职能划分；安全生产责任制；安全检查制度、安全教育制度等。如安全生产责任制包括：安全生产领导小组领导全面的安全工作，主要职责是领导建筑工程企业开展安全教育，贯彻宣传各类法规，通知上级部门的文件精神，制定各类管理条例，每周对各项目工程进行安全工作检查、评比，处理有关较大的安全问题；项目部成立的安全管理小组，设专职安全员，主要职责是负责对工人进行安全技术交底，贯彻上级精神，检查工程施工安全工作，召开工程安全会议，制定具体的安全规程和违章处理措施，并向公司安全领导小组汇报；各作业班组应设立兼职安全员，主要是带领各班组认真操作，对工人耐心指导，发现问题及时处理，并及时向安全管理小组汇报工作。

（3）施工现场安全管理。施工现场安全管理包括现场施工人员安全行为的管理、劳务用工的管理。施工现场实行封闭管理，施工安全防护措施应当符合建设工程安全标准。施工单位应当根据不同施工阶段和周围环境及天气条件的变化，采取相应的安全防护措施。施工单位应当在施工现场的显著或危险部位设置符合国家标准的安全警示标牌。施工现场安全措施一般应包括：一般性施工安全措施；高处作业劳动保护措施；脚手架安全措施；垂直运输机械设备安全运转措施；洞口临边防护措施；施工机械安全防护措施；现场临时用电安全措施；重点施工阶段安全防护措施等。

（4）消防管理措施。施工单位应当根据《中华人民共和国消防法》的规定，建立健全消防管理制度，在施工现场设置有效的消防措施。在火灾易发生部位作业或者储存、使用易燃易爆物品时，应当采取特殊消防措施。

（5）职业健康安全管理保证措施。职业健康安全生产管理体制是根据国家职业健康安全生产方针、政策和法规，保障职工在生产过程中的职业健康安全的一种制度。职业健康安全管理保证措施是指明确项目经理部及各级人员和各职能部门职业健康安全生产工作的责任，制定现场职业健康控制项目和制度，保障现场施工人员和职工在生产中的职业健康安全。

4.7.3 文明施工措施

现场文明施工由项目经理部统一领导和管理，制定文明施工措施，争创文明工地。文明施工措施包括：现场文明施工组织管理机构的组建；文明施工现场场容布置；环境卫生管理；制定防止扰民措施等。

（1）现场管理：

1）工地现场设置大门和连续、密闭的临时围护设施，应牢固、安全、整齐。

2）严格按照相关文件规定的尺寸和规格制作各类工程标志牌，如施工总平面图、工程概况牌、文明施工管理牌、组织网络牌、安全记录牌、防火须知牌等。其中，工程概况牌设置在工地大门入口处，标明项目名称、规模、开竣工日期、施工许可证号、建设单位、设计单位、施工单位、监理单位和联系电话等。

3）场内道路平整、坚实、畅通，有完善的排水系统，材料整齐摆放在固定位置。

4）施工区和生活、办公区有明确划分；责任区分片包干，岗位责任制健全，各项管理制度上墙，施工区内废料和垃圾及时清理。

（2）临时用电：

1）施工区、生活区、办公区的配电线路架设和照明设备、灯具的安装、使用应符合规范要求；特殊施工部位的内外线路按规范要求采取特殊安全防护措施。

2）机电设备的设置必须符合有关安全规定，配电箱和开关箱选型、配量合理，各种手持式电动工具、移动式小型机械等配电系统和施工机具，必须采用可靠的接零或接地保护，配电箱和开关箱设两极漏电保护。电动机具电源线连接牢固，绝缘完好，无乱拉、扯、砸现象。所有机具使用前应检查，确认性能良好，不准"带病"使用。

（3）操作机械。操作机械设备时，严禁戴手套，并应将袖口扎紧。女同志应戴工作帽。严禁在开机时检修机具设备。

使用砂轮锯时压力要均匀，人站在砂轮片旋转方向侧面，不得随意在机具上放东西。砂轮锯必须有防护罩。周围不得存放可燃物品。

（4）材料管理。工地材料、设备、库房等按平面图规定地点、位置设置；材料、设备分规格存放整齐，有标识，管理制度、资料齐全并有台账。料场、库房整齐，易燃物、防冻、防潮、避高温物品单独存放，并设有防火器材。

（5）环境保护。施工期间所产生的生活废水、废料按规定集中存放、回收、清运处理或排放，随时做到活完脚下清。始终保持现场内部或工作面的干净整洁，无垃圾和污物，环境卫生好。

对于有些易产生灰尘的材料要制定切实可靠的措施，如水泥、细砂等的保管和使用等，需要遮盖，对现场施工产生的泡沫碎块、碎渣、碎末应装袋，防止到处飘落。

施工期间尽量减少噪声，按当地规定时间工作，防止影响居民休息。

4.8　单位工程施工组织设计示例

4.8.1　编制依据

（1）施工合同。

（2）施工图纸。

（3）主要法律、法规、规范和规程。

（4）相关图集和技术标准。

4.8.2　工程概况

××实验大楼，总建筑面积为 8623m² （含地下建筑面积 1860 m²），地上六层，地下一层。大楼南北长 48.6m，东西宽 32.6m，建筑面积呈矩形。建筑高度 23.10m，室内外高差 150mm，室内标高 ±0.000m （相当于绝对标高 417.70m）。各楼层层高及房屋用途见表 4.7。

表 4.7 房屋用途表

层 数	层高/m	房 屋 用 途
地下室	4.5	大型实验室,试验教室,标准室,配变电室,实验设备室
一层	5.1	实验室,试验机房
二层	3.6	测试室,资料室,办公室
三层	3.6	实验室
四层	3.6	多功能厅,重点实验室,主任办公室,机房
五层	3.6	工程计算中心,机房,实验演示室
六层	3.6	实验室,计算中心工作室,机房
机房层	3.9	库房,电梯机房,配电室

现浇钢筋混凝土剪力墙结构,基础埋深 $-6.350m$,建筑抗震设防类别为丙类,抗震设防烈度为八度,剪力墙抗震等级为一级,框架抗震等级为二级,安全等级为二级,设计使用年限为 50 年。

基础结构类型为柱下桩基,基础从底板至 $-0.350m$ 设置后浇带。

墙体 $\pm 0.000m$ 以上外墙采用 240mm 厚非承重大孔黏土砖,内墙隔离采用 190mm 厚非承重大孔黏土砖,砂浆采用 M5 混合砂浆。卫生间、管道井 120mm 墙采用 Mu10 实心黏土砖,砂浆采用 M10 水泥砂浆。

4.8.3 施工项目部成员及职责

4.8.3.1 项目经理部主要组成人员

项目经理部主要组成人员见表 4.8。

表 4.8 项目经理部主要组成人员一览表

序号	姓名	性别	学历	职务	职 称	备 注
1	×××	男	本科	项目经理	工程师	一级建造师
2	×××	男	本科	项目副经理	工程师	一级建造师
3	×××	男	本科	项目副经理	工程师	一级建造师
4	×××	男	本科	总工程师	高级工程师	高级建造师
5	×××	男	本科	生产工长	工程师	工程师
6	×××	男	大专	土木工长	助理工程师	上岗证
7	×××	男	大专	钢筋工长	助理工程师	上岗证
8	×××	男	大专	混凝土工长	助理工程师	上岗证
9	×××	男	大专	电气工长	电气工程师	工程师
10	…	…	…	…	…	…

4.8.3.2 施工项目经理部人员职责

(1)项目经理职责:

1)保证质量目标、费用目标和进度目标的实现,做到安全、文明施工。

2）认真执行国家和上级的有关法律、法规和政策及公司的各项管理制度。

3）组织编制项目施工方案，包括工程进度计划和技术方案，制定安全生产和保证质量措施，并组织实施。

4）根据公司年（季）度施工生产计划，组织编制季（月）度施工计划，包括劳动力、材料、构件和机械设备的使用计划，据此与有关部门签订供需合同，并严格履行。

5）科学组织和管理进入项目工地的人、财、物、资源，做好人力、物力和机械设备的调配与供应，及时解决施工中出现的问题。

6）严格财经制度，加强财务管理，正确处理项目、企业、用户和国家的利益关系。

7）组织制定项目经理部各类管理人员的职责权限和各种规章制度，搞好与公司机关各职能部门的业务联系和经济往来，定期向公司经理报告工作。

8）对工程项目有用人、财务、采购设备、物资的决策权和统一调配使用权。

9）有对项目部班子及施工班组的工资、奖金的分配权以及按合同规定对工地职工辞退、奖惩权。

10）认真执行项目经理同施工企业签订的内部承包合同规定的各项条款，及同业主签订的合同中规定的质量、工期、文明施工、施工等各项条款。

11）严格执行有关技术规范和标准，确保合同目标实现。

（2）项目副经理职责（具体内容略）。

（3）项目总工程师职责（具体内容略）。

（4）质量技术组职责（具体内容略）。

（5）质量安全组职责（具体内容略）。

（6）物流设备组职责（具体内容略）。

（7）财务预算组职责（具体内容略）。

（8）生产班组长预算（具体内容略）。

4.8.4   施工准备

4.8.4.1   收集相关资料

收集研究与施工活动有关的资料，使施工准备工作有的放矢，施工资料的调查收集主要包括：

（1）原始资料调查。主要是对施工现场的调查，工程地质、水文地质的调查，气象资料的调查，周围环境及障碍物的调查。

（2）收集给排水资料。调查当地现有水源的连接地点，接管距离，水压、水质、水费及供水能力，与现场用水连接的可能性，供电情况。

（3）收集交通运输资料，避免大件运输对正常交通产生干扰。

（4）收集三材资料、地方材料及装饰材料，以确定材料的供应计划、加工方式、储存和堆放场地及建造临时设施的依据。

（5）了解当地可能提供的劳动力人数及生活条件，调查拟定劳动力，安排计划，建立职工生活基地，搭设临时设施。

4.8.4.2   技术准备

（1）组织工程技术人员了解和掌握图样的设计意图、构造特点和技术要求；全面熟悉和掌握施工图的全部内容，进行图样自审，再与设计单位进行图纸会审；复核审查施工图纸设计内容的正确性和完整性是否符合国家有关技术政策、法规；复审图纸是否完整、齐全，尺寸、坐标、标高和说明方面是否一致，技术要求是否明确；掌握工程特点，掌握需要采用的新技术、新资料，并对设计资料不足之处提出合理化建议。

（2）编制施工组织设计项目质量计划和分项工程施工方案，阐明施工工艺和主要项目施工方法，编制进度计划，明确开、竣工时间。

（3）组织专业人员编制施工图预算，提供预算材料设备、劳动力、构配件等需要量，确定供货日期。

（4）根据施工图预算、施工图样、施工组织设计、施工定额等编制施工预算。

（5）组织有关技术人员对模板进行翻样设计，并绘制模板图和钢筋翻样配料单，为钢筋加工绑扎和模板制作、安装创造条件。

4.8.4.3 施工物资准备

（1）根据预算的工料分析，按施工进度计划的使用要求、材料储备定额和消耗定额分别按材料名称、规格、使用时间进行汇总，编制材料需要量计划，并根据不同材料和供应情况及时组织货源，保证采购供应计划的准确可行。材料进场后分期分批进行储藏，合理堆放，避免材料混淆和变质、损坏。

（2）各种构配件在图纸会审后立即提出预制加工单，确定加工方案、供应渠道及进场后的储存地点和方式。

（3）根据采用的施工方案和施工进度计划确定施工机械类型、数量和进场时间，确定施工机具的供应方法和进场后存放地点和方式，提出施工机具需要量计划。

（4）对周期性材料要分规模、型号整齐合理堆放。

4.8.4.4 劳动组织准备

（1）根据工程规模、结构特点和复杂程度确定项目经理，建立项目经理部。

（2）制订劳动力需要计划，根据开工日期和劳动力需要量计划组织劳动力进场，并根据工程实际进度要求动态增减劳动力数量。

（3）施工前对施工队伍进行劳动纪律、施工质量和安全教育，对采用新工艺、新结构、新材料、新技术的工程组织有关人员培训，使其达到标准后再上岗操作。

（4）向施工队和工人进行施工组织和技术交底，包括工程进度计划月（旬）作业计划，施工工艺质量标准，安全技术措施，验收规范等。

（5）对职工的衣、食、住、行、医疗、文化、生活等后勤供应和保障工作要在施工队伍集结前做好充分准备。

4.8.4.5 现场准备

（1）中标后，先遣管理人员立即进驻现场，与建设单位联系，组织现场接收小组，办理交接事项。

（2）搞好"三通一平"，在接收现场后进行场地平整工作，为尽早开工创造条件；按总平面图的要求修好现场永久性和临时道路，保证施工物资能早日进场；做好临时给排水管线的铺设，满足生产生活用水及排水要求；布设线路和通电设备并配备发电机组，防止临时停电，以保证施工连续顺利进行。

（3）根据图样做好测量放线工作，进行现场规划和水准点、高程点、建筑红线的引测及标示工作，同时进行拟建建筑物的定位测量放线和施工区域原始地形地貌勘测，设置工程永久性经纬坐标桩和水准基桩，建立现场测量控制网，并且进行自检，保证精度，杜绝错误，并报有关部门和甲方验线。

（4）按总平面图及有关规定搭设临时设施，工地周界用围栏围挡起来，在主要入口处放置标识牌。

4.8.4.6　施工场外准备

（1）根据工程需要选择分包单位，并按工程量确定完成日期、工程质量和造价等内容，同分包单位签订合同，并控制其保质保量地按时完成。

（2）及时与供货单位签订供货合同，并督促按时供货，保证工程的顺利进行。

（3）积极主动与当地相关部门和单位联系，办理有关手续，为正常施工创造良好的外部环境。

4.8.5　施工方案

4.8.5.1　施工段的划分

由于本工程每层的混凝土浇筑工程量不大，商品混凝土公司生产和运力也能满足要求，并且公司也有足够的劳动力和科学合理地浇筑方案保证每一次浇筑，故每层不划分施工段，按一个施工段考虑。

4.8.5.2　施工流向

基础和主体施工时考虑混凝土浇筑，按照混凝土泵送管道"只拆不接"的原则确定施工流向为：主楼由西向东流动施工。

装修安装工程施工流向：填充墙与混凝土浇筑相隔4个楼层，内墙装修与填充墙相隔一个楼层，同步开始施工，向上流动。等砌筑工程完工后，由上往下施工。楼地面工程在外墙装修后相隔两个楼层，由上到下进行，安装设备与土建施工穿插进行。

4.8.5.3　施工顺序

本工程包括基础、主体、装修、安装等内容，按照控制时差，严格落实计划、劳力，充分利用资源和机械设备。初期以结构施工为主导。当主楼达到五层后，砖墙砌筑，粗装修依次展开，从上向下跟进，交叉作业。主体封顶后，进入全面装修阶段。从上到下立体交叉施工，实行专业化施工，安装调试贯穿其中。

（1）±0.000以下工程施工顺序。土方开挖及基坑支护→地基处理→混凝土垫层→找平层→底板防水层→混凝土保护层→放线→基础下层钢筋绑扎→管线预埋→基础梁钢筋绑扎→基础上层钢筋，柱、墙插筋绑扎→止水条及避雷焊接→支梁、墙、柱根部模板→浇筑混凝土→养护、测量总线→绑扎地下室墙、柱钢筋，管线预埋→隐检→支墙、柱模板→浇混凝土→地下室梁、板模板安装→地下室梁及板底层钢筋绑扎→管线预埋→隐检→板上层钢筋绑扎→浇筑混凝土→养护→拆模→地下室外墙防水层→防水保护层→土方回填。

（2）±0.000以上主体工程施工顺序（各层基本顺序相同）。测量放线→支墙→侧模板→墙钢筋绑扎→管线预埋→隐检→支墙另一侧模板及柱模板→浇筑混凝土→支梁、板模板→梁、板钢筋绑扎→管线预埋→隐检→浇混凝土。其中水电、暖通、消防管道等安装预埋，脚手架搭设和拆除、拆模、养护等工序均插入作业，不占用工期。

（3）装修工程施工顺序。砌体施工期间插入抹灰及门窗安装，各工序自上而下进行，主体结构封顶后即可进行屋面及全面装修工程，各工序自上而下施工，电气工程穿线、给排水的立管、支管等安装与室内装修穿插进行。

（4）安装工程施工顺序：

1）给排水工程施工顺序：施工准备→配合土建预留孔洞，预埋铁件、套管→总干管、立管安装→水平支管安装→管道系统灌水试验或水压试验→卫生器具安装就位→器具镶接→盛水通水试验→竣工验收。

2）室内消火栓管道安装施工顺序：施工准备→配合土建预留孔洞→消防干管安装→消火栓安装、支管安装→水压试验→联动试运行→竣工验收。

3）通风及防排烟系统施工顺序：核对提供风管型号、规格、长度、数量、外购订货→配合土建预留洞口、预埋铁件。风管进场→核对风管数量、规格，支架吊卡制作→风管安装→风机消声器安装→各类阀门、风口安装→系统调试→试运行→竣工验收。

4）设备安装施工顺序：设备基础放线→支基础模板→浇设备基础混凝土→拆模→设备验收→设备就位→设备粗平、找平→地脚螺栓灌注→设备精平→设备试运行前检查清理→设备单机试车→设备联动试车→竣工验收。

5）采暖工程施工顺序：施工准备→配合土建预留孔洞→预埋过墙套管→立、干管安装→管道试压、冲洗→散热器单体试压→散热器就位→支管镶接→系统水压试验→系统调试→竣工验收。

（5）电气工程施工顺序：

1）电力工程施工顺序：施工准备→配合土建预埋管道→配管、立设备及动力箱→动力配电箱安装→电缆桥架安装→电缆敷设→管内穿线→检测绝缘电阻→配电箱内接线→设备接线→设备调试→试运行→竣工验收。

2）照明工程施工顺序：施工准备→配合土建预埋管、盒、箱→配管至各照明箱→开关盒插座盒安装→配电箱安装→电缆敷设→管内穿线→检测绝缘电阻→电气、器具安装→配电箱内接线→调试→试运行→竣工验收。

4.8.6 主要分部分项工程施工方法

主要分部分项工程有施工测量与放线、基坑支护施工、土方工程施工、模板工程施工、钢筋工程施工、混凝土工程施工、砌体工程施工、脚手架工程施工、屋面工程施工、防水工程施工、门窗工程施工、装修工程施工、水暖电工程施工，具体施工方法可参考有关资料，此处不再赘述。

4.8.7 施工进度计划

（1）施工进度目标。工期目标：300日历天。计划开工日期：2008年1月1日，计划竣工日期：2008年10月27日。

（2）施工进度计划。施工进度计划用施工进度单代号时标网络图表示（略）。

（3）工期保证措施。公司与项目经理签订"进度目标责任书"，项目部将总进度计划细划，与各作业班组签订"工期责任书"。并且严格按要求落实责任，以操作工人保工序工期，以工序工期保分项工程进度，以分项进度保分部进度，以分部保总体进度。

要保障这种运行模式，材料、机具、人员、设备等配备采购必须与进度相适应，并且要有精确的资金使用计划，为工程进度准备充足资金，并且加强后勤管理，提高良好的后勤服务。

技术人员认真阅读图纸，制订合理有效的施工方案，保证各工序在符合设计及施工质量验收规范的前提下进行，避免返工返修现象出现，以免影响工期。在每道工序之前，技术人员根据图纸及时上报材料计划，保证在工序施工前材料提前进场，杜绝因材料原因影响正常运行。正确进行施工布置，工序衔接紧凑，劳动力安排合理，避免窝工现象出现。制订详细的网络控制计划，分阶段设置控制点，将影响关键线路的各分部分项工程分解，以小保大，从而保证总体进度计划的顺利进行。

质量人员在工序施工过程中严格认真，细致检查，将一切质量隐患消灭在萌芽状态，防止事后返工现象。

采用切实可行的冬雨季施工措施，连续施工，确保进度和质量。

对工期进度计划进行动态监管，以及时掌握实际情况，及时调整。

4.8.8　各种资源需求计划

各种资源需求计划见表 4.9 ~ 表 4.12。

表 4.9　投入劳动力一览表

序号	工种	投入总数量	2008 年									
			1	2	3	4	5	6	7	8	9	10
1	混凝土	30		30	25	20	20	20				15
2	门工	23	15	10	13	15	15	25	10			
3	钢筋工	23	20	20	20	30	30	30	10			
4	木工	30			3	3	3	4	4	4	1	
5	机械工	4		2	4	5	3	8	15	20	20	10
6	水工	20			5	6	6	15	20	25	20	10
7	电工	25			2	2	2	3	3	3	3	1
8	电焊工	3	1	2		10	10	20	50	25	13	10
9	抹灰工	90			4	5		10		8		
10	防水工	10			3	4	6	8	8	6		
11	架子工	8			2	2	2	2	5	5		
12	油漆工	30									30	
合计		260	36	64	108	131	144	171	125	94	109	46

表 4.10 主要材料使用计划表

序号	材料名称	总数量	2008 年								
			1	2	3	4	5	6	7	8	9
1	钢筋	1062t	150	50	100	260	500				
2	商品混凝土	6049m³	84	28	562	1460	2810				
3	砌体	1580m³					790	790			
4	MD 保温材料	4229m²					1800	2000	400		
5	外墙面砖	1972m²						500	970	500	
6	乳胶漆	810m²							600	210	
7	铝合金门窗	857m²								857	
8	钢塑复合管	502m						200	200	100	
9	钢管	1994m					500	500	500	500	
10	电缆桥架	29.4m						10	10	10	
11	电缆	1412m						200	300	400	200

表 4.11 投入机械设备一览表

序号	设备名称	规格型号	投入总数量	进场计划（2008 年）								
				1	2	3	4	5	6	7	8	9
1	装载机	EL4013	1	√								
2	挖掘机	WY200	1	√								
3	塔吊	QZ5513	1				√					
4	施工升降机	SC200/200	1									
5	混凝土输送泵	SAM100	1				√					
6	运输汽车		8	√								
7	布料机	2B21	1				√					
8	压缩机	10HPJAGUA	1				√					
9	振动棒		15				√					
10	平板振动器		2	√								
11	砂浆搅拌机	350 型	4									
12	钢筋对焊机	UN1 - 100	1			√						
13	钢筋切断机	GQ40A	2			√						
14	钢筋弯曲机	QW40A	2			√						
15	钢筋调直机	JM5T	2			√						
16	钢筋切割机	XL - 100	6			√						
17	钢筋电焊机	BX - 500	8			√						
18	木工圆锯机	MJ105	1			√						

表4.12　资金使用量计划表

序号	资金使用时间		资金使用量计划/万元					
	年度	月份	人工费	材料费	机械费	总包管理配合费	其他	合计
1		1	10	9	30			49
2		2	5.8	4.4	5			15.2
3		3	20	12	30			62
4		4	20	12	30			62
5		5	20	12	30			62
6		6	17	13	25	1		56
7		7	14	10	25	1		50
8		8	12	10	10	2		34
9		9	10	10	10	1		31
10		10	8	6	5	1		20

4.8.9　施工现场平面布置图

4.8.9.1　现场施工条件

场地外围道路为已有道路,已全部硬化。水源、电源已到施工现场,施工现场平整已做完,杂物基本清理干净,影响施工的空中电线已撤除。

4.8.9.2　施工现场平面布置

(1)围壁结构。施工现场周围用实心黏土砖砌筑不低于1.8m高、240mm厚的围护墙,内外抹灰,外部刷白。经甲方及监理方同意,在现场周围设置工程标牌、标识及介绍公司的灯箱广告,内面用于施工安全等的宣传、警示。

现场设置两个入口,主入口设在东侧,大门采用不锈钢电力伸缩门,入口处设置洗车台,冲洗出入车辆,拦截场内外污水,以确保场外道路清洁卫生。

基坑四周采用φ48钢管焊接搭设1.2m高封闭式护栏,钢管刷黄黑间隔油漆,油漆段间隔长度300mm。护栏主杆间距1.5m,设3道横向钢管:第一道距地面20mm,第二道距地面600mm,立杆下做300mm高、240mm厚挡墙,沿坑口周围做混凝土硬化面层,在距坑口1m处做200mm宽排水沟,坑壁周围采用土钉墙支护。

(2)施工通道及道路。底层人行道上方搭设双层安全防护隔离层,隔离层采用脚手板及钢管搭设,通道两侧封严,通道口设置明显安全标志,通道内设灯具照明。

场地全部硬化,采用2:8灰土10cm厚,C15混凝土80cm厚,雨水及污水排向大门两侧,内接明水沟,经沟端沉淀后排向雨水管网。

(3)临时用房。现场办公用房、宿舍采用2层活动房。厨房、厕所为砖墙彩钢屋面,内贴瓷砖,PVC扣板顶棚,地面用混凝土硬化处理,金属隔栅门窗。

模板加工棚、钢筋加工棚及现场材料堆放采用门式钢架彩钢屋面,敞开式。

(4)施工用水、用电计算。现场用水由现场东面的市政管网接取,在现场围墙内侧环形布置。现场用电由北面的单位已有电网接取,同样成环形布置,并且施工用水用电与生活用水用电分开管理。

1）临时供水计算。（略）

2）现场施工用电。现场施工用电如下所述：

① 施工用电的计算。根据现场施工机械的配备以及用电设备的合计功率进行用电量计算。

$$P = 1.05 \times (k_1 \sum P_1 \cos\varphi + k_2 \sum P_2 + k_3 \sum P_3) = 265.06(\text{kW})$$

式中　P——供电设备总需要容量，kW；

$\sum P_1$——电动机额定功率合计，kW，$\sum P_1 = 235.23\text{kW}$；

$\sum P_2$——电焊机额定容量合计，kW，$\sum P_2 = 202.7\text{kW}$；

$\sum P_3$——施工现场室内外照明容量合计，kW，$\sum P_3 = 41\text{kW}$；

$\cos\varphi$——电动机平均功率系数，$\cos\varphi = 0.75$；

k_1——需要系数，$k_1 = 0.6$；

k_2——需要系数，$k_2 = 0.6$；

k_3——需要系数，$k_3 = 1.0$。

② 施工用电的选择。通过计算得出施工现场用电设备总需要容量为265.06kW，现场用电应能满足要求。为了确保正常连续施工，现场计划备用一台120kW的柴油发电机，作为临时停电时的应急电源。在正常情况下，从变压器低压侧直接供到配电室动力配电箱（TLX）总开关的上刀口，当市政停电时，为保证工作的连续性，保证重点负荷的用电，通过动力配电箱总闸7J进行切换，自动换成备用发电机供电。

4.8.9.3 施工现场平面图

施工现场平面布置图分为基础施工阶段施工现场平面布置图和主体施工阶段施工现场平面布置图，如图4.10、图4.11所示。

临时建设施工见表4.13。

表4.13 临时建设施工一览表

序 号	名 称	面积/m²
1	门卫	9
2	办公室	150
3	宿舍	400
4	食堂	40
5	材料库房	50
6	钢筋场地	100
7	模板场地	100
8	标准养护室	8
9	配电房	8
10	木工棚	40
11	钢筋加工棚	100
12	厕所	25
13	淋浴室	30

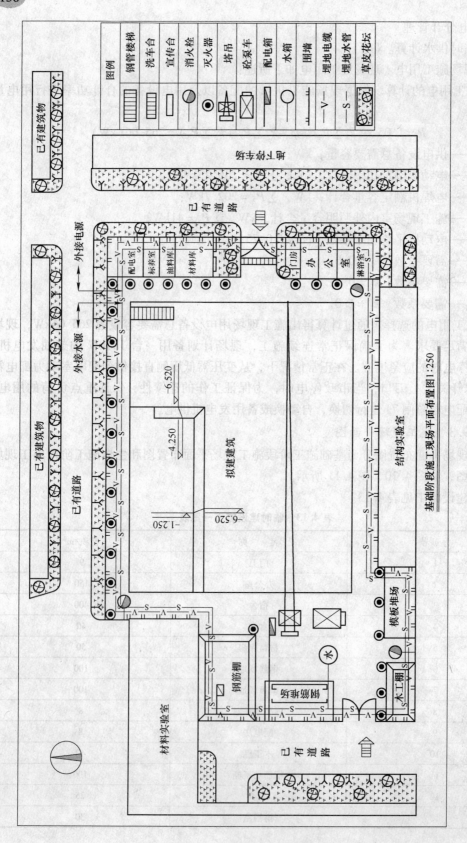

图例

图例		
钢管楼梯		
洗车台		
宣传台		
消火栓		
灭火器		
塔吊		
砼泵车		
配电箱		
水箱		
围墙		
埋地电缆	—V—	
埋地水管	—S—	
草皮花坛		

基础阶段施工现场平面布置图1:250

图4.10　基础施工阶段施工现场平面布置图

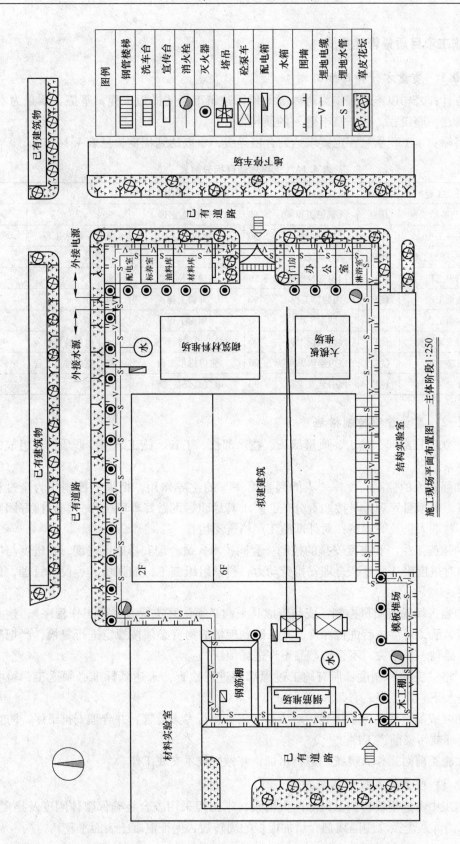

施工现场平面布置图——主体阶段 1∶250

图 4.11　主体施工阶段施工现场平面布置图

| 图例 | | | 钢管楼梯 | 洗车台 | 宣传台 | 消火栓 | 灭火器 | 塔吊 | 砼泵车 | 配电箱 | 水箱 | 围墙 | 埋地电缆 | 埋地水管 | 草皮花坛 |

4.8.10 施工项目质量管理措施

4.8.10.1 质量方针和目标

质量方针：公司以本工程作为进入××地区建筑市场的样板工程，坚持"质量为本，信誉第一；建一座工程，树一座丰碑"的质量方针。

质量目标：本工程质量评定要求达到合格等级，争取达到优良，见表4.14。

表4.14 工程质量目标分解表

序号	分项工程	目标	主要分项优良率/%					
1	地基与基础工程	优良	钢筋工程	>90	钢筋混凝土	>90		
2	主体工程	优良	钢筋工程	>90	钢筋混凝土	>90	防水工程	>98
3	地面与楼面工程	优良	基层	>90	面层	>90		
4	门窗工程	优良	门窗安装工程	>90	玻璃安装工程	>90		
5	装饰工程	优良	内装饰工程	>90	外墙工程	>90		
6	屋面工程	优良	防水工程	>90	屋面工程	>90		
7	电器安装工程	优良	线路敷设工程	>90	电缆及电缆托板安装		电器装置组装	>90
8	水暖工程	优良	室内给水工程	>90	室内排水工程	>90	室内排水工程	>90
9	电梯安装工程	优良	拽引装置工程	>90	电气具设备工程	>90		

4.8.10.2 质量管理控制措施

（1）成立项目经理、总工、质量部长、技术部长、工长、施工班组专职质检员组成的质量管理体系。

（2）加强对人的控制：发挥"人的因素第一"的主导作用，把人的控制作为全过程控制的重点。对项目管理人员按职责分工，要求其尽职尽责做好本职工作，同时搞好团队协作，对不称职人员及时调整，对外部施工严格资质检查。

（3）加强施工生产和进度安排的控制：会同技术人员合理安排施工进度，在进度与质量发生碰撞时进度服从质量，合理安排劳动力，科学组织施工，加强机具、设备管理，保证施工需要。

（4）加强入场物资质量控制：成品半成品采购必须认真执行《采购工作程序》，建立合格供应商名册，对供应商进行评价，凡采购到现场的物资必须按规定进行复检，严把质量、数量、品种、规格关，不合格产品不许进场使用。

（5）严格"三检"制度：所有施工过程都要进行检查，未达到标准必须返工，验收合格方可进入下一道工序。

（6）加强成品半成品保护措施，对成品半成品实行专人看管，并合理安排工序，防止后道工序损坏或污染前道工序。

（7）在施工前对操作人员统一进行培训，并做好技术交底工作。

4.8.10.3 质量技术控制措施

（1）施工中考虑模板材料及拆除两大因素，本工程采用胶合板确保整体刚度及挠度。拆模后认真清除灰尘及涂刷隔离剂，增加模板的周转数，保证混凝土表面平整。

楼板、楼梯模板与旧混凝土接触处统一贴海绵条，确保阴角方正顺直，且混凝土表面平整。多层板拼接缝处贴纸胶带防止漏浆。

（2）钢筋工程（具体内容略）。

（3）混凝土工程（具体内容略）。

（4）装修工程（具体内容略）。

（5）防水工程（具体内容略）。

（6）完善施工质量验收记录，做好资料整理（具体内容略）。

总之，加强预控及过程控制，控制好施工中每个环节，加强样板及"三检"制度，把隐患消灭在萌芽状态。

4.8.11 施工项目成本控制措施

项目部通过对项目成本进行指导和控制，使项目实际成本能够控制在预定计划成本范围内，并尽可能使项目经济效益最大化，为企业增加利润和资本积累，以及为企业积累资料，指导今后投标。

4.8.11.1 成本控制原则

（1）开源与节流相结合的原则。

（2）全面控制原则，包括全员成本控制和全过程成本控制。

（3）动态控制原则，成本控制的重心在基础、结构、装饰施工阶段。

（4）责、权、利相结合原则。

（5）目标管理原则，管理工作的基本方法是 PDCA 循环。

（6）例外管理原则，用于成本指标的日常控制。

4.8.11.2 成本控制管理制度

（1）项目财务实行项目经理一支笔制度，任何开支必须经项目经理的批准，否则追究有关人员经济责任。

（2）分包单位工程款支付建立审批制度，对协作单位工程款支付实行安全、质量、成本、进度一票否决制度。

（3）零星用工及合同外用工须由工程管理部门批准后方可安排工作。

（4）合同要人人知晓，经营管理部将合同交底，分别交有关部门执行。严禁不懂合同者上岗管理，因不懂合同造成损失的责任者赔偿损失。

（5）分包单位进场作业要签订合同。

（6）发生工程洽商变更时，必须报出经济洽商变更，经济洽商变更与合同洽商变更不同步导致利益流失要追究责任。

（7）协作单位、材料供应商选择货比三家，在保证满足项目施工要求及售后服务前提下选择低价的。所有询价、比价资料及合同必须报项目经理部审批。

（8）项目经理部必须做好成本分解工作和预控工作。

（9）所有合同变更、增减账、经济往来、函件结算必须报送项目经理审批。

（10）分包单位工程量统计及工程款申请工作必须严格按双方合同规定的量及价计算，按实际完成量申报。分包工程款与进度挂钩，遵守有关规定。由于分包单位原因造成工程款不能按时结算的一切后果由分包单位负责。

4.8.11.3　降低项目成本措施

（1）加强管理，提高工程质量，降低成本。

（2）加强劳动工资管理，提高劳动生产率。

（3）加强机具管理，提高机具使用率。

（4）加强材料管理，节约材料费用。

（5）加强费用管理，节约管理费用。

（6）用好用活激励制度，调动职工增产节约的积极性。

4.8.11.4　成本管理责任体系

成本管理责任体系如图 4.12 所示。

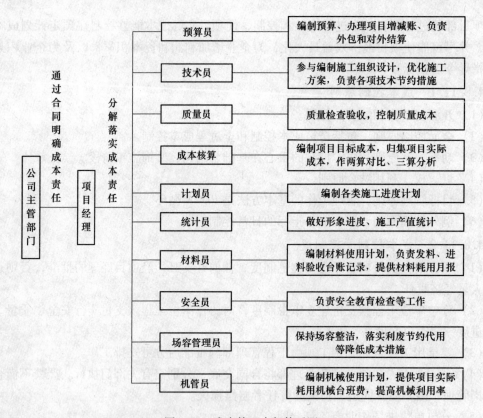

图 4.12　成本管理责任体系图

4.8.12　施工项目进度控制措施

在工程施工进度计划执行的过程中，由于人力资金、物资的供应和自然条件等因素的影响，往往会使原计划脱离预先设定的目标。因此要随时掌握施工进度，检查和分析施工计划的实施情况，并及时进行调整，保证施工进度目标的顺利进行。

为了保证施工进度计划的施工，落实进度目标要求，应落实以下措施：

（1）组织措施：落实各层次的进度控制人员、具体任务和工作职责，确定进度目标及进度工作制度。

（2）动态调整施工进度，由于施工质量预控中存在不可预见性，施工质量易受外界条件的影响，所以在施工工程中根据质量情况，动态调整施工进度，保证工程质量的稳步进展。

（3）采取合同控制进度，在与分包商所签发合同中，对工期目标及奖惩条件进行界定。

（4）采取进度款支付方法控制进度，以保证工期目标实现，避免分包商偏于质量目标而不顾工期。

（5）进度计划控制与跟踪。施工进度一旦脱离工期目标，工期计划工程师必须立即召集相关人员进行分析，找出关键因素，集中解决，确保工期目标实现。

施工进度动态控制基本原理如图4.13所示。

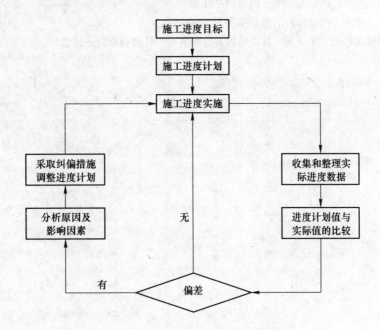

图4.13　施工进度动态控制原理图

4.8.13　施工现场管理措施

（1）安全防护管理措施。

（2）临时用电管理措施。

（3）消防保卫措施。

（4）文明施工管理措施。

（5）现场环境保护措施。

4.8.14　施工项目冬雨季施工措施

（1）雨季施工措施。在雨季施工前整理施工现场，维修现场破坏的排水设施、设备，检查现场道路，对已损坏的要及时修补、硬化，检查雨季施工的材料（如雨衣、雨鞋、塑料布）等准备情况，检查各施工棚及临时住房的防雨情况。

（2）冬季施工措施。在冬季施工前，提前准备好保温供暖设备，对各种供暖设备、保温材料进行检查，做好冬季施工混凝土、砂浆及外加剂的试配工作。

复习思考题

4-1 单位工程施工组织设计编制的依据有哪些？

4-2 单位工程施工组织设计包括哪些内容？它们之间有什么关系？

4-3 施工方案设计的内容有哪些？为什么说施工方案是施工组织设计的核心？

4-4 什么是施工起点流向？其决定因素有哪些？

4-5 什么是施工顺序？确定施工顺序的原则是什么？

4-6 试述单位工程施工进度计划的编制步骤。

4-7 什么是单位工程施工平面图？其设计内容有哪些？设计时的原则是什么？

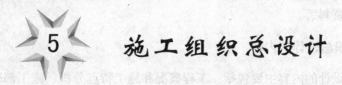

5 施工组织总设计

5.1 概述

5.1.1 施工组织总设计及其作用

施工组织总设计是以整个建设项目或建筑群为对象，根据初步设计或扩大初步设计图纸以及其他有关资料和现场施工条件编制的，用以指导施工全过程中各项施工活动的技术经济的综合性文件。一般由建设总承包公司或大型工程项目经理部的总工程师主持，组织有关人员编制。其主要作用有以下几方面：

（1）为建设项目或建筑群体工程施工阶段做出全局性的战略部署。

（2）为做好施工准备工作，保证资源供应提供依据。

（3）为组织全工地性施工业务提供科学方案和实施步骤。

（4）为施工单位编制工程项目生产计划和单位工程的施工组织设计提供依据。

（5）为业主编制工程建设计划提供依据。

（6）为确定设计方案的施工可行性和经济合理性提供依据。

5.1.2 施工组织总设计的编制依据

为了保证施工组织总设计的编制工作顺利进行并提高质量，使施工组织设计文件能更密切地结合工程实际情况，从而更好地发挥其在施工中的指导作用，在编制施工组织总设计时，应以如下资料为依据：

（1）设计文件及有关资料。设计文件及有关资料主要包括：建设项目的初步设计、扩大初步设计或技术设计的有关图纸、设计说明书、建筑区域平面图、建筑总平面图、建筑竖向设计、总概算或修正概算等。

（2）计划文件及有关合同。计划文件及有关合同文件主要包括：国家批准的基本建设计划、可行性研究报告、工程项目一览表、分期分批施工项目和投资计划，地区主管部门的批件、施工单位上级主管部门下达的施工任务计划，招投标文件及签订的工程承包合同，工程材料和设备的订货指标，引进材料和设备供货合同等。

（3）工程勘察和技术经济资料。建设地区的工程勘察资料：地形、地貌，工程地质及水文地质、气象等自然条件。建设地区技术经济条件：可能为建设项目服务的建筑安装企业、预制加工企业的人力、设备、技术和管理水平，工程材料的来源和供应情况，交通运输情况，水、电供应情况，商业、文化教育水平和设施情况等。

（4）现行规范、规程和有关技术规定。国家现行的施工及验收规范、操作规程、定额、技术规定和技术经济指标。

（5）类似建设项目的施工组织总设计和有关总结资料。包括：类似建设项目成本控制、工期控制资料、质量控制资料、安全控制资料、文明施工及环保控制资料、技术成果资料和管理经验资料等。

5.1.3　施工组织总设计的内容

施工组织总设计的内容主要包括：工程概况和施工特点分析、施工部署和主要项目施工方案、施工总进度计划、全场性的施工准备工作计划、施工资源总需要量计划、施工总平面图和各项主要技术经济评价指标等。但是由于建设项目的规模、性质、建筑和结构的复杂程度、特点不同，建筑施工场地的条件差异和施工复杂程度不同，其内容也不完全一样。

工程概况和特点分析是对整个建设项目的总说明和分析，一般应包括以下内容：

（1）建设项目概况。主要包括：工程性质、建设地点、建设规模、总占地面积、总建筑面积、总工期、分期分批投入使用的项目和工期；主要工种工程量、设备安装及其数量；总投资额、建筑安装工程量、工厂区和生活区的工作量；生产流程和工艺特点；建筑结构类型、新技术、新材料的复杂程度和应用情况等。工程概况可用表格形式表达，见表5.1和表5.2。

表5.1　建筑安装工程项目一览表

序号	工程名称	建筑面积/m²	建安工作量/万元		吊装和安装工程量/t（或件）		建筑结构①
			土建	安装	吊装	安装	

① "建筑结构"栏填混合结构、砖木结构、钢结构、钢筋混凝土结构及层数。

表5.2　主要建筑物和构筑物一览表

序号	工程名称	建筑结构特征或示意图①	建筑面积/m²	占地面积/m²	建筑体积/m³	备　注

① "建筑结构特征"栏说明其基础、墙、柱、屋盖的结构构造。

（2）建设项目的建设单位、勘察设计单位、承包单位和监理单位情况。主要包括：本建设项目的建设单位、勘察设计单位、总承包单位和分包单位的名称，及委托监理单位的名称和监理单位的组织状况等。

（3）建设地区的自然条件和技术经济条件。主要包括：气象及其变化状况、地形地貌、工程地质和水文情况、地震设防烈度；地方建筑材料品种及其供应状况、地方交通运输方式及服务能力状况；水电和电信服务状况；社会劳动力和生活服务设施状况等条件。

（4）建设项目施工条件。主要包括：主要材料、特殊材料和生产工艺设备供应条件；项目施工图纸的阶段划分和时间安排；建设单位提供施工场地的标准和时间。

（5）建设单位、设计单位、总承包单位或上级主管部门对施工的要求。主要包括：土地征用范围居民搬迁情况等与建设项目施工有关的主要情况；建筑项目的建设、设计和承包单位主要说明，施工组织设计总目标主要说明。

5.1.4 施工组织总设计的编制程序

施工组织总设计的编制程序如图5.1所示。

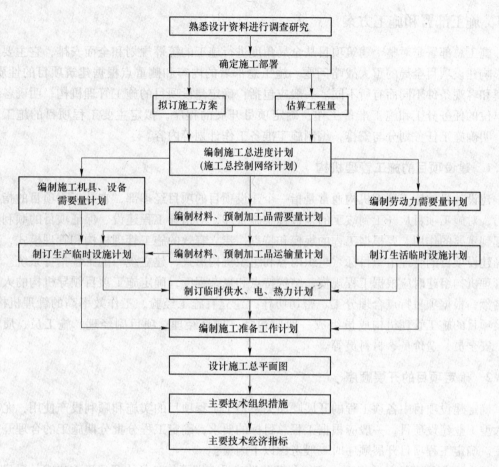

图5.1 施工组织总设计的编制程序

5.2 工程总概况

工程总概况是对整个建设项目的总说明和总分析，是对拟建建设项目或建筑群所作的一个简明扼要、突出重点的文字介绍，一般包括下列内容：

（1）建设项目特点。建设项目的特点是对拟建工程项目的主要特征的描述。主要内容包括：建设地点、工程性质、建设总规模、总工期、分期分批投入使用的项目和期限；占地总面积、总建筑面积、总投资额；建安工作量、厂区和生活区的工作量；生产流程及工艺特点；建筑结构类型等新技术、新材料的应用情况，建筑总平面图和各项单位工程设计交图日期以及已定的设计方案，等等。

（2）建设地区特征。建设场地应主要介绍建设地区的自然条件和技术经济条件：气象、地形、地质和水文情况；建设地区的施工能力、劳动力、生活设施和机械设备情况；交通运输及当地能提供给工程施工用的水、电和其他条件。

（3）施工条件。施工条件主要应反映施工企业的生产能力及技术装备、管理水平和主要设备；特殊物资的供应情况及有关建设项目的决议、合同和协议；土地征用、居民搬迁和场地清理情况。

5.3　施工部署和施工方案

施工总部署是对整个建筑项目从全局角度进行施工的统筹规划和全面安排，它主要解决影响建设项目全局的重大战略问题。施工总部署的内容和侧重点根据建筑项目的性质、规模和客观条件不同而有所不同。一般应包括：确定建设项目的施工管理机构；明确各参加单位的任务分工和施工准备工作；确定项目开展的程序，拟定主要工程项目的施工方案，明确施工任务划分与安排，编制施工准备工作计划等内容。

5.3.1　建设项目的施工管理机构

建设项目的施工管理机构通常是指一个建设项目的项目经理部，它是工程项目的指挥部门，对施工项目从开工到竣工的全过程实施管理，对指导工程建设、保证项目的顺利进行起到重要的作用。要根据工程的规模和特点，建立有效的施工管理机构和管理模式，应明确建设项目的管理组织目标、组织内容和组织机构形式，建立统一的工程指挥系统。施工管理机构组建时应根据工程规模、结构特点和复杂程度，确定施工项目领导机构的人选和名额；根据项目特点合理分工、密切协作，建立有施工经验、工作效率高的管理机构。建设项目的施工管理机构成员组成一般应包括：项目经理、项目副经理、施工员、质检员、安全员、造价员、材料员等。

5.3.2　确定项目的开展顺序

确定建设项目中各项工程的开展顺序关系整个工程项目的实施和顺利投产使用，尤其是大型工业建设项目，一般应根据工程总目标的要求，确定工程分批分期施工的合理开展程序。确定工程项目开展顺序时一般考虑以下因素：

（1）在保证工期的前提下，实行分期分批建设，即可使各具体项目迅速建成，尽早投入使用，又可在全局上实现施工的连续性和均衡性，减少暂设工程数量，降低工程成本。

为了充分发挥国家工程建设投资的效果，对于大中型工业建设项目，一般应该在保证工期的前提下分期分批建设。至于分几期施工，各期工程包含哪些项目，则要根据生产工艺要求、建设单位或业主要求、工程规模大小和施工难易程度、资金、技术资源情况由建设单位或业主和施工单位共同研究决定。例如，一个大型火力发电工程，按其工艺过程大致可分为以下几个系统：热工系统、燃料供应系统、除灰系统、水处理系统、电气系统、供水系统、生产辅助系统、全厂性交通及公用工程、生活福利系统等，每个系统都包含许多工程项目。如果一次建成投产，有可能长达十年，显然不能使国家投资及时发挥效益。所以，对该类建设项目，可以根据技术、资金、原料供应等情况，分期进行建设。如某大型火力发电厂工程，一期工程装 20 万千瓦汽轮发电机组和各种辅助生产、交通、生活福利设施。建成投产两年后，继续进行二期工程，安装一台 60 万千瓦汽轮发电机组，最终形成了 80 万千瓦的发电能力。

对于大中型民用建设项目，一般也应分期分批建成，以便尽快让一批建筑物投入使用，发挥投资效益。对于小型企业或大型工业建设项目的某个系统，由于工期较短或生产工艺要求，可不必分期分批进行施工，采取先建厂，而后边生产边进行其他项目的施工。

（2）一般建设项目均应按先地下后地上；先浅后深；先干线后支线的原则安排施工顺序，如地下管线和修筑道路的程序，应该先铺设管线，后在管线上修筑道路。

（3）统筹考虑各个项目，保证重点，兼顾其他，确保工程项目按期投产。按照工程项目的重要程度，应优先安排的工程项目是：

1）按生产工艺要求，须先期投入生产或起主导作用的工程项目；

2）工程量大、施工难度大、工期长的项目；

3）运输系统、动力系统，如厂区内外道路、变电站等；

4）生产上须先期使用的机修、车床、办公楼及部分宿舍等；

5）供施工使用的工程项目，如砂石厂、加工厂、搅拌站等施工附属设施。

对于建设项目中工程量小、施工难度大、周期较短而又不急于使用的辅助项目，可以考虑与主体工程相配合，作为平衡项目穿插在主体工程的施工中进行。

（4）要考虑季节对施工的影响。例如大规模土方工程和深基础施工，最好避开雨季。寒冷地区入冬后，最好转入室内作业和设备安装。

5.3.3 主要项目的施工方案

施工组织总设计中要拟定一些主要工程项目的施工方案。这些项目通常是建设项目中工程量大、施工难度大、工期长，对整个建设项目的完成起关键性作用的建筑物（或构筑物），以及全场范围内工程量大、影响全局的特殊分项工程。拟定主要工程项目施工方案的目的是为了进行技术和资源的准备工作，同时也为了施工进程的顺利开展和现场的合理布置。其内容包括确定施工方法、施工工艺流程、施工机械设备等。对施工方案的确定要兼顾技术工艺的先进性和经济上的合理性；对施工机械的选择，应使主导机械的性能既能满足工程的需要，又能发挥其效能，在各个工程上能够实现综合流水作业，减少其拆、装、运的次数；对于辅助配套机械，其性能应与主导施工机械相适应，以充分发挥主导施工机械的工作效率。

5.3.4 施工准备工作计划

施工准备工作是顺利完成项目建设任务的一个重要阶段。根据施工开展的顺序和主要工程项目的施工方案，编制施工项目全场性的施工准备工作计划，其主要内容有：

（1）根据建筑物总平面图的要求，做好全场性控制网的测量。

（2）做好现场"三通一平"工作。安排好场内外运输道路，水、电、通信来源及其引入方案；场地平整方案和全场性的防排水。

（3）安排好生产和生活基地建设。包括混凝土搅拌站、预制构件厂、钢筋加工厂、机修厂等。

（4）根据施工资源计划要求，落实建筑材料、构配件、半成品和施工机具等。安排好各种材料的库房、堆场用地和材料货源供应及运输。

（5）编制新结构、新工艺、新技术、新材料等的试制试验计划。

（6）进行必要的岗前培训。

（7）做好冬雨季施工的准备工作。

施工准备工作计划可以用表格形式表示，见表5.3。

表5.3　施工准备工作计划表

序号	准备工作名称	准备工作内容	起止时间	主办单位	协办单位	负责人

5.4　施工总进度计划

施工总进度计划是根据施工部署和施工方案的要求，对全工地的所有工程项目做出时间上的安排，即确定各单位工程、准备工程和全工地性工程的施工期限、开竣工时间以及各项工程施工的衔接关系，从而确定施工现场的劳动力、材料、施工机械的需要量和调配情况，以及现场临时设施的数量、水电供应数量和能源、交通的需要数量等。因此，正确地编制施工总进度计划，是保证各个系统以及整个建设项目如期交付使用、充分发挥投资效果、降低建筑成本的重要条件。施工总进度计划的表达形式有横道图和网络图等形式。其中横道图形式的施工总进度计划见表5.4、表5.5。

表5.4　施工总进度计划表

序号	单项工程名称	建安指标		设备指标/t	造价/千元			施 工 进 度				
		单位	数量		合计	建筑工程	设备安装	第一年				第二年
								1	2	3	…	…

表5.5　主要分部工程施工进度计划表

序号	分部工程名称	工程量		机械设备			劳动力			施工天数	施工进度		
		单位	数量	机械名称	台班数量	机械数量	工种	总工日数	工日数量		第一年		…
											1	2	…

5.4.1　施工总进度计划编制的原则

正确地编制施工总进度计划，不仅是保证各项工程项目能成套交付使用的重要条件，而且在很大程度上直接影响投资的综合经济效益。因此，必须引起足够的重视。在编制施工总进度计划时，除应遵守施工组织基本原则外，还应考虑以下几点：

（1）严格遵守合同工期，把配套建设作为安排总进度的指导思想。在工业建设项目的内部，要处理好生产车间和辅助车间、原料与成品之间、动力设备与加工部门之间、生产性建筑与非生产性建筑之间的先后顺序，有意识地做好协调配套，形成完整的生产系统；在外部则有水源、电源、市政、交通、原料供应、三废处理等项目需要统筹安排。民用建筑不解决好供水、供电、供暖、供气、通信、交通等工程也不能交付使用。

（2）以配套投产为目标，区分各项工程的轻重缓急，把工艺调试在前的、占用工期较长的、工程难度较大的项目安排在前面；把工艺调试靠后的、占用工期较短的、工程难度一般的项目安排在后面。所有单位工程都要考虑土建、安装的交叉作业，组织流水施工，力争加快进度，合理压缩工期。这样分批开工，分批竣工，在组织施工中可以体现均衡施工的原则，平缓物资设备的供应，避免过分集中，有效削减高峰工程量；也可使调整试车分批进行、先后有序，从而保证整个建设项目能按计划、有节奏地实现配套投产。

（3）充分估计设计出图时间和材料、设备、配件的到货情况，使每个施工项目的施工准备、土建施工、设备安装和试车运转的时间能合理衔接。

（4）确定一些调剂项目，如办公楼、宿舍等穿插其中，以达到既保证重点，又能实现均衡施工的目的。

此外，施工总进度计划的安排还应遵守技术法规、标准，符合安全、文明施工的要求，并尽可能做到各种资源的平衡。

5.4.2 编制施工总进度计划的步骤

5.4.2.1 计算工程量

首先根据建设项目的特点划分项目。由于施工总进度计划主要起控制性作用，因此项目划分不宜过细，可按确定的主要工程项目的开展顺序排列，一些附属项目、辅助工程及临时设施可以合并列出。

在工程项目一览表的基础上，估算各主要项目的实物工程量。估算工程量可按初步设计（或扩大初步设计）图纸，并根据各种定额手册进行。常用的定额资料有以下几种：

（1）万元、十万元投资工程量，劳动力及材料消耗扩大指标。这种定额规定了某种结构类型建筑，每万元或十万元投资中劳动力、主要材料等消耗数量。根据设计图纸中的结构类型，即可估算出拟建工程各分项需要的劳动力和主要材料消耗数量。

（2）概算指标或扩大结构定额。这两种定额分别按建筑物的结构类型、跨度、层数、高度等分类，给出单位建筑体积和单位建筑面积的劳动力和主要材料消耗指标。

（3）标准设计或已建的类似建筑物、构筑物的资料。在缺少上述几种定额手册的情况下，可采用标准设计或已建成的类似工程实际所消耗的劳动力和材料加以类推，按比例估算。但是，由于和拟建工程完全相同的已建工程是极为少见的，因此，在采用已建工程资料时，一般都要进行调整换算。这种消耗指标都是各单位多年积累的经验数字，实际工作中常用这种方法计算。

除了房屋外，还必须计算全工地性工程的工程量，如场地平整的土石方工程量、道路及各种管线长度等，这些可根据建筑总平面图来计算。

计算的工程量应填入"工程项目工程量汇总表"中，见表5.6。

表 5.6   工程项目工程量汇总表

工程项目分类	工程项目名称	结构类型	建筑面积	幢（跨）数	概算投资	主要实物工程量							
						场地平整	土方工程	桩基工程	…	砖石工程	钢筋混凝土工程	…	装饰工程	…
			100m²	个	万元	1000m²	1000m²	100m²		100m²	100m²		1000m²	
全工地性工程														
主体项目														
辅助项目														
永久住宅														
临时建筑														
合　计														

5.4.2.2 确定各单位工程的施工期限

单位工程的施工期限应根据施工单位的具体条件（如技术力量、管理水平、机械化施工程度等）及施工项目的建筑结构类型、工程规模、施工条件及施工现场环境等因素加以确定。此外，还应参考有关的工期定额来确定各单位的施工期限，但总工期应控制在合同工期以内。

5.4.2.3 确定各单位工程开、竣工时间和相互搭接关系

根据施工部署及单位工程施工期限，就可以安排各单位工程的开、竣工时间和相互搭接关系。安排时，通常应考虑下列因素：

（1）保证重点，兼顾一般。在安排进度时，要分清主次，抓住重点，同一时期施工的项目不宜过多，以免人力、物力分散。

（2）满足连续、均衡施工要求，尽量使劳动力和材料、机械设备消耗在全工地内均衡。

（3）合理安排各期建筑物施工顺序，缩短建设周期，尽早发挥效益。

（4）考虑季节影响，合理安排施工项目。

（5）使施工场地布置合理。

（6）对于工程规模较大、施工难度较大、施工工期较长以及需先配套使用的单位工程应尽量安排先施工。

（7）全面考虑各种条件的限制。在确定各建筑物施工顺序时，还应考虑各种客观条件的限制，如施工企业的施工力量，原材料、机械设备的供应情况，设计单位出图的时间，投资数量等对工程施工的影响。

5.4.2.4 施工总进度计划的编制

施工总进度计划可用横道图或网络图表达。由于施工总进度计划只是起控制性作用，而且施工条件多变，因此，不必考虑得很细致。当用横道图表达总进度计划时，项目的排列可按施工总体方案所确定的工程开展程序排列，横道图上应表达出各施工项目的开、竣工时间及其施工技术时间。横道图的表格格式见表 5.7。

表 5.7 施工总进度计划表

序号	工程项目名称	结构类型	建筑面积/m²	工作量	施工进度表										
					××××年						××××年				
					三季度			四季度			一季度			二季度	
					7	8	9	10	11	12	1	2	3	4	5
1	铸造车间				—	—	—	—	—	—	—				
2	金工车间							…	…	…	…	…			
⋮	⋮														

采用有时间坐标网络计划（时标网络计划）表达总进度计划比横道图更加直观明了，可以表达出各项目之间的逻辑关系，还可以进行优化，实现最优进度目标、资源均衡目标和成本目标。同时，由于网络计划采用计算机计算和输出，对其进行调整、优化、统计资源数量、输出图表更为方便、迅速。

5.4.3 施工总进度计划的保证措施

施工总进度计划保证措施包括组织保证措施、技术保证措施、经济保证措施和合同保证措施等。

（1）组织保证措施。从组织上落实进度控制责任，建立进度控制协调制度。

（2）技术保证措施。编制施工进度计划实施细则；建立多级网络计划和施工作业周计划体系；强化事前、事中和事后进度控制。

（3）经济保证措施。确保按时提供资金；对工期提前进行奖励；保证各种施工资源的正常供应。

（4）合同保证措施。全面履行工程承包合同；及时协调分包单位工程施工进度；按时支付工程款；尽量避免工程进度索赔事件的发生。

5.5 资源需要量计划

5.5.1 劳动力需要量计划

工程项目劳动力需要量计划是根据施工总进度计划、概预算定额和相关经验资料分别计算出各单项工程主要工种的劳动力数量，估计出工人进场时间，然后进行汇总，确定出整个建设工程项目的劳动力需要量计划。劳动力需要量计划是规划临时设施和组织工人进场，进行劳动力调配的主要依据。劳动力需要量计划可编制成表格形式，见表 5.8。

表 5.8 劳动力需要量计划表

序号	项目名称	工种名称	劳动力数量/工日	高峰期工人人数	用工时间					
					××××年				××××年	
					1	2	3	…		…

5.5.2　材料、构件和半成品需要量计划

主要材料、构件和半成品等物资需要量计划应根据施工部署、劳动量需要量计划和工程总进度计划的要求进行编制，它是签订物资采购合同、安排材料堆场和仓库、物资供应单位生产和准备工程所需物资的依据，见表5.9。

表5.9　主要材料、构件和半成品需要量计划表

序号	项目名称	物　资		物资需要量		需　要　量　计　划				
		名称	规格	单位	数量	××××年				××××年
						1	2	3	…	…

5.5.3　施工机具、设备需要量计划

施工机具、设备需要量计划是根据施工部署、主要工程施工方案、施工总进度计划、机械台班定额等进行编制的，它是确定施工机具设备进场、计算施工用水、用电量和选择变压器容量等的依据，见表5.10。

表5.10　施工机具、设备需要量计划表

序号	项目名称	机具设备		数量	购买或租赁时间	进　出　场　时　间				
		名称	型号			××××年				××××年
						1	2	3	…	…

5.6　暂设工程

为满足工程项目施工需要，在工程正式开工之前，要按照施工准备总计划的要求，建造相应的暂设工程，为施工项目创造良好的施工条件。

5.6.1　加工厂（站）

通常施工工地常设的加工厂（站）有混凝土搅拌站、砂浆搅拌站、钢筋混凝土预制构件加工厂、钢筋加工厂、木材加工厂等。其结构类型应根据地区条件和使用期限而定，使用期限较短的采用简易的竹木结构，使用期限较长的可采用瓦屋面的砖木结构或拆装式的活动房屋等。各类加工厂的建筑面积主要取决于设备尺寸、工艺过程设计和安全防火要求，可参照有关经验指标等资料确定。

5.6.2　运输道路

当货物由外地利用公路、水路或铁路运来时，一般由专业运输单位承运，施工单位往

往只解决工程所在地区及工地范围内的运输。工地运输道路应尽可能利用永久性道路，或先修永久性道路路基并铺设简易路面。主要道路应布置成环形，次要道路可布置成单行线，但应有回车场。要尽量避免与铁路交叉。

5.6.3 仓库

建筑工地所用仓库按其用途可分为：

（1）转运仓库，设在火车站或码头附近，供材料转运储存用。

（2）中心仓库，用于储存整个企业或大型施工现场的材料。

（3）现场仓库，专为某项工程服务的仓库，一般均就近建于施工现场。

（4）加工厂仓库，专门供某加工厂储存原材料和半成品。

按材料的保管方式可分为露天仓库、库棚和封闭式仓库。仓库面积的确定主要依据工程材料的储备量。正确的仓库业务组织应在保证施工需要的前提下，使材料的储备量最少，储备期最短，装卸及运转费用最省。此外还应选用经济而适用的仓库形式及结构，尽可能利用原有的或永久性建筑物，以减少修建临时仓库的费用，并遵守防火条例的要求。

5.6.4 行政管理、生活福利设施

在工程建设期间，必须为施工人员修建一定数量的临时房屋，以供行政管理和生活福利用，这类房屋主要有：行政管理和生产用房；居住生活用房和文化生活用房。这类房屋的面积按实际使用人数确定，应尽可能利用施工现场及其附近的永久性建筑物，或者提前修建能够利用的永久性建筑，不足部分修建临时建筑物。临时建筑物修建时，遵循经济实用、装拆方便的原则，按照当地的气候条件、工期长短确定结构类型。通常有帐篷、装配式活动房屋或利用地方材料修建的简易房屋等。

5.6.5 临时供水

建筑工地敷设的临时供水系统，应满足生产、生活和消防用水的需要。在规划临时供水系统时，必须充分利用永久性供水设施为施工服务。

工地各类用水量计算如下。

（1）施工用水量：

$$q_1 = K_1 \frac{\sum Q_1 \cdot N_1}{T_1 \cdot t} \cdot \frac{K_2}{8 \times 3600} \tag{5.1}$$

式中 K_1——不可预见施工用水系数，取 $1.05 \sim 1.15$；

　　K_2——施工项目施工用水不均匀系数，取 1.5；

　　Q_1——年季度工程量；

　　N_1——施工用水定额；

　　t——每天工作班数；

　　T_1——年季度有效工作日。

（2）机械用水量：

$$q_2 = K_1 \sum Q_2 N_2 \frac{K_3}{8 \times 3600} \tag{5.2}$$

式中　K_1——不可预见施工用水系数（1.05～1.15）；

　　　Q_2——同一种机械台数，台；

　　　N_2——施工机械台班用水定额；

　　　K_3——施工机械用水不均匀系数。

（3）生活用水量：

$$q_3 = \frac{PN_3K_4}{24 \times 3600} \tag{5.3}$$

式中　P——建筑工地最高峰人数；

　　　N_3——每人每日生活用水定额；

　　　K_4——每日用水不均匀系数。

（4）消防用水量。消防用水量 q_4 应根据建筑工地大小及居住人数确定，计算施工现场消防用水时，当施工现场面积在 250000m² 以下时，一般取 0.01～0.015m³/s 计算；当面积在 250000m² 以上时，按每增加 200000 m² 需水量增加 0.005m³/s 计算。生活区消防用水量则根据居民人数确定。当人数在 5000 人以下时，消防用水量取 0.01m³/s；当人数在 10000 人以下时，取 0.01～0.015m³/s。

（5）总用水量：

1）当 $q_1 + q_2 + q_3 \leqslant q_4$ 时，则

$$Q = q_4 + \frac{1}{2}(q_1 + q_2 + q_3) \tag{5.4}$$

2）$q_1 + q_2 + q_3 > q_4$ 时，则

$$Q = q_1 + q_2 + q_3 \tag{5.5}$$

3）工地面积小于50000m²，且 $q_1 + q_2 + q_3 < q_4$ 时，则

$$Q = q_4 \tag{5.6}$$

选择临时供水水源，最好利用附近现有的供水管道，当施工现场附近还没有现成供水管道或现有管道无法利用时，可选择井水、河水、地表水等天然资源。选择水源时应考虑的因素有：水量充沛可靠，能满足施工现场最大用水量；生产和生活用水的水质应分别符合相应的水质标准要求；取水、输水设备、净水设备要安全经济。

配水管网布置的原则是在保证连续供水的情况下，管道铺设越短越好。分区域施工时，应按施工区域布置，并同时还应考虑到，在工程进展中各段管网应便于移置。临时给水管网的布置有环式管网、枝式管网、混合式管网三种管网方案。枝式管网布置的管网总长度最小，是临时给水管网布置常采用的一种方式；环式管网所铺设的管网总长度较大，但最为可靠，可保证连续供水；混合式总管采用环式，支管采用枝式，可以兼有以上两种方案的优点。

临时水管的铺设可用明管或暗管。以暗管最为合适，它既不妨碍施工，又不影响运输工作。在严寒地区，暗管应埋设在冰冻线以下，明管应加强保温，通过道口的部分应考虑地面上重型机械的荷载对管道的影响。

5.6.6 临时用电设计

建筑施工现场大量的机械设备和设施需要用电，保证供电及其安全是施工顺利进行的重要措施，施工现场临时供电包括动力用电和照明用电两种，动力用电通常包括土建用电及设备安装工程和部分设备试转用电，照明用电是指施工现场和生活区的室内外照明用电。临时用电设计包括用电量计算、电源和变压器选择、配电线路的布置和导线截面。

（1）用电量计算。计算用电量时，应考虑的因素有：整个施工现场使用的机械动力设备、电气工具及照明用电的数量；施工进度计划中施工用电高峰期同时用电的机械设备数量；各种用电机械设备在施工中的使用情况。施工现场供电设备总需要量可由式（5.7）计算：

$$P = (1.05 \sim 1.10)\left(K_1 \frac{\sum P_1}{\cos\varphi} + K_2 \sum P_2 + K_3 \sum P_3 + K_4 \sum P_4 \right) \tag{5.7}$$

式中 P_1——电动机额定功率，kW；

            P_2——电焊机额定功率，kW；

            P_3——室内照明容量，kW；

            P_4——室外照明容量，kW；

     $\cos\varphi$——电动机的平均功率因数（在施工现场最高为 0.75 ~ 0.78，一般为 0.65 ~ 0.75）；

K_1，K_2，K_3，K_4——需要系数，一般取 0.5 ~ 1.0。

（2）选择电源及确定变压器。建筑施工的电力来源，可以利用施工现场附近已有的电网。如附近无电网，或供电不足时则需自备发电设备。临时变压器的设置地点取决于负荷中心的位置和工地的大小与形状。当分区设置时应按区计算用电量。

（3）布置配电线路与导线截面。配电线路的布置与给水管网相似，也可分为枝式、环式及混合式。其优缺点与给水管网相似。工地电力网一般 3 ~ 10kV 的高压线路采用环式；380/220V 的低压线采用枝式。配电线路的计算及导线截面的选择，应满足机械强度及安全电流强度的要求。安全电流是指导线本身温度不超过规定值的最大负荷电流。

5.7 施工总平面图

施工总平面图是拟建项目施工场地的总布置图，是具体指导现场施工部署的行动方案，对于指导现场进行有组织、有计划的文明施工具有重大意义。它按照施工方案和施工进度的要求，对施工现场的道路运输、材料仓库、附属企业、临时房屋、临时水电管线等做出合理的规划布置，从而正确处理全工地施工期间所需各项设施和永久建筑、拟建工程之间的空间关系。

5.7.1 施工总平面图设计的原则

（1）在保证顺利施工的前提下，尽量减少施工用地，不占或少占农田，施工现场平面布置应紧凑合理。

（2）科学划分施工区域和场地，避免或减少不同专业工种和各工程之间的干扰。

（3）尽可能减少临时设施费用，充分利用已有或拟建各种建筑物、构筑物和原有设施为施工服务。

（4）多采用装配式施工设施，提高临时设施的安拆速度。

（5）各项施工设施的布置应有利于生产、方便工人生活。

（6）应满足安全、防火、消防、环保和劳动保护等有关要求。

5.7.2 施工总平面图设计的依据

（1）建设项目各种设计资料，包括建设项目总平面图、地形地貌图、区域规划图，建筑项目范围内有关的一切已有和拟建的各种设施位置，地上、地下各种管网布置等设计资料。

（2）建设地区资料。包括工程勘察和技术经济调查资料，以便充分利用当地自然条件和技术经济条件为施工服务，用以正确确定仓库和加工厂的位置、工地运输道路等。

（3）建设项目的建筑概况、施工方案、施工进度计划，以便了解各施工阶段情况，从而有效地进行分期规划，充分利用场地。

（4）各种材料、构件、加工品、施工机械和运输工具需要量一览表，以便规划工地内部的储存场地和运输线路。

（5）构件加工厂、仓库等临时建筑一览表。

5.7.3 施工总平面图设计的主要内容

（1）建设项目施工用地范围内地形等高线，一切地上、地下已有的和拟建的建筑物、构筑物以及其他设施的位置和尺寸。

（2）所有拟建建筑物、构筑物和基础设施的位置和形状。

（3）施工区域的划分、各种施工机械和各种临时设施的布置位置。

（4）各种建筑材料、半成品、构件的仓库和生产工艺设备主要堆场、加工厂、制备站、取土弃土位置。

（5）水源、电源、变压器位置，临时给排水管线和供电、动力设施位置。

（6）施工用地范围内，施工用的各种道路的位置。

（7）一切安全、消防设施位置。

（8）地形地貌及永久性测量放线标桩位置。

许多规模巨大的建设项目，其建设工期往往很长。随着工程的进展，施工现场的面貌将不断改变。在这种情况下，应按不同阶段分别绘制若干张施工总平面图，或者根据工地的变化情况，及时对施工总平面图进行调整和修正，以便符合不同时期的需要。

5.7.4 施工总平面图设计的步骤

（1）运输道路的布置。设计施工总平面图时，应首先研究用量较大的材料、成品、半成品、设备等进入工地的运输方式。当用量较大材料需要由铁路运来时，由于铁路的转弯半径大，坡度有限制，因此首先应解决铁路从何处引入及可能引到何处的方案，并尽可能考虑利用该企业永久铁路支线。铁路线的布置最好沿着工地周边或各个独立施工区的周边铺设，以免与工地内部运输线交叉，妨碍工地内部运输。当大批材料是由公路或水路运入工地时,由于汽车线路可以灵活布置,因此,一般先布置场内仓库加工厂,然后再布置场外交通的引入;当大批材料由水路运来时,应首先考虑原有码头的运用和是否增设码头问题。

(2)确定仓库与材料堆场的位置。仓库和材料堆场的位置通常考虑设置在运输方便、位置适中、运距较短并且安全防火的地方。当大批物资采用铁路运输时,仓库应尽可能沿铁路运输线布置,并且要留有足够的装卸区域。否则,必须在附近设置转运仓库,且转运仓库应设置在靠近工地一侧,以免内部运输跨越铁路,同时仓库不宜设置在弯道处或坡道上。当采用公路运输大量物资时,仓库的布置较灵活,一般中心仓库布置在工地中央或靠近使用的地方,也可以布置在靠近于外部交通连接处。砂石、水泥、石灰木材等仓库或堆场宜布置在搅拌站、预制场和木材加工厂附近;砖、瓦和预制构件等直接使用的材料应该直接布置在施工对象附近,以免二次搬运。工业项目建筑工地还应考虑主要设备的仓库或堆场,移动困难的设备应尽量放在车间附近,其他设备仓库可布置在外围或其他空地上。当采用水路运输时,一般应在码头附近设置转运仓库,以缩短船只在码头上的停留时间。

(3)确定加工厂和制备站的位置。加工厂和制备站位置的布置,应以方便生产、安全防火、环境保护和运输费用最少、不影响建筑安装工程施工的正常进行为原则。一般将加工厂设在工地边缘集中布置,同时应考虑仓库和材料堆场的位置,尽量避免二次搬运。

(4)确定场内运输道路。根据各施工项目、加工厂、仓库的相对位置,研究物质转运途径和转运量,区分主次道路,对场内运输道路的主次和相对位置进行优化。确定场内道路时,应考虑以下几点:

1)尽可能利用原有和拟建的永久性道路。

2)合理安排临时道路与地下管网的施工程序。

3)保证场地运输的通畅。场内道路干线应采用环形布置,应有两个以上进出口,且尽量避免临时道路与铁路交叉。

4)科学确定场内运输道路的宽度。主要道路应采用双车道,宽度不小于6m;次要道路宜采用单车道,宽度不小于3.5m。

5)合理选择运输道路的路面结构。根据道路的主次、运输情况和运输工具的类型,选择混凝土路面、碎石级配路面、土路或砂石路。

(5)确定生产、生活临时设施的位置。一般全工地性行政管理用房宜设在全工地入口处,以便对外联系;也可设在工地中间,便于全工地管理。工人用的福利设施应设置在工人较集中的地方,或工人必经之处。生活基地应设在场外,且不应距工地太远。食堂可布置在工地内部或工地与生活区之间。临时设施的建筑面积可根据工地施工人数进行计算。应尽量利用建设单位的生活基地或其他永久建筑,不足部分另行建造。

(6)确定水电管网及动力设施的位置

根据施工现场的具体情况,确定水源和电源的类型及供应量,当有可以利用的水源、电源时,可以将水电从外面接入工地,沿主要干道布置干管、主线,然后与各用户接通。施工现场供水管网有环状、枝状和混合式三种形式。临时配电线路布置与水管网相似,通常采用架空布置。根据工程防火要求,应设立消防站、消防通道和消火栓。

复习思考题

5-1　施工组织设计的主要内容是什么？

5-2　试述施工组织总设计编制的程序及依据。

5-3　施工部署包括哪些内容？

5-4　试述施工总进度计划的作用、编制的原则和方法。

5-5　如何根据施工总进度计划编制各种资源供应计划。

5-6　暂设工程包括哪些内容？如何进行组织？

5-7　试述施工总平面图设计的步骤和方法。

6 安全施工组织设计

建筑业是国民经济的重要物质生产部门，同时也是高危险、事故多发的行业。近年来，在工程施工中经常发生坍塌、塔吊倒塌、高处坠落、爆炸等事故，不仅给企业带来巨大的经济损失，也给受害者及其家庭带来身体和精神上的痛苦，造成严重的社会影响。为了避免此类事故的发生，保证建筑行业的安全生产，《中华人民共和国建筑法》在第三十八条规定："建筑施工企业在编制施工组织设计时，应根据建筑工程的特点制定相应的安全技术措施。对专业性较强的工程项目，应当编制专项安全施工组织设计，并采取安全技术措施。"在《建筑施工安全检查标准》（JGJ 59—2011）安全管理分项中也规定：脚手架施工、施工用电、基坑支护、模板工程、起重吊装作业，塔吊、物料提升机及其他垂直运输设备的安装与拆除，临边防护，以及爆破施工，拆除施工，人工挖孔桩等项目应单独编制专项安全施工组织设计。安全施工组织设计是施工组织设计的重要组成部分。

6.1 安全施工组织设计概述

6.1.1 安全施工组织设计的概念

安全施工组织设计是以施工项目为对象，用以指导工程项目管理过程中各项安全施工活动的组织、协调、技术、经济和控制的综合性文件；统筹计划安全生产，科学组织安全管理，采用有效的安全措施，在配合技术部门实现设计意图的前提下，保证现场人员人身安全及建筑产品自身安全，环保、节能、降耗。安全施工组织设计与项目技术部门、生产部门的相关文件相辅相成，是用以规划、指导工程从施工准备直至工程竣工交付使用全过程的全局性的安全保证体系文件。安全施工组织设计要根据国家的安全方针和有关政策、规定，从拟建工程全局出发，结合工程的具体条件，合理组织施工，采用科学的管理办法不断地革新管理技术，有效地组织劳动力、材料、机具等要素，安排好时间和空间，以期达到"零"事故、健康安全、文明施工的最优效果。安全施工组织设计应在施工前进行编制，并经过批准后实施。

依据工程施工组织设计编制项目的安全施工组织设计，在此基础上对那些施工工艺复杂、专业性强的项目进一步编制专项安全施工技术措施、方案，为安全生产打下坚实基础。安全技术措施是安全施工组织设计的重要组成部分，是安全生产的技术性概括。

在建筑施工过程中，安全施工组织设计及专项安全施工方案、安全技术交底三者既相互关联又有不同分工，见表 6.1。

表6.1 安全施工组织设计、专项安全施工方案和安全技术交底之间的对比

文件	安全施工组织设计	专项安全施工方案	安全技术交底
依据	—	施工组织设计	施工方案
性质	全局性、综合性的技术文件，施工单位编制月旬计划的基础性文件，宏观的决策，是定性的描述	关于某一分项工程的施工方法的具体施工工艺，是单位工程施工组织设计的核心	施工企业极为重要的一项技术管理工作，是施工方案的具体化，它的内容更具体详细
用途	指导施工前的一次性准备，指导单位工程全过程各项活动技术、经济的全局性、指导性文件，它是拟建施工的战术安排	施工方案的正确与否是直接影响工程质量、安全的关键所在，是对施工组织设计中的施工方法的细化，反映的是如何实施，内容比施工组织设计的内容更为具体翔实，而且更具针对性	对施工工艺的操作进行的交底，它是一个具体的、细化的工作，是一个具体的操作过程，侧重的是如何去操作
编制人	以施工图为依据，由项目经理组织，项目技术负责人召集相关人员编制	项目部负责人组织本单位施工技术、安全、质量等部门的专业技术人员进行编制	技术人员或工长编写，向班组长交底，再由作业班组长带领工人按照要求去完成

建筑施工组织设计和安全施工组织设计，从表面上看无论从施工还是从内容上有很多关联之处，可它又是包括不同内涵的两个文件，在实际施工过程中还是分为两个文件较为可行。因此，所有建设工程除了编制施工组织设计外，还必须编写安全施工组织设计；而对工程较大、施工工艺复杂、专业性很强的施工项目，还必须进一步编写专项安全施工方案。

6.1.2 安全施工组织设计编制的要求

建筑工程施工前必须要有针对本工程项目的安全管理目标策划，有相应的安全管理部署和相应的实施计划，有相应的管理预控措施。安全施工组织设计编制应根据工程情况及特点、施工条件、施工工艺、机具、设备的情况等综合因素进行全面考虑，编制出施工全过程的、全面的、具体的、具有可操作性的安全施工组织设计。在安全施工组织设计中，还应包括安全生产管理、文明施工及环保、卫生等方面的要求。

根据国务院《关于加强企业生产中安全工作的几项规定》的有关精神和《安全生产工作条例》关于"所有建筑工程的施工组织设计、施工方案，必须有安全技术措施"的规定，为了从技术上和管理上采取有效措施，防止各类事故发生，建筑施工企业、项目部应制定严格的安全施工组织设计编审制度并遵照执行。安全施工组织设计或安全技术措施的编制一般要注意以下几个方面：

（1）项目安全施工组织设计是项目施工组织总设计的组成部分，应在施工图设计交底、图纸会审后，开工前编制、审核、批准；专项施工方案的安全技术措施是专项施工方案的内容之一，必须在施工作业前编制、审核、批准。

（2）安全施工组织设计应当根据现行技术标准、规范、施工图设计文件，结合工程特点与企业实际技术水平编制。

（3）安全施工组织设计要突出主要施工工序的施工方法和确保工程安全、质量的技术

措施。措施要明确，要有针对性和可操作性，同时还要明确规定落实安全技术措施的各级责任人。

（4）对规模较大而图纸不能全面到位的工程，可预先编制施工组织总设计，在分阶段施工图到位并设计交底、图纸会审后编制安全施工组织设计。

（5）在编制安全施工组织设计的基础上，对技术要求高、施工难度大的分部分项工程需编制专项安全施工方案。

6.2 建筑施工危险源及辨识

6.2.1 危险源的概念

6.2.1.1 危险源的定义

参照第80届国际劳工大会通过的《预防重大工业事故公约》和我国的有关标准，将危险源定义为：长期或临时生产、加工、搬运、使用或储存危险物质，且危险物质的数量等于或超过临界量的单元。根据上述危险源的定义，我们知道危险源及产生危险的源泉是导致安全事故的根本原因。它的实质是具有潜在危险的源点或部位，是爆发事故的源头，是能量、危险物质集中的核心，是能量从那里传出来或爆发的地方。危险源存在于确定的系统中，系统范围不同，危险源的区域也不同。例如，从全国范围来说，对于危险行业（如石油、化工等）具体的一个企业（如炼油厂）就是一个危险源。而从一个企业来说，可能某个车间、仓库就是危险源，一个车间系统可能某台设备是危险源。建筑施工危险源主要是指在建筑施工过程中，可能会导致人员伤亡、财产损失以及环境破坏等施工安全事故的潜在不安全因素。由于危险源是导致安全事故的根本原因，所以，通过对建筑施工危险源进行辨识、评价和控制，就成为安全施工组织设计的重要内容。

6.2.1.2 危险源的构成要素

危险源由3个要素构成：

（1）潜在危险性。是指一旦触发事故可能带来的危害程度或损失大小，或者说危险源可能释放的能量强度或危险物质量的大小。能量包括电能、化学能、核能等，危险源的能量强度越大，表明其潜在危险性越大。危险物质主要包括燃烧爆炸危险物质和有毒有害危险物质两大类。前者泛指能够引起火灾或爆炸的物质，如可燃气体、可燃液体、易燃固体、可燃粉尘、易爆化合物、自燃性物质、混合危险性物质等；后者指直接加害于人体、造成人员中毒、致病、致畸、致癌等的化学物质。

（2）危险源的存在条件。是指危险源所处的物理、化学状态和约束条件状态，例如物质的压力、温度、化学稳定性，盛装容器的坚固性，周围环境障碍物等情况。

（3）触发因素。虽然不属于危险源的固有属性，但它是危险源转化为事故的外因，而且每一类型的危险源都有相应的敏感触发因素。如易燃易爆物质，热能是其敏感的触发因素；又如压力容器，压力升高是其敏感触发因素。因此，一定的危险源总是与相应的触发因素相关联。在触发因素的作用下，危险源转化为危险状态，继而转化为事故。触发因素可分为人为因素和自然因素。人为因素包括个人因素（如操作失误、不正确操作、粗心大意、漫不经心、心理因素等）和管理因素（如不正确的管理、不正确的训练、指挥失误、判断决策失误、设计差错、错误安排等）；自然因素是指引起危险源转化的各种自然条件及其变化，如气候条件参数（气温、气压、湿度、大气风速）变化、雷电、雨雪、振动、地震等。

6.2.1.3　建筑施工危险源的特征

（1）隐蔽性。危险源在施工过程中的存在状态具有一定的隐蔽性。造成这一现象的原因主要有两方面，一是因为危险源在施工过程中没有明确地暴露出来，而是潜伏在施工过程的各个环节中，具有较强的潜在性；二是危险源虽然明确地暴露出来，但没有变为现实的危害，从而没有引起人们足够的关注。虽然并不是所有危险源都一定会导致事故的发生，但是，只要有危险源存在，就有可能危及安全，产生安全事故。

（2）突发性。不仅危险源的存在状态具有隐蔽性，而且引发危险源产生安全事故的触发因素也具有较强的隐蔽性，并且具有很强的随机性。危险源的隐蔽性和触发因素的隐蔽性，使得危险源从隐患到爆发的这一过程具有很大的不可预见性，可预警的时间很短，突发性强。同时，由于许多危险源之间会产生因果连锁反应，且同时存在于一个系统中，所以较小的危险源能够在很短的时间内触发重大危险源并导致重大事故的发生。

（3）高度不确定性。由于建筑施工项目规模大、系统复杂等特点，加之危险源本身也复杂多变，隐蔽性强，这就使得对各种危险源在施工过程中的发展变化规律难以做到精确掌握和预测，导致危险隐患产生很大的不确定性。这种不确定性很难用常规性的方法进行判断，其后的发展以及可能涉及的影响也很难用一定的量化计算方法来加以预测和指导。尤其是当安全事故产生后，如果处理不当，将会造成更为严重的后果。

（4）连带性。即危险源的连锁反应。一个系统内的各个危险源之间并不是孤立的，一旦某个危险源引发安全事故，这些安全事故很可能又是其他危险源的触发因素，造成危险源的连锁反应。由于危险源的突发性强，所以一旦发生安全事故后，应急指挥系统和事故当事人之间的协调关系很难当即建立，急救人员、救援物资也很难在短时间内组织起来，也无法杜绝应急处置中产生不当行为，所以极有可能会成为其他现场危险源的触发因素，导致连锁事故产生。

（5）致灾性。建筑施工中的危险源引发的安全事故一般具有灾难性特征。灾难和普通事故的区别主要表现为人员伤亡多，经济损失更为严重，往往会带来很大的负面社会影响。由于建筑工程项目规模大，参与人员多，危险源之间又具有连锁反应，所以一旦发生安全事故，往往会造成重大的经济损失、人员伤亡，并且在社会上造成恶劣影响。

6.2.2　建筑施工危险源的分类

建筑施工系统庞大且复杂，危险源种类繁多，存在形式多种多样。对危险源进行分类，有助于危险源的分析和辨识。目前对于危险源进行分类的标准有许多，不同的分类标准所产生的分类结果也各不相同。但主要有以下3个分类标准。

6.2.2.1　按照危险源在安全事故发生发展过程中的作用分类

（1）第一类危险源。现实世界中充满了能量，即充满了危险源，也即充满了发生事故的危险。根据能量意外释放论，事故是能量或危险物质的意外释放，作用于人体的过量的能量或干扰人体与外界能量交换的危险物质是造成人员伤害的直接原因。于是，把系统中存在的、可能发生意外释放的能量或危险物质称作第一类危险源。

一般地，能量被解释为物体做功的本领。做功的本领是无形的，只有在做功时才显现出来。因此，实际工作中往往把产生能量的能量源或拥有能量的能量载体看作第一类危险源来处理。例如，带电的导体、奔驰的车辆等。

（2）第二类危险源。正常情况下，生产过程中的能量或危险物质受到约束或限制，不会发生意外释放，即不会发生事故。但是，一旦这些约束或限制能量或危险物质的措施受到破坏或失效（故障），就将发生事故。导致能量或危险物质约束或限制措施破坏或失效的各种因素称为第二类危险源。第二类危险源主要包括物的故障、人的失误和环境影响因素。

第二类危险源往往是一些围绕第一类危险源随机发生的现象，它们出现的情况决定事故发生的可能性。第二类危险源出现得越频繁，发生事故的可能性越大。

（3）危险源与事故发生的关联性。一起事故的发生是两类危险源共同作用的结果。第一类危险源的存在是事故发生的前提，没有第一类危险源就谈不上能量或危险物质的意外释放，也就无所谓事故。另一方面，如果没有第二类危险源破坏对第一类危险源的控制，也不会发生能量或危险物质的意外释放。第二类危险源的出现是第一类危险源导致事故的必要条件。

在事故发生发展中，两类危险源相互依存、相辅相成。第一类危险源在事故时释放出的能量是导致人员伤害或财物损坏的能量主体，决定事故后果的严重程度；第二类危险源出现的难易决定事故发生的可能性大小。两类危险源共同决定危险源的危险性。第二类危险源的控制应该在第一类危险源控制的基础上进行。与第一类危险源的控制相比，第二类危险源是一些围绕第一类危险源随机发生的现象，它们的控制更困难。

6.2.2.2 按导致事故和职业危害的原因分类

根据《生产过程危险和危害因素分类与代码》（GB/T 13816—2009）的规定，将生产过程中的危险危害因素分为 4 类。

（1）人的因素：

1）心理、生理性危险和有害因素：

① 负荷超限；

② 健康状况异常；

③ 从事禁忌作业；

④ 心理异常；

⑤ 辨识功能缺陷；

⑥ 其他心理、生理性危险和有害因素。

2）行为性危险和有害因素：

① 指挥错误；

② 操作错误；

③ 监护错误；

④ 其他行为性危险和有害因素。

（2）物的因素：

1）物理性危险和有害因素：

① 设备、设施、工具、附件缺陷；

② 防护缺陷；

③ 电伤害；

④ 噪声；

⑤ 振动危害；

⑥ 电离辐射；

⑦ 非电离辐射；

⑧ 运动物伤害；

⑨ 明火；

⑩ 高温物体；

⑪ 低温物体；

⑫ 信号缺陷；

⑬ 标志缺陷；

⑭ 有害光照；

⑮ 其他物理性危险和有害因素。

2）化学性危险和有害因素：

① 爆炸品；

② 压缩气体和液化气体；

③ 易燃液体；

④ 易燃固体、自燃物品和遇湿易燃物品；

⑤ 氧化剂和有机过氧化物；

⑥ 有毒品；

⑦ 放射性物品；

⑧ 腐蚀品；

⑨ 粉尘与气溶胶；

⑩ 其他化学性危险和有害因素。

3）生物性危险和有害因素：

① 致病微生物；

② 传染病媒介物；

③ 致害动物；

④ 致害植物；

⑤ 其他生物性危险和有害因素。

（3）环境因素：

1）室内作业场所环境不良：

① 室内地面滑；

② 室内作业场所狭窄；

③ 室内作业场所杂乱；

④ 室内地面不平；

⑤ 室内梯架缺陷；

⑥ 地面、墙和天花板上的开口缺陷；

⑦ 房屋地基下沉；

⑧ 室内安全通道缺陷；

⑨ 房屋安全出口缺陷；

⑩ 采光照明不良；

⑪ 作业场所空气不良；

⑫ 室内温度、湿度、气压不适；

⑬ 室内给、排水不良；

⑭ 室内涌水；

⑮ 其他室内作业场所环境不良。

2）室外作业场地环境不良：

① 恶劣气候与环境；

② 作业场地和交通设施湿滑；

③ 作业场地狭窄；

④ 作业场地杂乱；

⑤ 作业场地不平；

⑥ 航道狭窄、有暗礁或险滩；

⑦ 脚手架、阶梯和活动梯架缺陷；

⑧ 地面开口缺陷；

⑨ 建筑物和其他结构缺陷；

⑩ 门和围栏缺陷；

⑪ 作业场地基础下沉；

⑫ 作业场地安全通道缺陷；

⑬ 作业场地安全出口缺陷；

⑭ 作业场地光照不良；

⑮ 作业场地空气不良；

⑯ 作业场地温度、湿度、气压不适；

⑰ 作业场地涌水；

⑱ 其他室外作业场地环境不良。

3）地下（含水下）作业环境不良：

① 隧道/矿井顶面缺陷；

② 隧道/矿井正面或侧壁缺陷；

③ 隧道/矿井地面缺陷；

④ 地下作业面空气不良；

⑤ 地下火；

⑥ 冲击地压；

⑦ 地下水；

⑧ 水下作业供氧不当；

⑨ 其他地下（含水下）作业环境不良。

4）其他作业环境不良：

① 强迫体位；

② 综合性作业环境不良；

③ 以上未包括的其他作业环境不良。

（4）管理因素：

1）职业安全卫生组织机构不健全。

2）职业安全卫生责任制未落实。

3）职业安全卫生规章制度不完善：

① 建设项目"三同时"制度未落实；

② 操作规程不规范；

③ 事故应急预案及响应缺陷；

④ 培训制度不完善；

⑤ 其他职业安全卫生管理规章制度不健全。

4）职业安全卫生投入不足。

5）职业健康管理不完善。

6）其他管理因素缺陷。

6.2.2.3 按照安全事故、职业病类别分类

依照《企业职工伤亡事故分类》（GB 6441—1986），并综合考虑起因物、诱导原因、致害物以及伤害方式等方面的特点，可以将危险源分为以下20类：

（1）物体打击。物体打击是指物体在重力或其他外力作用下产生运动，打击人体造成人身伤亡事故，不包括因机械设备、车辆、起重设备撞击等引发的物体打击。

（2）车辆伤害。车辆伤害是指机动车辆在行驶中引起的人体坠落和物体倒塌、下落、挤压等事故，不包括起重设备提升、牵引车辆和车辆停驶时发生的事故。

（3）机械伤害。机械伤害是指机械设备运动（静止）部件、工具、加工件直接与人体接触引起的夹击、碰撞、剪切、卷入、绞、碾、割、刺等伤害。

（4）起重伤害。起重伤害是指各种起重作业（包括起重机安装、检修、试验）中发生的挤压、坠落（吊具、吊重）、物体打击。

（5）触电。

（6）淹溺。淹溺包括高处坠落淹溺，不包括矿山、井下透水淹溺。

（7）灼烫。灼烫是指火焰烧伤、高温物体烫伤、化学灼伤（酸、碱、盐、有机物引起的体内外灼伤）、物理灼伤（光、放射性物质引起的体内外灼伤），不包括电灼伤和火灾引起的烧伤。

（8）火灾。

（9）高处坠落。高处坠落是指在高处作业中发生坠落造成的伤亡事故，不包括触电坠落事故。

（10）坍塌。坍塌是指物体在外力或重力作用下，超过自身强度极限或因结构稳定性遭到破坏而造成的事故，如挖沟时的土石塌方、脚手架坍塌、堆置物倒塌等，不适用于矿山冒顶片帮和车辆、起重机械爆破引起的坍塌。

（11）冒顶片帮。

（12）透水。

（13）放炮。放炮是指爆破作业中发生的伤亡事故。

（14）火药爆炸。火药爆炸是指火药、炸药及其制品在生产、加工、运输、储存中发生的爆炸事故。

（15）瓦斯爆炸。

（16）锅炉爆炸。

（17）容器爆炸。

（18）其他爆炸。其他爆炸包括化学爆炸（指可燃性气体、粉尘等与空气混合形成爆炸性混合物接触引爆能源时发生的爆炸事故）。

（19）中毒和窒息。中毒和窒息包括中毒、缺氧（窒息、中毒性窒息）。

（20）其他伤害。除上述危险因素外，还有其他伤害因素，如摔、扭、挫、擦、刺、割伤和非机动车碰撞、轧伤等。

此种分类方法所列的危险源与企业职工伤亡事故处理调查、分析、统计、职业病处理及职工安全教育的口径基本一致，也易于接受和理解，便于实际应用。施工现场危险源辨识时对危险源或其造成的伤害的分类多采用这种分类方法。其中高处坠落、物体打击、触电事故、机械伤害、坍塌事故、火灾和爆炸是建筑施工中最主要的事故类型。

6.2.3 建筑施工危险源辨识

6.2.3.1 危险源辨识的概念

危险源在没有触发之前是潜在的，常不被人们所认识和重视，因此需要通过一定的方法进行辨识。危险源辨识的目的就是通过对系统的分析，界定出系统中的哪些部分、区域是危险源，其危险的性质、危害程度、存在状况，危险源能量与物质转化为事故的转化规律、转化条件、触发因素等，以便有效地控制能量和物质的转化，使危险源不至于转化为事故。危险源辨识就是利用科学方法对生产过程中的危险因素的性质、触发因素、可能造成的后果及严重程度等进行分析和研究，并作出科学判断，从而为控制安全事故提供必要、可靠的依据。

危险源辨识就是要通过研究分析来判断系统中存在的可能引起安全事故的危险因素、触发条件以及可能造成的事故损失，并对照相关的法律法规要求和安全管理标准，确定潜在的危险源是否已经得到了有效的控制，是否已经达到了相关的标准要求，从而从源头避免安全事故的发生。

危险源辨识是现代安全管理的核心，是防止安全事故发生的第一步工作。施工现场存在着大量危险源，且形式复杂多样，这给我们对危险源进行辨识带来了困难。但是，对这些危险源进行辨识和分析，是进行施工安全管理的前提。只有首先辨识出施工过程中的各种危险源，并分析其触发条件，才能对这些危险源进行控制和管理，避免危险源引发施工安全事故。

6.2.3.2 危险源辨识的原则

建筑施工现场的危险源种类繁多，存在形式也十分复杂，再加上危险源及其触发因素的隐蔽性，所以对危险源的系统辨识十分困难，这就要求在对危险源辨识的过程中掌握一定的原则，才能避免漏辨、重辨的发生。在对危险源辨识中应遵循以下原则：

（1）科学性原则。危险源的辨识是分辨、识别、分析确定系统内存在的危险，它是预测安全状态和事故发生途径的一种手段。这就要求进行危险源识别时必须有科学的安全理论指导，使之能真正揭示系统安全状况、危险存在的部位和方式、事故发生的途径及其变化规律，并予以准确描述，以定性、定量的概念清楚地表示出来，用严密的合乎逻辑的理论予以解释。

（2）系统性原则。危险源存在于生产活动的各个方面，因此要对系统进行全面、详细的剖析，研究系统与系统以及各自系统之间的相关和约束关系。

（3）全面性原则。辨识危险源时不要发生遗漏，以免留下隐患。要从选址、自然条件、储存运输、生产工艺、生产设备装置、特种设备、公用工程、安全管理系统、制度等各个方面进行分析与识别。

（4）预测性原则。对于危险源，还要分析其触发事件，即危险源出现的条件或设想的事故模式。

6.2.3.3　建筑施工危险源辨识的范围和内容

施工现场危险源辨识活动的范围包括施工作业区、加工区、办公区和生活区；企业机关和基层单位所在的办公场所和生活场所。危险源辨识与评价活动的内容包括5个方面。

（1）对工作场所设施的辨识。包括：①企业机关、基层单位、各部（科）室在辨识小组领导下，负责管辖区域内的办公设施（包括办公室、厂院、楼道等）进行辨识；②行政管理部门和各基层单位相关科室负责对所管辖的生活区域（包括食堂、浴室、俱乐部、宿舍、厕所等）的设施进行辨识，并监督项目部对办公区、生活区的辨识；③项目部辨识小组负责对施工现场的办公区、生活区（包括分包队伍的食堂、宿舍等）、加工区（包括钢筋、木工、混凝土搅拌棚等）、施工作业区（包括"四口"防护、安全通道、作业面的材料码放、架子搭设、临时用电架设等）设施的辨识；④工作场所的设施无论是企业自有的、企业租赁的、分包方自带的、业主提供的等均在辨识的范围内。

（2）对工作场所使用的设备、材料、物资进行辨识。

（3）对常规作业活动进行辨识。按照正常作业计划，项目部按分项、分部工程，对施工作业和加工作业进行辨识和评价。

（4）对非常规作业活动进行辨识。基层单位、项目部未能按照正常作业计划（如抢工期、交叉作业）或冬雨期、夜间施工可能发生的危险源。

（5）对进入施工现场的相关方（分包队伍、合同人员、来访者、供方等）可能发生的危险源进行辨识。

危险源辨识每隔一定时间进行一次，以掌握危险源的动态变化。因此，应制定相应的表格，将辨识结果存档，以供随时调阅参考。

6.2.3.4　建筑施工危险源辨识的方法

危险源辨识方法可以粗略地分为对照法和系统安全分析法两大类。

（1）对照法。与有关的标准、规范、规程或经验相对照来辨识危险源。有关的标准、规范、规程，以及常用的安全检查表，都是在大量实践经验的基础上编制而成的。因此，对照法是一种基于经验的方法，适用于有以往经验可供借鉴的情况。

20世纪60年代以后，国外开始根据标准、法规、规程和安全检查表辨识危险源。例如，美国职业卫生安全局等安全机构制定、发行了各种安全检查表，用于危险源辨识。对照法的最大缺点是，在没有可供参考的先例的新开发系统的场合没法应用，它很少被单独使用。

（2）系统安全分析法。系统安全分析是从安全角度进行的系统分析，通过揭示系统中可能导致系统故障或事故的各种因素以及相互关联来辨识系统中的危险源。系统安全分析方法经常被用来辨识可能带来严重事故后果的危险源，也可用于辨识没有事故经验的系统的危险源。例如，拉氏姆逊教授在没有核电站事故先例的情况下预测了核电站事故，辨识了危险源，并被以后发生的核电站事故所证实。系统越复杂，越需要利用系统安全分析方法来辨识危险源。

6.2.3.5 建筑施工危险源辨识的程序

危险源的辨识不是仅仅需要找出施工过程中的潜在危险源，而且要对危险源的存在条件、触发因素等进行分析，并对危险性进行初步判断。危险源辨识的技术程序如图 6.1 所示。

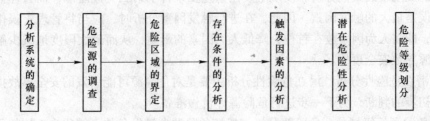

图 6.1 危险源辨识程序

（1）分析系统的确定。进行危险源的辨识，首先需要确定危险源所在的系统范围，如果脱离一个具体的范围对危险源辨识，会使目标过于宽泛，且容易造成工作量过大。在建筑施工危险源辨识中往往将一个建筑工程项目作为一个系统，这个系统就是研究施工项目危险源的特定对象，是危险源所在的总系统。为了全面辨识遍及整个系统内部的所有的活动而没有遗漏，可以通过系统分析的方法，根据危险源的特征，把这个总系统逐级分解成各个子系统，以便于研究的进行。

（2）危险源的调查。对所分析的系统进行调查的主要内容如下：

1）生产设备及材料情况：工艺布置，设备名称、容积、温度、压力，设备性能，设备本质安全化水平，工艺设备的固有缺陷，所使用的材料种类、性质、危害，使用的能量类型及强度等。

2）作业环境情况：安全通道情况，生产系统的结构、布局，作业空间布置等。

3）操作情况：操作过程中的危险，工人接触危险的频度等。

4）事故情况：过去事故及危害状况，事故应急处理方法，故障处理措施。

5）安全防护：危险场所有无安全防护措施，有无安全标志，燃气、物料等使用有无安全措施等。

（3）危险区域的界定。即划定危险源点的范围。首先对系统进行划分，可按设备、生产装置以及设施进行子系统划分，也可按作业单元划分子系统。然后分析每个子系统中存在的危险源点，一般将产生能量或具有能量、物质、操作人员作业空间、产生聚集危险物质的设备、容器作为危险源点。再以源点为核心加上防护范围即为危险区域，这个区域就是危险源的区域。

（4）存在条件分析。对危险源进行存在条件分析，主要针对第一类危险源。由于第一类危险源是固有存在的，在一定触发条件的影响下，这类危险源就可能导致安全事故的发生，因此我们需要从技术层面上对第一类危险源进行分析和处理，使其处在一种安全的状态，或者可以通过采取防护技术措施来提高危险源的触发阈值，降低危险源爆发的可能性，减轻危险源造成安全事故的严重程度，增加系统安全性。

（5）触发因素分析。危险源只有在一定的触发因素影响下，才会导致安全事故的发生。海因里希的事故理论中指出，危险源：触发因素：安全事故的比例为300∶29∶1，这说明触发因素虽然普遍存在并产生作用，但安全事故并没有当场发生，如果触发因素的影响积累到一定程度后，安全事故就会发生。因此，通过对危险源的触发因素进行研究，减少触发因素并对其进行控制，就可以降低安全事故发生的可能性，提高系统的安全水平。通过大量的安全事故案例分析，发现触发因素主要来自于第二类危险源，而管理失误导致的人的失误是最大的触发因素。因此，在进行触发因素分析时，应当将管理失误作为重点进行分析，即将人为因素放在首位，降低人为因素的影响，从而最大限度地减少触发因素诱发危险源导致安全事故。

（6）潜在危险性分析。潜在危险性分析主要是对危险源可能引发的安全事故损失程度进行一个初步的判断，为下一步进行危险源评价做准备。

（7）危险源等级划分。危险源分级一般按危险源在触发条件下转化为事故的可能性大小与发生事故的后果的严重程度划分。危险源分级实质上是对危险源的评价。按事故出现的可能性大小可分为非常容易发生、容易发生、较容易发生、不容易发生、难以发生、极难发生。根据危害程度可分为可忽略、临界的、危险的、破坏性的等级别。也可按单项指标来划分等级。如高处作业根据高差指标将坠落事故危险源划分为4级（一级2～5m，二级5～15m，三级15～30m，特级30m以上）。

6.3　建筑施工中的危险源

6.3.1　建筑施工中常见的危险源

建筑施工危险辨识的方法有系统安全分析法和直接经验法。用系统安全工程的方法进行危险源的辨识称为系统安全分析法。施工现场危险辨识主要采用直接经验法，通过对照有关标准、规范、检查表，依靠辨识评价人员的经验和观察分析能力或采用类比的方法，进行危险源的辨识。比如施工现场安全管理人员在安全检查时，根据《建筑施工安全检查标准》（JGJ 59—2011）进行对照评分，扣分的地方往往是施工现场存在着危险源的地方，这就是一种直接经验法。施工现场危险识别的范围，可根据现行的国家标准、行业规范、操作规程、产品使用说明书上的技术要求及以前一些事故案例，结合施工现场的分部分项工程的施工工艺、方法进行识别。危险源的识别要根据各个工程自身的情况和特点，全面地深入、细化。危险源识别越全面，风险控制就越可靠。建筑施工中常见的危险源有以下9种。

6.3.1.1 物体打击

物体打击是指施工人员在操作过程中受到各种工具、材料、机械零部件等从高空下落造成的伤害，以及各种崩块、碎片、锤击、滚石等对人体造成的伤害，器具、料具反弹等对人体造成的伤害等。建筑工程施工现场的物体打击事故不但直接造成人员伤亡，而且对建筑物、构筑物、设备管线、各种设施等也都有可能造成损害。造成物体打击伤害的主要物体是建筑材料、构件和机具，物体打击事故的常见形式有以下几种：

（1）由于空中落物对人体造成的砸伤；

（2）反弹物体对人体造成的撞击；

（3）材料、器具等硬物对人体造成的碰撞；

（4）各种碎屑、碎片飞溅对人体造成的伤害；

（5）各种崩块和滚动物体对人体造成的伤害；

（6）器具部件飞出对人体造成的伤害。

造成物体打击的原因主要是：进入施工现场人员不戴安全帽或安全帽不合格；在建工程外侧未用密目安全网封闭或安全网不合格；"四口"防护不符合要求等。

一直以来物体打击都是造成施工现场操作人员伤亡的重要原因之一，为此，国家制定发布了不少法规，对防止物体打击事故的发生曾做过许多规定：《建筑施工安全检查标准》（JGJ 59—2011）规定："脚手架外侧挂设密目安全网，安全网间距应严密，外脚手架施工层应设1.2m高的防护栏杆，并设挡脚板。"《建筑施工高处作业安全技术规范》（JGJ 80—1991）规定：施工作业场所有坠落可能的物件，应一律先行撤除或加以固定。拆卸下的物体及余料不得任意乱置或向下丢弃。钢模板、脚手架等拆除时，下方不得有其他操作人员等。

6.3.1.2 高处坠落

建筑施工中的高处作业主要包括临边、洞口、攀登、悬空、交叉等五种基本类型。由于临边与洞口、攀登与悬空作业、操作平台与交叉作业的安全防护不符合规定，可能会引起如下高空坠落事故：

（1）人员从临边、洞口，包括屋面边、楼板边、阳台边、预留洞口、电梯井口、楼梯口等处坠落；

（2）人员从脚手架上坠落；龙门架（井字架）物料提升机和塔吊在安装、拆除过程中坠落；安装、拆除模板时坠落；

（3）结构和设备吊装时坠落。

高处坠落的危险源主要有：临边与洞口的安全防护不符合规定；攀登与悬空作业的安全防护不符合规定；高处作业违反操作规程；操作平台与交叉作业的安全防护不符合规定；作业人员未进行体检等。

6.3.1.3 机械伤害

机械伤害是指施工现场使用的机械在作业过程中对操作者造成伤害。引发机械伤害的危险源主要是机械设施设备的防护装置不齐全，如平刨、圆锯、手持电动工具、钢筋机械、电焊机、搅拌机、打桩机械、推土机、装载机、挖掘机等的防护设施不齐全，无证使用以及违反操作规程进行施工。

6.3.1.4 起重伤害

起重伤害是指各种起重作业中发生的挤压、坠落物体打击和触电。起重伤害的危险源包括：吊装时吊点、吊具不合理，钢丝绳剁切位置变化，未戴护目镜，卷扬机启、制动不平稳；构件凸棱部位绑扎未衬垫；卡子未按规定设置；指挥信号不明确；起重机无超高、力矩限位器和吊钩保险装置等。

6.3.1.5 触电

触电类伤害主要发生在电气设备维修、停送电操作、焊接作业等施工作业过程中。建筑施工工地临时用电比较多，容易发生触电伤害。建筑施工工地可能引起触电事故的危险源有：导线损坏、老化；导线与机械设备的连接处松动；起重机械臂杆或其他导电物体与高压线路间的距离不符合规定；挖掘作业损坏埋地电缆；电动设备漏电；雷击；拖带电线机具电线绞断、破皮漏电；自然因素导致短路等引起的伤害，非用电人员违章作业；电工没有经过培训无证上岗等。

6.3.1.6 坍塌

坍塌是建筑物或构筑物在建造过程中或投入使用期间发生的坍塌并引起人员伤害和财产损失的意外事件。现浇混凝土梁、板的模板支撑失稳倒塌、基坑边坡失稳引起土石方坍塌、拆除工程中的坍塌、施工现场的围墙及在建工程屋面板质量低劣坍落。坍塌事故的主要危险源有：土方工程中的边坡不具备放坡条件，且无支撑或坡度不符合规定；掏挖或超挖；坑边 1m 范围内堆土；坑边堆土高度超过 1.5m；雨季施工无排除坑内积水措施；挖土工人操作间距小于 1.5m；堆置物不按要求随意堆放；支撑物不牢；坑内积水没有及时处理等。

6.3.1.7 火灾

建筑施工过程中引发火灾的危险源有：电器和电缆；违章用火和乱扔烟头；电、气焊作业时周边可燃物没有移开；爆炸、雷击引起的火源；自然和其他因素等。

6.3.1.8 爆炸

可能引发爆炸事故的危险源有：工程爆破措施不当；雷管、火药和其他易燃易爆物资管理不当；施工中的电火花和其他明火引燃易爆物；易燃易爆物品没有按规定运输、存放和使用；易燃易爆区内擅自动火等。

6.3.1.9 中毒和窒息

引发中毒和窒息的危险源有：一氧化碳、亚硝酸盐、沥青及其他有毒有害化学品；变质或不卫生的食物、水；夏季施工作业环境中的高温、高湿等天气因素等。

以上危险源是施工项目中的常见危险源，这些危险源都是安全事故隐患比较突出的环节，在施工作业过程中必须认真辨识并对其采取有效控制措施，以杜绝安全事故的发生。

6.3.2 建筑施工中较大危险工程

（1）基坑（槽）开挖与支护、降水。开挖深度超过 2.5m（含 2.5m）的基坑、开挖深度超过 1.2m（含 1.2m）的基槽（沟），或基坑开挖深度未超过 2.5m、基槽开挖深度未超过 1.2m，但因水文条件或周边环境，需要对基坑（槽）进行支护和降水的基坑（槽）；采用爆破方式开挖的基坑（槽）。

（2）人工挖孔桩、沉井、沉箱，地下暗挖工程。

（3）模板工程。各类工具式模板工程，包括滑模、爬模、大模板等；水平现浇混凝土构件模板支撑系统高度超过4.5m，或跨度超过18m，施工总荷载大于10kN/m，或集中线荷载大于15kN/m的高大模板支撑系统；或支撑在预制构件上，施工荷载大于预制构件设计荷载的模板支撑系统工程；特殊结构模板工程。

（4）起重吊装工程。物料提升设备、塔吊、施工电梯等建筑施工起重设备安装、拆卸工程；各类吊装工程。

（5）脚手架工程。高度超过24m的落地式钢管脚手架、木脚手架；附着式升降脚手架，包括整体提升与分片式提升；悬挑式脚手架；门型脚手架；挂脚手架；吊篮脚手架；卸料平台。

（6）拆除、爆破工程。采用人工、机械拆除或爆破拆除的工程。

（7）其他危险性较大的工程：建筑幕墙（含石材）的安装工程；预应力现场结构张拉工程；隧道工程、围堰工程、架桥工程；电梯物料提升等特种设备安装；网架、索膜及跨度超过5m的大跨结构安装；2.5m（含2.5m）以上的边坡工程；采用新技术、新工艺、新材料对施工安全有影响的工程。

6.3.3　建筑施工中危险部位

（1）安全网的具体悬挂部位；楼梯口、电梯井口、预留洞口、通道口、尚未安装栏杆的阳台周边、无外架防护的层面周边、框架工程楼层周边、上下跑道及斜道的两侧边、卸料平台侧边。

（2）施工专线工程临时用电线路铺设及三级配电（总配电房、二级配电箱和末端开关箱）的设置；可能遭受雷击的设备设施和部位；可能出现地基沉陷的设备设施；可能出现带电、漏电的设备、机具设施和施工作业活动。施工现场及毗邻周边存在的高压线、沟崖、高墙、边坡等地段。

（3）高度大于2m作业面的具体部位；外脚手架需要垂直防护的部位；施工现场及周边的人员通道、入口部位，施工现场人员密集作业场所。

（4）施工现场易燃易爆物品存放部位；施工现场防火防爆的重点部位。

（5）需要采取水平防护措施的井道、脚手架、洞口的部位；进料口、卸料、上料平台的部位；施工现场临时搭设的建筑设施。

（6）在堆放与搬（吊）运等过程中可能发生高空坠落、堆放散落、撞击人员和架体等情况的工程材料、构（配）件设备设施；物料提升设备、塔吊、施工电梯、危险性较大的施工机具。

6.4　建筑施工危险源评价

6.4.1　安全评价概述

6.4.1.1　安全评价的目的

安全评价的目的是查找、分析和预测工程及系统中存在的危险和有害因素，分析这些因素可能导致的危险、危害后果和程度，提出合理可行的安全对策措施，指导危险源的监控和事故的预防，以达到最低事故率、最少损失和最优的安全投资效益，具体包括以下 4 个方面：

（1）促进实现本质安全化。通过安全评价，系统地从工程、设计、建设、运行等过程对事故和事故隐患进行科学分析，针对事故和事故隐患发生的各种可能原因事件和条件，提出消除危险的最佳技术措施方案，特别是从设计上采取相应的措施，实现生产过程的本质安全化，做到即使发生误操作或设备故障，系统存在的危险因素也不会因此导致重大事故发生。

（2）实现全过程安全控制。在设计之前进行安全评价，可避免选用不安全的工艺流程和危险的原材料以及不合适的设备、设施，或当必须采用时，提出降低或消除危险的有效方法。设计之后进行评价，可查出设计中的缺陷和不足，及早采取改进和预防措施。系统建成后运行阶段进行的系统安全评价，可了解系统的现实危险性，为进一步采取降低危险性的措施提供依据。

（3）建立系统安全的最优方案，为决策者提供依据。通过安全评价，分析系统存在危险源及其分布部位、数目，预测事故发生的概率、事故严重度，提出应采取的安全对策措施等，决策者可以根据评价结果选择系统安全最优方案和管理决策。

（4）为实现安全技术、安全管理的标准化和科学化创造条件。通过对设备、设施或系统在生产过程中的安全性是否符合有关技术标准、规范以及相关规定进行评价，对照技术标准和规范找出其中存在的问题和不足，以实现安全技术、安全管理的标准化和科学化。

6.4.1.2　安全评价的意义

建筑施工安全评价不但成为建设工程项目建设中必需的一项工作，也是预防和控制施工伤亡事故的重要手段。建筑施工安全评价的意义在于：

（1）建筑安全监督部门对施工现场按施工阶段进行安全评价，有利于了解施工现场及施工企业安全管理基础的真实情况，及早发现薄弱环节，使企业领导和施工现场管理者对存在的可能引发事故的危险因素心中有数，为决策下一步安全生产工作提供依据，使施工管理的部署有明确的目标和方向。

（2）有利于防范措施的制定及贯彻落实。通过安全评价确定整改项目，落实整改措施，消除了一批不安全因素，从而推动整改措施的全面落实。

（3）安全评价是一次全面、规范的安全大检查，可克服盲目性，对建筑施工中易发生伤亡事故的主要环节、部位和工艺等的完成情况进行综合考评，设置评分项，可克服检查中的随意性，规范安全检查的内容及要求，保障安全评价的全面性。

（4）有利于业务培训。安全性评价的标准及项目是采用安全系统工程原理，结合建筑施工中伤亡事故规律，依据国家《建筑工程安全检查标准》及有关法律法规、标准和规程编制的。评价能使施工企业现场操作人员熟悉标准、规章制度及现场应急措施等。因此，安全评价的过程，也是管理人员学习技术、提高业务水平的操练过程。

（5）有利于各级责任制的落实。包括规章制度、上级办法的文件执行情况检查，便于及时修订不合理的规章制度。

6.4.1.3　建筑施工危险源评价的特点

建筑施工危险源评价的一般过程是：辨识建筑产品生产活动中的危险性和危险源、评价风险、采取措施，直至达到安全指标。与传统的安全分析和安全管理相比，建筑施工危险源评价的主要特点是：

（1）确立建筑施工安全系统的观点。建筑施工安全系统往往由诸多子系统构成，为了保证系统的安全，必须研究每一个子系统易引发事故的原因和危险性。评价是以整个系统的安全为目标，不能孤立地对子系统进行研究和分析，应从全局的观点出发。

（2）开发事故预测技术。建筑施工危险源评价的目的是预先发现和识别可能导致施工伤亡事故发生的危险因素，以便在事故发生之前采取措施，消除、控制这些因素，防止事故发生。

（3）对安全做定量描述。建筑施工危险源评价对建筑施工安全各项工作做定量化分析，把建筑施工安全从抽象的概念转化为数量指标，为建筑施工安全管理、施工伤亡事故预测和选择最优化方案提供了科学依据。

6.4.2 建筑施工危险源评价的原则和程序

6.4.2.1 建筑施工危险源评价的原则

建筑施工危险源评价是关系到被评价项目能否符合国家规定的安全标准，能否保障劳动者安全与健康的关键性工作。由于这项工作不但具有较复杂的技术性，而且还有很强的政策性，所以，要做好这项工作，必须以被评价项目的具体情况为基础，以国家安全法规及有关技术标准为依据，用严肃的科学态度、认真负责的精神、强烈的责任感和事业心，全面、仔细、深入地开展和完成评价任务。在建筑施工危险源评价工作中必须自始至终遵循政策性、科学性、公正性和针对性原则。

（1）政策性。建筑施工危险源评价是国家以法规形式确定下来的一种安全管理制度。政策、法规、标准是安全施工评价的依据，政策性是建筑施工危险源评价工作的灵魂。

（2）科学性。为保证建筑施工危险源评价能准确地反映被评价项目的客观实际和结论的正确性，在开展建筑施工危险源评价的全过程中，必须依据科学的方法、程序。以严谨的科学态度全面、准确、客观地进行工作，提出科学的对策措施，做出科学的结论。

（3）公正性。评价结论是评价项目的决策依据、设计依据、能否安全运行的依据，也是国家安全生产监督管理部门在进行安全监督管理的执法依据。因此，对于建筑施工危险源评价的每一项工作都要做到客观和公正，既要防止受评价人员主观因素的影响，又要排除外界因素的干扰，避免出现不合理、不公正。

（4）针对性。进行建筑施工危险源评价时，首先应针对被评价项目的实际情况和特征，收集有关资料，对系统进行全面的分析；其次要对众多的危险、有害因素及单元进行筛选，对主要的危险、有害因素及重要单元应进行有针对性的重点评价，并辅以重大事故后果和典型案例进行分析、评价；最后要从实际的经济、技术条件出发，提出有针对性的、操作性强的对策措施，对被评价项目做出客观、公正的评价结论。

6.4.2.2 建筑施工危险源评价的内容

安全评价是一个利用安全系统工程原理和方法识别和评价系统、工程生产经营活动存在的风险的过程，这一过程包括危险、有害因素的识别和危害程度评价两部分。建筑施工安全评价也包括危险性识别和危险度评价两大部分，危险、有害因素识别的目的在于识别危险来源；危险和危害程度评价的目的在于确定来自危险源的危险性、危险程度，应采取的控制措施，以及采取控制措施后仍然存在的危险性是否可以被接受。在实际评价过程中，这两个方面是不能截然分开、孤立进行的，而是相互交叉、相互重叠于整个评价过程工作中。

6.4.2.3　建筑施工危险源评价的程序

建筑施工危险源评价的程序如图 6.2 所示。

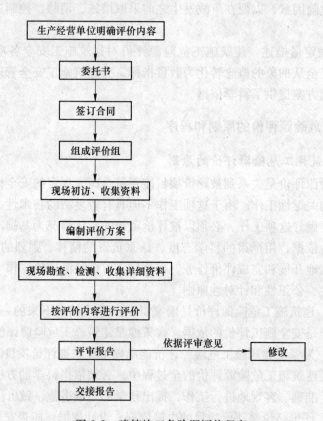

图 6.2　建筑施工危险源评价程序

6.5　安全技术措施

根据安全评价的结果，找出了在建筑施工现场存在的危险源及其危害后果，如何在施工中避免事故的发生，这就需要采取相应的安全对策措施。施工安全技术措施，即"技术的安全措施"，是保证施工现场安全和作业安全，防止事故和职业病危害，从技术上采取的措施，也即是说为安全而采用的技术措施。安全技术措施在建筑施工安全生产中可以改善劳动条件、消除危险隐患、减少事故发生，并可能解除工人精神上的紧张状态、增加安全感、促进施工生产的发展，所以建筑企业应从全局出发，编制年度或长期的安全技术和各分项工程安全技术措施。施工安全技术措施是安全施工组织设计（施工方案）的重要组成部分，在建筑工程安全生产过程中具有重要意义。建筑企业项目经理部应针对项目的规模、结构、特点、环境、技术含量、施工风险，特别是资源配置等进行施工安全策划，编制具体化、有针对性的施工安全技术措施。施工安全技术措施的编制要点如下：

（1）安全技术措施的编制依据。施工安全技术措施的编制，必须依据国家颁布的有关劳动保护法规、政策及相应的施工方法、劳动组织、场地环境、气候条件等主客观条件和相应的安全法规、标准。

（2）安全技术措施的编制时间。施工安全技术措施的编制，要在开工前进行，并要经过上级部门审批，应有较充分的时间做准备，保证各种安全设施的落实。对于在施工过程中各工程部位发生变更等情况变化，安全技术措施也必须及时相应补充完善，并做好审批手续。

（3）专项安全技术措施的编制。施工安全技术措施是所有的建筑工程的施工组织设计（施工方案）不可缺少的组成部分。对于结构复杂、施工特性多的特殊工程，如吊装、爆破、水下、深坑、支模、拆除等，除采用一般的安全技术措施外，还须编制单项安全技术措施。

（4）施工安全技术措施的针对性。编制安全技术措施的人员，要深入施工现场进行认真调查，掌握第一手资料，这是编制安全技术措施的必要条件。一定要有针对性，针对不同的施工方法，如立体交叉作业、滑模、大模板施工等可能给施工带来不安全因素，从安全技术上采取措施，保证安全施工；针对工程项目的特殊需求，补充相应的安全操作规程或措施；针对施工场地及周围环境可能给施工人员或周围居民带来的危害，以及材料、设备运输带来的困难和不安全因素，从安全技术上采取措施，给予保证；针对使用的各种机械设备、变配电设施给施工人员可能带来的危险因素，从安全保障装置等方面采取安全技术措施加以防范；针对不同工程的特点可能造成施工的危害，从安全技术上采取措施，消除危险，保证施工安全；针对施工中有毒、有害、易燃、易爆等作业可能给施工人员造成的危害，从安全技术上采取防护措施，防止伤害事故；针对采用新工艺、新技术、新设备、新材料施工的特殊性制订相应的安全技术措施。安全技术措施要与主体工程同步计划、同步实施。

（5）施工安全技术措施的可操作性及指导性。安全技术措施应根据工程实际情况制订，力求具体明确，切实可行。对施工各专业、工种、施工各阶段、交叉作业等编制有针对性的安全技术措施，力求细致、全面、具体，施工总平面布置的安全技术要求应考虑建筑材料、机械设备与结构、坑、槽的安全距离，加工场地、施工机械的位置应满足使用、维修的安全距离，油料及其他易燃、易爆材料库房与其他建筑物的安全距离，电气设备、变配电设备、输配电线路的位置、距离等安全要求，配置必要的消防设施、装备、器材，确定控制和检查手段、方法、措施。

6.5.1 临时用电安全技术措施

施工现场临时用电指由施工现场临时用电工程提供电力，专供建筑施工的用电。其特点是具有明显的临时性、移动性和露天性。在建筑施工中电能有着巨大作用，施工中每一个环节和过程都离不开电力。但是电又对人们构成一定的威胁，触电可能造成人员伤亡，电气事故还可能毁坏用电设备和（或）引起火灾。由于临时用电大多是露天作业和潮湿作业环境，加之建筑施工队伍中临时用工多，专业分工各异，从而使建筑施工用电安全问题更加突出。因此在施工过程中要加强临时用电技术管理工作，采取有效的安全技术措施来确保用电人员和设备安全。

6.5.1.1 变配电设备的安全技术

施工现场电源，大多是取用施工现场以外的外电线路的电力。不管如何取用电源，所有现场用电都要经过变配电系统加临时变电所、配电室或总配电箱进行电力分配。变配电系统是建筑工地的动力枢纽，其运行正常与否，直接影响着整个建筑工地的生产和安全。

（1）临时变电所的安全要求。变电所应用耐火材料建造，房门应向外开，符合消防要求；变电所应有通风散热的下方通道与上方的排气孔，风道与排气孔应用铁网封上，以防小动物进入；变电所房门应上锁，并挂有"高压危险"的警告牌。

（2）配电室的安全要求。配电室应尽量靠近负荷中心，进出线方便，且便于电气设备搬运；应尽量设在污染源上风侧；尽量避开多尘、振动、高温、潮湿等不良环境；应避免设在容易积水的地方。配电室的门窗应满足自然通风采光，并防止小动物进入；配电室的屋面应有防雨隔层及可靠的防水、排水措施；配电室的耐火等级应不低于三级，室内不得存放易燃、易爆物品，并应配置砂箱、灭火器等绝缘灭火器材。

（3）架空线路的安全要求。架空线路由导线、绝缘子、横担、电杆组成。架空线路必须采用绝缘导线。架空线路档距和弧垂、架空导线的最小截面、架空线的相序排列，以及架空线与外界的安全距离等均应符合相关规范要求。

（4）架空电杆。架空线必须通过绝缘子和横担架设在专用电杆上，电杆可用水泥杆或木杆，但必须完好，木杆梢径不得小于 130mm。电杆埋深一般应为杆长的 1/10 加 0.6m，在松软土质处适当加大埋深或用卡盘加固。架空线路不得架设在树木、脚手架或破损电杆上。

（5）电缆线路安全技术要求。电缆线路可以直接埋地敷设。但其埋设地点应保证电线不受机械损伤、化学腐蚀和热能辐射，并应尽量避开建筑物和交通要道；电缆埋地深度应不小于 0.6m，并在电缆上下各均匀铺设不小于 50mm 厚的细砂，然后覆盖砖等硬质保护层；电缆穿越建筑物、构筑物等易受机械损伤的场所应加防护套管；橡皮电缆架空敷设时，应沿墙壁或电杆设置，并用绝缘线绑扎牢固，严禁用金属裸线绑扎。架设高度应保证最大弧垂距地不小于 2.5m。电缆在高层建筑垂直敷设时，应充分利用在建工程的竖井、孔洞，且其固定点每层楼不得少于一处；电缆在在建工程内水平敷设宜沿墙或门口固定，其最大弧垂距地不得小于 1.8m。

（6）室内配线的安全技术要求。室内配线由导线、绝缘支持物及固定配件组成，配线方式分为明装和暗装两种。为保证其运行安全可靠应符合如下要求：应避免弯曲而取直，导线的额定电压应大于线路的正常工作电压，导线的绝缘应符合线路的安全方式和敷设的环境条件。导线的截面应满足供电容量和机械强度要求，铝线截面应不小于 2.5mm^2，铜线截面应不小于 1.5mm^2，导线的连接和分支处，不应承受机械力的作用，并应尽量减少接头；线路应尽量避开热源的影响，否则要采取隔热措施；水平配线线路距地面高度不得小于 2.5m，线路对地绝缘电阻应不小于 1000Ω。

（7）配电箱与开关箱的安全技术要求。为实现对临时用电的安全技术管理，保障临时用电系统运行安全可靠，现场配电箱与开关箱的设置应遵循以下两个原则：

1）配电箱分级设置。现场设总配电箱，以下设分配电箱，再设开关箱，最后到用电设备。

2) 动力和照明配电箱分路设置。为保障现场可靠照明，防止动力和照明互相干扰，动力配电箱与照明配电箱宜分路或分别设置。

配电箱与开关箱应设置在干燥、通风、常温、无热源烘烤、无液体浸溅处，无瓦斯、蒸汽、烟气及其他有害介质，无外力撞击和强烈振动处；并应防雨、防尘。

所有配电箱与开关箱均应编号，并标记名称、用途、分路标记，以防误操作。送电的正确操作程序为：总配电箱→分配电箱→开关箱。停电顺序正好相反。

6.5.1.2 施工现场照明的安全要求

施工现场照明主要是由现场施工活动决定的，其设置要根据现场视觉的性质为工作面提供良好的视看条件。在坑洞内作业，以及夜间施工或自然采光差的场所、作业厂房、料具堆放场、道路、仓库、办公室、食堂、宿舍等，均应设置照明。现场照明应采用高光效、长寿命的照明光源。大面积照明场所应采用高压汞灯、高压钠灯或混合卤钨灯。照明器材选择应符合以下要求：正常湿度时，应选用开启式照明器；在有大量灰尘但无火灾爆炸物质的场所，选用防尘型照明器；对有爆炸和火灾的危险场所，选用防爆型照明器；在振动较大的场所，选用防振型照明器；在酸碱腐蚀场所，选用耐酸碱型照明器。

照明装置的安全要求：照明灯具的金属外壳必须做保护接零，单相回路的照明开关箱内必须设漏电保护器，室外灯具距地不得低于 3m，室内灯具距地不得低于 2.5m，路灯的每个灯具应单独装设熔断器保护，灯头线应做防水弯。荧光灯管应用管座固定或用吊链，悬挂的镇流器不得安装在易燃的结构物上。钠、铊、铟等金属卤化物灯具的安装高度应在 5m 以上，灯线应在接线柱上固定，不得靠近灯具表面。投光灯的底座应安装牢固，按需要的光轴将枢轴拧紧固定。电器、灯具的相线必须经开关控制，不得将相线直接引入灯具。障碍照明时应设红色信号灯。

6.5.1.3 预防触电的安全技术措施

触电事故各种各样，但常见的是偶然触及正常时不带电而意外带电的导体。建筑施工中预防触电的主要安全技术措施有：采用安全电压，保证电气设备的绝缘性能，采用屏护、保证安全间距，合理选用电气线路敷设方式，装设漏电保护装置和保护接地、保护接零等。

（1）安全电压。安全电压是为防止触电事故而采用的由特定电源供电的电压系列，按国家有关标准规定，安全电压额定值的等级为 42V、36V、24V、12V、6V。当电气设备采用的电压超过 24V 时，必须采取预防人直接接触带电体的保护措施。

（2）保证电气设备的绝缘性能。绝缘是用绝缘物将带电体封闭起来，使之不能对人身安全产生威胁。一般使用的绝缘物有瓷、云母、橡胶、胶木、塑料、布、纸、矿物油等。

（3）采用屏护装置。屏护装置就是由遮栏、护罩、护盖、箱盒等把带电体同外界隔绝开来，控制不安全因素，减少触电可能性。屏护装置可分为永久性屏护装置，临时性屏护装置，固定屏护装置，遮栏、栅栏等屏护装置。

（4）保证安全距离。保证安全距离是为了防止人体触及和接近带电体，避免车辆或其他工具碰撞或过分接近带电体，以及防止火灾、过压放电和各种短路事故。在带电体与地面之间，带电体与带电体之间，均应保持一定的安全距离。距离大小由电压的高低、设备的类型和安装方式决定。在建工程（含脚手架）的外侧边缘与架空线路的边线之间最小安全距离见表6.2。

表 6.2   在建工程的外侧边缘与架空线路之间的最小距离

外电线路电压/kV	1 以下	1~10	35~110	154~220	330~500
最小安全操作距离/m	4	6	8	10	15

（5）合理选用电气线路敷设方式。在干燥少尘的环境中，可采用开启式和封闭式；在潮湿环境中，可采用封闭式；在腐蚀性气体环境中，必须采用密封式；在易燃、易爆的危险环境中，采用防爆式。

（6）装设漏电保护器。漏电保护器即漏电开关，是一种对电的间接接触保护电器，它在电气设备绝缘故障（漏电）情况下进行触电保护。此外，在其他保护措施失效时，漏电保护器可作为直接接触的补充保护。

（7）保护接地。在电力系统中，因漏电保护需要，将正常情况下不带电的设备金属外壳、基座、构架等接地，称为保护接地。保护接地，适用于三相三线制中性点不直接接地的电力系统中。保护接地的效果在很大程度上取决于接地装置的安全可靠性，所以接地装置应符合下列要求：要有足够的强度；有足够的埋设深度，一般不应小于400mm，在寒冷地区，任何接地体都必须在冰冻线以下；能防腐蚀，接地体与建筑物间距一般不应小于1.5m，接地体与避雷针的接地体之间的地下距离不应小于3m。

（8）保护接零。保护接零，就是把电气设备正常时不带电的导电部分与电网的零线连接起来，以防止人体触电事故。保护接零一般用于低压中性点直接接地、电压380/220V的三相四线电网中。

6.5.2 脚手架工程安全技术措施

脚手架是为建筑施工而搭设的上料、堆料与施工作业的临时结构架。脚手架是建筑施工中不可缺少的临时设施。比如砌筑砖墙、浇筑混凝土、墙面的抹灰、装饰和粉刷、结构构件的安装等，都需要在其近旁搭设脚手架，以便在其上进行施工操作、堆放施工用料和必要时的短距离水平运输。

脚手架虽然是随着工程进度而搭设的，工程完毕就拆除，但它对建筑施工速度、工作效率、工程质量以及工人的人身安全有着直接的影响，如果脚手架搭设不及时，势必会拖延工程进度；脚手架搭设不符合施工需要，工人操作就不方便，质量得不到保证，工效也提不高；脚手架搭设不牢固、不稳定，就容易造成施工中的伤亡事故。因此，对脚手架的选型、构造、搭设质量等绝不可疏忽大意轻率处理。

为确保建筑施工用脚手架的安全，在施工过程中应严格执行《建筑施工扣件式钢管脚手架安全技术规范》（JGJ 130—2011）、《建筑施工门式钢管脚手架安全技术规范》（JGJ 128—2010）、《建筑施工工具式脚手架安全技术规范》（JGI 202—2010）、《建筑施工碗扣式脚手架安全技术规范》（JGJ 166—2008）、《建筑施工竹脚手架安全技术规范》（JGJ 254—2011）和《建筑施工木脚手架安全技术规范》（JGJ 164—2008）等标准和规范。此外还应符合下述基本安全要求。

6.5.2.1 基本安全技术要求

脚手架工程安装基本安全技术要求有：

（1）脚手架搭设前，必须制订施工方案和搭设的安全技术措施。

（2）脚手架搭设或拆除人员必须由按劳动部颁发的《特种作业人员安全技术培训考核管理规定》进行培训，经考核合格，领取《特种作业人员操作证》的专业架子工进行。

（3）脚手架与高压线路的水平距离和垂直距离必须符合规范规定。

（4）当遇大雾及雨、雪天气和六级以上大风时，不得进行脚手架上的高处作业。雨、雪天后作业时，必须采取安全防滑措施。

（5）脚手架搭设作业时，应按形成基本构架单元的要求逐排、逐跨和逐步地进行搭设，矩形周边脚手架宜从其中的一个角部开始向两个方向延伸搭设；确保已搭部分稳定。

（6）在架上作业人员应穿防滑鞋和佩挂好安全带，脚下应铺设必要数量的脚手板，并应铺设平稳，且不得有探头板。

（7）架上作业人员应做好分工和配合，不要用力过猛，以免引起人身或杆件失衡。

（8）作业人员应佩戴工具袋，工具用后装于袋中，不要放在架子上，以免掉落伤人。

（9）架设材料要随上随用，以免放置不当时掉落。

（10）在搭设作业进行中，地面上的配合人员应避开可能落物的区域。

（11）在脚手架上进行电气焊作业时，应有防火措施。

（12）除搭设过程中必要的1—2步架的上下外，作业人员不得攀登脚手架上下，应走房屋楼梯或另设安全人梯。

（13）钢管脚手架的高度超过周围建筑物或在雷暴较多的地区施工时，应安设防雷装置。其接地电阻应不大于4Ω。

（14）较重的施工设备（如电焊机等）不得放置在脚手架上。

6.5.2.2 材料的要求

脚手架工程对材料的要求有：

（1）脚手架用钢管。应有产品质量合格证，必须涂有防锈漆并严禁打孔。

（2）扣件。采用可锻造铸铁制作的扣件，其材质应符合现行国家标准《钢管脚手架扣件》（GB 15831—2006）的规定。新扣件必须有产品合格证；旧扣件使用前应进行质量检查，有裂缝、变形的严禁使用，出现滑丝的螺栓必须更换。

（3）脚手板。脚手板可采用钢、木两种材料，每块重量不宜大于30kg。

1）冲压型钢脚手板，必须有产品质量合格证。板长度为1.5~3.6m，厚2~3mm，肋高5mm，宽23~25mm，其表面锈蚀斑点直径不大于5mm，并沿横截面方向不得多于3处。脚手板一端应压连接卡口，以便铺设时扣住另一块的端部，板面应冲有防滑圆孔。

2）木脚手板应采用杉木或松木制作，其长度为2~6m，厚度不小于50mm，宽230~250mm，不得使用有腐朽、裂缝、斜纹及大横透节的板材。两端应设直径为4mm的镀锌钢丝拉两道。

（4）安全网。宽度不得小于3m，长度不得大于6m，网眼不得大于100mm，必须使用维纶、锦纶、尼龙等材料，严禁使用损坏或腐朽的安全网和丙纶网。密目安全网只准做立网使用。

6.5.2.3　脚手架拆除的安全技术要求

具体要求如下：

（1）脚手架拆除人员必须由符合《特种作业人员安全技术培训考核管理规定》并参加考试取得《特种作业人员操作证》的专业架子工进行。

（2）拆除前的准备工作应符合下列规定：

1）应全面检查脚手架的扣件连接、连墙件、支撑体系等是否符合构造要求；

2）应根据检查结果补充完善施工组织设计中的拆除顺序和措施，经主管部门批准后方可实施；

3）应由单位工程技术人员向操作的架子工进行安全技术交底，要注意轻拿轻放，严禁扔、摔、砸、撞，以防脚手架变形，影响使用；

4）应清除脚手架上的杂物及地面的障碍物。

（3）拆除脚手架时应符合下列要求：

1）应由上而下按层按步地拆除（即先搭后拆），严禁上下同时作业，其拆除程序是先拆护身栏、脚手板和横向水平杆，再依次拆剪刀撑的上部扣件和接杆；

2）连墙件必须随脚手架逐层拆除，严禁先将连墙件整层或数层拆除后再拆除脚手架；

3）分段拆除高差不宜大于2步，如果高差大于2步，应增加连墙件加固；

4）当脚手架拆至下部最后一根长立杆（约6.5m）时，应先在适当位置搭设临时支撑加固后，再拆除连墙件；

5）当脚手架采取分段、分立面拆除时，对不拆除的脚手架两端，应按《建筑施工扣件式脚手架钢管脚手架安全技术规范》的规定设置连墙件和横向斜撑加固；

6）拆除全部剪刀撑、抛撑以前，必须搭设临时加固斜支撑，预防架倾倒。

（4）拆脚手架杆件，必须由2~3人协同操作，拆纵向水平杆时，应由站在中间的人向下传递，严禁向下抛掷。

（5）拆除作业区的周围及进出口处，必须派专人瞭望，严禁非作业区人员进入危险区域，拆除大片架子应加临时围栏。作业区内电线及其他设备有妨碍时，应事先与有关部门联系拆除、转移或加防护。

（6）附着升降脚手架的拆卸工作必须按照专项施工组织设计及安全操作规范的要求进行。拆除工作前应对施工人员进行安全技术交底，拆除时应有可靠的防止人员与物料坠落的措施，严禁抛扔物料。

（7）拆除桥架时，横桥、立柱均应按顺序自上而下拆除，平稳落地，不准随意扔下。立柱的拆除严禁采用一次放倒的办法进行。拆下的零部件要保持完好，运到指定地点，按规格型号分类码放整齐，交机具部门验收保管。

6.5.3　基坑工程安全技术措施

6.5.3.1　基坑开挖安全技术措施

基坑工程开工前，都要编制土方工程施工方案，其内容包括施工准备、开挖方法、放坡、排水、边坡支护等，边坡支护应根据相关规范要求进行设计，并有设计计算书。

（1）挖土前根据安全技术交底了解地下管线、人防及其他构筑物情况和具体位置。地下构筑物外露时，必须进行加固保护。作业过程中应避开管线和构筑物。在现场电力、通信电缆 2m 范围内和现场燃气、热力、给排水等管道 1m 范围内挖土时，必须在主管单位人员监护下采取人工开挖。

（2）开挖槽、坑、沟深度超过 1.5m，必须根据土质和深度情况按安全技术交底放坡或加可靠支撑，遇边坡不稳、有坍塌危险征兆时，必须立即撤离现场，并及时报告施工负责人，采取安全可靠排险措施后，方可继续挖土。

（3）槽、坑、沟必须设置人员上下坡道或安全梯。严禁攀登固壁支撑上下，或直接从沟、坑边壁上挖洞攀登爬上或跳下。间歇时，不得在槽、坑坡脚下休息。深基坑四周应设防护栏杆。

（4）挖土过程中遇有古墓、地下管道、电缆或其他不能辨认的异物和液体、气体时，应立即停止作业，并报告施工负责人，待查明处理后，再继续挖土。

（5）槽、坑、沟边 1m 以内不得堆土、堆料、停置机具。堆土高度不得超过 1.5m。槽、坑、沟与建筑物、构筑物的距离不得小于 1.5m。开挖深度超过 2m 时，必须在周边设两道牢固护身栏杆，并立挂密目安全网。

（6）人工开挖土方时，两人横向间距不得小于 2.5m，纵向间距不得小于 3m。严禁掏洞挖土，掏底挖槽；用挖土机施工时，挖土机的工作范围内不得有人进行其他工作，多台机械同时开挖时应验算边坡的稳定性。根据规定和计算确定挖土机离边坡的安全距离。挖土机间距应大于 10m，挖土要自上而下逐层进行，严禁先挖坡脚的危险作业。

（7）钢钎破冻土、坚硬土时，扶钎人应站在打锤人侧面用长把夹具扶钎，打锤范围内不得有其他人停留。锤顶应平整，锤头应安装牢固。钎子应直且不得有飞刺。打锤人不得戴手套。

（8）从槽、坑、沟中吊运送土至地面时，绳索、滑轮、钩子、箩筐等垂直运输设备、工具应完好牢固，起吊、垂直运送时，下方不得站人。

（9）配合机械挖土清理槽底作业时，严禁进入铲斗回转半径范围。必须待挖掘机停止作业后，方准进入铲斗回转半径范围内清土。

（10）夜间施工时，应合理安排施工项目，防止挖方超挖或铺填超厚。施工现场应根据需要安设照明设施，在危险地段应设置红灯警示。

（11）挖土方前对周围环境要认真检查，不能在危险岩石或建筑物下面进行作业。

（12）基坑开挖应严格按要求放坡，操作时应随时注意边坡的稳定情况，如发现有裂纹或部分塌落现象，要及时进行加固处理（支撑或改缓放坡），并注意支撑的稳固和边坡的变化。

（13）运土道路的坡度、转弯半径应符合有关规定。

（14）上方爆破时应遵守爆破作业的有关规定。

6.5.3.2 基坑支护施工安全技术措施

A 基坑支护形式

（1）当地质情况良好、土质均匀、地下水位低于基坑（槽）底面标高时，可不加支撑。这时的边坡方坡最陡坡度应按表6.3的规定确定。

表6.3 深度在5m以内（包括5m）的基坑（槽）边的最大坡度

土 的 类 别	边坡坡度（高∶宽）		
	坡顶无荷载	坡顶有静载	坡顶有动载
中密的沙土	1∶1.00	1∶1.25	1∶1.50
中密的碎石类、土（充填物为黏性土）	1∶0.75	1∶1.00	1∶1.25
硬塑的轻亚黏土	1∶0.67	1∶0.75	1∶1.00
中密的碎石类土（充填物为黏性土）	1∶0.50	1∶0.67	1∶0.75
硬塑的亚黏土、黏土	1∶0.33	1∶0.50	1∶0.67
老黄土	1∶0.10	1∶0.25	1∶0.33
软土（经井点降水后）	1∶1.00		

注：静载指堆土或材料等，动载指机械挖土或汽车运输作业等。静载或动载距挖方边缘的距离应在1m以外，堆土或材料堆积高度不应超过1.5m。

（2）坑（槽）不放边坡，垂直挖深高度规定：

1）如果无地下水或地下水位低于基坑（槽）底面且土质均匀时，土壁不加支撑的垂直深不宜超过表6.4的规定。

表6.4 基坑（槽）土壁垂直挖深规定

土 的 类 别	深度/m
密实、中密的沙土和碎石类土（充填物为沙土）	1.00
硬塑、可塑的轻亚黏土及亚黏土	1.25
硬塑、可塑的黏土和碎石类土（充填物为黏性土）	1.50
坚硬的黏土	2.00

2）当天然冻结的速度和深度，能确保挖土时的安全操作，对于4m以内深度的基坑（槽）开挖时可以采用天然冻结法垂直开挖而不加设支撑。但对于干燥的沙土则应严禁采用冻结法施工。

3）黏性土不加支撑的基坑（槽）最大垂直挖深可根据坑壁的重量、内摩擦角、坑顶部的布荷载及安全系数等进行计算。

（3）对于基坑深度在5m以内的边坡支护有很多种形式，这里列举8种常见方法，见表6.5。

表6.5 浅基础支撑形式

支撑名称	适 用 范 围	支 撑 方 法
间断式水平支撑	能保持直立的干土或天然湿度的黏土类土，深度在2m以内	两侧挡土板水平放置，用撑木加木楔顶紧，挖一层土支顶一层
断续式水平支撑	挖掘湿度小黏性土及挖土深度小于3m时	挡土板水平放置，中间留出间隔，然后两侧同时对称立上竖木方，再用工具式横撑上下顶紧

支撑名称	适用范围	支撑方法
连续式水平支撑	挖掘较潮湿的或散粒的土及挖土深度小于 5m 时	挡土板水平放置，相互靠紧，不留间隙，然后两侧同时对称立上竖方木，上下各顶一根撑木，端头加木楔顶紧
连续式垂直支撑	挖掘松散的或湿度很高的土（挖土深度不限）	挡土板垂直放置，然后每侧上下各水平放置木方一根，用撑木顶紧，再用木楔顶紧
锚拉支撑	开挖较大基坑或使用较大型的机械挖土，而不能安装横撑时	挡土板水平顶在柱桩的内侧，柱桩一端打入土中，另一端用拉杆与远处锚桩拉紧，挡土板内侧回填土
斜拉支撑	开挖较大基坑或使用较大型的机械挖土，而不能采用锚拉支撑时	挡土板水平钉在柱桩的内侧，柱桩外侧由斜撑支牢，斜撑的底端只顶在撑桩上，然后在挡土板内侧回填土
短柱横隔支撑	开挖宽度大的基坑，当部分地段下部放坡不足时	打入小短木桩，一半露出地面，一半打入地下，地上部分背面钉上横板，在背面填土
临时挡土墙支撑	开挖宽度大的基坑，当部分地段下部放坡不足时	坡角用砖、石叠砌或用草袋装土叠砌，使其保持稳定

（4）深度超过 5m 以上的基坑称为深基坑，其支护方法常用的有如下几种类型，见表 6.6。

表 6.6 深坑基础支撑形式

支撑名称	适用范围	支撑方法
钢构架支护	在软弱土层中开挖较大、较深基坑，而不能用一般支护方法时	在开挖的基坑周围打板桩，在柱位置上打入暂设的钢柱，在基坑中挖土，每下挖 3～4m，装上一层幅度很宽的构架式横撑，挖土在钢构架网络中进行
地下连续墙支护	开挖较大较深，周围有建筑物、公路的基坑，作为复合结构的一部分，或用于高层建筑的逆作法施工，作为结构的地下连续墙	在开挖的基槽周围，先建造地下连续墙，待混凝土达到强度后，在连续墙中间用机械或人工挖土，直至要求深度。对跨度、深度不大时，连续墙刚度能满足要求的，可不设内部支撑，用于高层建筑地下室逆作法施工时，每下挖一层，把下一层梁板、柱浇筑完成，以此作为连续墙的水平框架支撑，如此循环作业，直到地下室的底层全部挖完，浇筑完成
地下连续墙锚杆支护	开挖较大较深（大于 10m）的大型基坑，周围有高层建筑物，不允许支护有较大变形，采用机械挖土，不允许内部设支撑时	在开挖的基槽周围，先建造地下连续墙，在墙中间用机械开挖土方，至墙杆部位，用锚杆钻机在要求位置钻孔，放入锚杆，进行灌浆，等达到设计强度，装上锚杆，然后继续下挖至设计深度，如设有 2～3 层锚杆，每挖一层装一层锚杆，采用块高砂浆灌浆。在开挖的基坑周围，用钻机钻孔，现场灌注钢筋混凝土桩，待达到强度后，在中间用机械或人工挖土，下挖 1m 左右，装上横撑，在桩背面已挖沟槽内拉上锚杆，并将它固定在已预先灌注的锚桩上拉紧，然后继续挖土至设计深度，在桩中间土方挖成向外拱形。使其起土拱作用，如邻近有建筑物，不能设置锚拉杆，则采取加密桩距或加大桩径的方法来处理

支撑名称	适 用 范 围	支 撑 方 法
挡土护坡桩与锚杆结合支撑	大型较深基坑开挖，邻近有高层建筑物，不允许支护有较大变形时	在开挖基坑的周围钻孔，浇筑钢筋混凝土灌注桩，达到强度，在桩中间沿桩垂直挖土，挖到一定深度，安上横撑，每隔一定距离向桩背面斜下方用锚杆钻机打孔，在孔内放钢筋锚杆，用水泥压力灌浆，达到强度后，拉紧固定，在桩中间进行挖土直至设计深度。如设两层锚杆，可挖一层土，装设一次锚杆
板桩中央横顶支撑	开挖较大、较深基坑，板桩刚度不够，又不允许设置过多支撑时	在基坑周围先打板桩或灌注钢筋混凝土护坡桩，然后在内侧放坡挖中央部分土方到坑底，先施工中央部分框架结构至地面，然后再利用此结构作支撑，向板桩支水平横顶梁，再挖去放坡的土方，每挖一层，支一层横顶梁，直至坑底，最后建造靠近板桩部分的结构
板中央斜顶支撑	开挖较大、较深基坑，板桩刚度不够，坑内又不允许设置过多支撑时	在基坑周围先打板桩或灌注护坡桩，在内侧放坡开挖中央部分土方至坑底，并先灌注好中央部分基础，再从这个基础向板桩上方支斜顶梁，然后再把放坡的土方逐层挖除运出，每挖去一层支一道斜顶撑，直至设计深度，最后建靠近板桩部分地下结构
分层板桩支撑	开挖较大、较深基坑，当主体与裙房基础标高不等而又无重型板桩时	在开挖裙房基础，周围先打钢筋混凝土板桩或钢板支护，然后在内侧普遍挖土至裙房基础底标高。再在中央主体结构基础四周打二级钢筋混凝土板桩，或钢板桩挖主体结构基础上土方，施工主体结构至地面。最后施工裙房基础，或边继续向上施工主体结构边分段施工裙房基础

除以上支撑方式外还有土层锚杆和挡土墙。

B　基坑支护的安全技术要求

（1）基坑开挖遇有下列情况之一时，应设置坑壁支护结构：

1）因放坡开挖工程量过大而不符合技术经济要求；

2）因附近有建（构）筑物而不能放坡开挖；

3）边坡处于容易丧失稳定的松散土或饱和软土；

4）地下水丰富而又不宜采用井点降水的场地；

5）地下结构的外墙为承重的钢筋混凝土地下连续墙。

（2）基坑支护结构，应根据开挖深度、土质条件、地下水位、邻近建（构）筑物、施工环境和方法等情况进行选择和设计。大型深基坑可选用钢木支撑、钢板桩围堰、地下连续墙、排桩式挡土墙、旋喷墙等作结构支护，必要时应设置支撑或拉锚系统予以加强。在地下水丰富的场地，宜优先选用钢板桩围堰、地下连续墙等防水较好的支护结构。

（3）采用钢（木）坑壁支撑时，应随挖随撑，且加以撑牢。坑壁支撑宜选用正规材料，木支撑应采用松木或杉木，不宜采用杂木条。随着土压力的增加，支撑结构将发生变形，故应经常注意检查，如有松动、变形现象时，应及时进行加固或更换。加固方法可用三角木楔打紧受力较小的横撑，或增加立木及横撑等。在雨季或化冻期更应加强检查。

（4）钢（木）支撑的拆除，应按回填次序进行。多层支撑应自下而上逐层拆除，随拆随填。拆除支撑时，应防止附近建筑物和构筑物等产生下沉和破坏，必要时采取加固措施。

（5）采用钢（木）板桩、钢筋混凝土预制桩或灌注桩做坑壁支撑时，应符合下列要求：

1）应尽量减少打桩时产生的振动和噪声对邻近建筑物、构筑物、仪器设备和城市环境的影响；

2）桩的制作、运输、打桩或灌注桩的施工安全要求应按相关规范的有关要求执行；

3）当土质较差，开挖后土可能从桩间挤出时，宜采用啮合式板桩；

4）在桩附近挖土时，应防止桩身受到损伤；

5）采用钢筋混凝土灌注桩时，应在桩的混凝土强度达到设计强度等级后，方可挖土；

6）拔除桩后的孔穴应及时回填和夯实。

（6）采用钢（木）板桩、钢筋混凝土桩作坑壁支撑并加设锚杆时，应符合下列要求：

1）锚杆宜选用螺纹钢筋，使用前应清除油污和浮锈，以便增强粘结的握裹力和防止发生意外；

2）锚固段应设置在稳定性较好的土层或岩层中，长度应大于或等于设计规定；

3）钻孔时不得损坏已有的管沟、电缆等地下埋设物；

4）施工前应做抗拔试验，测定锚杆的抗拔拉力，验证可靠后，方可施工；

5）锚固段应用水泥砂浆灌注密实；

6）应经常检查锚头紧固和锚杆周围的土质情况。

（7）采用旋喷或定喷的防渗墙做基坑开挖的支护时，应事先提出施工方案，旋喷注浆的施工安全应符合下列要求：

1）施钻前，应对地下埋设的管线调查清楚，以防地下管线受损发生事故；

2）高压液体和压缩机管道的耐久性应符合要求，管道连接应牢固可靠，防止软管破裂、接头断开，导致浆液飞溅和软管甩出的伤人事故；

3）操作人员必须戴防护眼镜，防止浆液射入眼睛内，如有浆液射入眼睛时，必须进行充分冲洗，并及时到医院治疗；

4）使用高压泵前，应对安全阀进行检查和测定，其运行必须安全可靠；

5）电动机运转正常后，方可开动钻机，钻机操作必须专人负责；

6）应有防止高压水或高压浆液从风管中倒流进入储气罐的安全措施；

7）施工完毕或下班后，必须将机具、管道冲洗干净。

（8）采用锚杆喷射混凝土作深基坑开挖的支护结构时，其施工安全和防尘措施，应符合下列要求：

1）施工前，应认真进行技术交底，应认真检查和处理锚喷支护作业区的危石。施工中应明确分工，统一指挥。

2）施工机具应设置在安全地带，各种设备应处于完好状态，张拉设备应牢靠，张拉时应采取防范措施，防止夹具飞出伤人。机械设备的运转部位应有安全防护装置。

3）在Ⅳ、Ⅴ类围岩中进行锚喷支护施工时，应遵守下列要求：锚喷支护必须紧跟工作面；应先喷后锚，喷射混凝土厚度不应小于50mm；喷射作业中，应有专人随时观察围岩变化情况；锚杆施工宜在喷射混凝土终凝3h后进行。

4）施工中，应定期检查电源电路和设备的电器部件；电器设备应设接地、接零，并由持证人员安装操作，电缆、电线必须架空，严格遵守《施工现场临时用电安全技术规范》（JGJ 46—2012）中的有关规定，确保用电安全。

5）锚杆钻机应安设安全可靠的反力装置。在有地下承压水地层中钻进，孔口必须安设可靠的防喷装置，一旦发生漏水、涌沙时能及时堵住孔口。

6）喷射机、水箱、风包、注浆罐等应进行密封性能和耐压试验，合格后方可使用。喷射混凝土施工作业中，要经常检查出料弯头、输料管、注浆管和管路接头等有无磨薄、击穿或松脱现象，发现问题，应及时处理。

7）处理机械故障时，必须使设备断电、停风。向施工设备送电、送风前，应通知有关人员。

8）喷射作业中处理堵管时，应将输料管顺直，必须紧按喷头防止摆动伤人，疏通管路的工作风压不得超过0.4MPa。

9）喷射混凝土施工用的工作台应牢固可靠，并应设置安全护栏。

10）向锚杆孔注浆时，注浆罐内应保持一定数量的砂浆，以防罐体放空，砂浆喷出伤人。

11）非操作人员不得进入正在进行施工的作业区。施工中，喷头和注浆管前方严禁站人。

12）施工前操作人员的皮肤应避免与速凝剂、树脂胶泥直接接触，严禁树脂胶接触明火。

13）钢纤维喷射混凝土施工中，应采取措施，防止钢钎维扎伤操作人员。

6.5.4　模板工程安全技术措施

模板通常由模板面、支承结构、连接配件三部分组成。模板工程的安全技术主要是保证模板本身具有足够的强度与稳定；保证安装和使用中的安全稳定；保证在拆除过程中不发生意外坍塌，保证在施工中尽量不发生物体打击和高处坠落的事故。

6.5.4.1　模板结构体系的安全稳定

模板及支架的材质应满足相应施工规范的规定要求。特殊情况下的模板及支架，应根据工程结构形式、荷载大小、地基土类别、施工设备和材料供应等条件进行设计计算，并绘制配模图，指导施工。

模板支撑底部用的垫木应坚固、刚硬，并能承受最大的预定荷载而无沉陷或错位现象。荷载作用于垫木时，要避免使塔架和垫木倾翻。支承垫木的地基土，其设计荷载应由工地技术负责人确定；当支承在回填土或扰动土上时，应根据具体情况，认真核定作用在模板上的荷载。

所有支撑设备应在安装前认真检查，已损坏的支撑和设备不得使用。焊接的钢框架支撑有过度生锈、弯曲、凹痕，在原工厂焊接点以外重焊、焊接开裂或其他缺陷者，不应使用。扣件式钢管支撑，所有管子和扣件有过度生锈、弯曲、凹痕或其他缺陷者，不应使用；扣件有变形、破裂、螺纹损伤（或错位）也不得使用。可调式单立柱木支撑强度设计值应根据试验确定，所用木材按其尺寸、等级、品种和支撑高度来确定其强度设计值。木材有劈裂、切口、截面脱开、腐杇或其他结构性能损伤者，不应使用。

为了保证支撑侧向稳定，应设置一定的撑杆。除特殊规定外，所有垂直支撑设备应当在两个方向都保持竖直。垂直线偏差，每米高不超过3mm，每10m高不得大于20mm。

模板的施工应符合钢筋混凝土施工验收规范的要求。对已承受荷载的支撑设备，在未经工地技术人员批准前，不得放松或拆除。

6.5.4.2 模板安装和使用安全要求

安装模板时，高度在 2m 及其以上，应遵守高处作业安全技术规范的有关规定。遇有恶劣天气，如降雪、降雨、大雾及六级以上大风时，应停止露天高处作业。五级及以上风力时，不宜进行预拼大块模板、台模等大件模具的露天吊装作业。楼层高度超过 4m 或二层（及以上）建筑物安装模板时，周围应设安全网，并搭设安装模板的脚手架和加设防护栏杆。在临街及交通要道地区，应设警示牌，并设专人监护，严防伤及行人。高处作业人员应通过专用电梯上下通行，严禁攀登模板、支撑杆件、绳索等上下，也不得在高处的墙顶、独立梁或在其模板上行走。模板处的预留孔洞、电梯井口等处，应加盖或设防护栏杆，必要时应在洞口处设安全网，防止操作人员坠落或物体伤人。不得将模板或支承件支搭在门窗框上。也不得将脚手板支搭在模板或支承件上，应将模板及支承件与脚手架或操作平台分开，不能分开时，必须采取防止施工操作振动引起模板变形的措施。在高处支模时，脚手架或工作台上临时堆放的模板不宜超过 3 层，连同堆放的配件、机具和施工操作人员的总荷载，不得超过脚手架或工作台的设计控制荷载。冬季施工时，组合钢模板不宜采用电热法加热混凝土。在架空输电线路下面安装模板时，应停电作业；若不能停电时，应有隔离防护措施。

6.5.4.3 模板拆除安全措施

拆模时，混凝土强度必须达到一定要求。如混凝土没有达到规定的强度要提前拆模时，必须经过计算，确认此强度能够拆模时，才能拆除。

拆模的顺序和方法，应按照配板设计的规定进行。如配板设计无规定时，可采用先支后拆、后支先拆，先拆非承重模板、后拆承重模板的方法，严格遵守从上而下的原则进行拆除。拆模时应注意以下几个问题：

（1）拆除 4m 高以上模板，应搭脚手架，并设防护栏杆。高处拆模时，应有专人指挥，并在下面标出警戒区，暂停人员过往，也不得在一个垂直面上同时进行交叉作业。

（2）拆除模板时，不许站于正在拆除的模板上；拆除楼板模板时，还要防止整块模板突然掉下；拆除支撑时，拆模人员要站在门窗洞口外拉支撑，以防模板突然掉落而伤人。

（3）混凝土板上的预留洞，应在模板拆除后用有标志的盖板盖好。

（4）拆模中应将已活动的模板、支撑等临时固定牢靠，以免误踏或坠落伤人。

（5）拆下的模板要及时整理、运走，不得乱推乱放，更不允许大量堆放于脚手架上。

6.5.5 起重吊装安全技术措施

起重机械是一种以间歇作业方式对物料进行起升、下降和水平移动的搬运机械。起重机械的作业通常带有重复循环的性质，一个完整的作业循环一般包括取物、起升、平移、下降、卸载等环节。经常启动、制动、正反向运动是起重机械的基本特点。为了保证建筑施工过程中起重吊装的安全，在施工中要严格执行《建筑施工起重吊装工程安全技术规范》（JGJ 276—2012）的要求，特别是以下几种起重吊装设备。

6.5.5.1 塔式起重机安全技术措施

塔式起重机即塔吊，是现代工业与民用建筑主要施工机械之一，特别在高层建筑中更具有优势。塔式起重机的塔身较高，突出的大事故是"倒塔"、"折臂"以及在拆装作业时发生"摔塔"等，事故大部分因超载、违章作业及安装不当等引起。国家规定塔式起重机必须设有安全保护装置，否则不得出厂使用。

塔式起重机种类很多，安全保护装置有以下几种。

（1）起升高度限位器。用来防止起重钩起升过度而碰坏起重臂的装置。可使起重钩在接触到起重臂头部之前，起升机构自动断电并停止工作。常用的限位器有两种形式：一是安装在起重臂头端附近，二是安装在起升卷筒附近。

（2）幅度限位器。用来限制起重臂在仰俯时不得超过极限位置的装置。一般情况下，起重臂与水平面的夹角最大为60°~70°，最小为10°~20°。可在起重臂俯仰到一定限度之前发出警报，当达到限定位置时，则自行切断电源。

（3）小车行程限位器。设于小车变幅式起重臂的头部和根部，包括终点开关和缓冲器，用来切断小车牵引机构的电路，防止小车越位而造成伤亡事故。

（4）大车行程限位器。包括设于轨道两端尽头的止动缓冲装置和止动钢轨，以及装在起重机行走台车上的终点开关。用来防止起重机脱轨。

（5）夹轨钳。装设于行走底架（或台车）的金属结构上，用来夹紧钢轨，是防止起重机在大风情况下被风力吹动滑行的装置。

（6）起重量限制器。用来限制起重机钢丝绳单根拉力的一种安全保护装置。根据构造不同，可装在起重臂根部、头部、塔顶以及浮动的起重机架附近等多种位置。

（7）起重力矩限制器。当起重机在某一工作幅度下与起吊载荷接近，达到该幅度下的额定载荷时发出警报进而切断电源的一种装置。用来限制起重机在起吊重物时所产生的最大力矩不得超过该塔机所允许的最大起重力矩。

（8）吊钩保险装置。在吊钩的开口处装设一个只能向内开不能向外开的装置，将开口封闭，使吊物钢丝绳在吊运过程中不会从开口处溜出，起到保险作用。

（9）卷筒保险装置。在卷扬机的鼓筒上，装一个用钢筋制作的套，使它不但不影响钢丝绳的活动和排列，而且能让钢丝绳在排列过程中不会溜出鼓筒之外。

塔式起重机在使用时，必须严格按照使用规定。路基和轨道铺设要符合以下要求：路基土的承载能力中型塔机为 $8~12t/m^2$，重型塔机为 $12~16t/m^2$，轨距偏差不得超过其名义值 0.1%，在纵横方向上钢轨顶面的倾斜度不大于 0.1%；两条轨道的接头必须错开，钢轨接头间隙在 $3~6mm$ 之间，接头处应架在轨枕上，两端高差不大于2mm；距轨道终端1m处必须设置极限位置阻挡器，其高度不小于行走轮半径；路基旁应开挖排水沟；起重机在施工期间内，每周或雨后应对轨道基础检查一次，发现不符合规定时，应及时调整。起重机安装后，在无荷载情况下，塔身和地面的垂直度偏差值不得超过 0.3%。在起重机塔身上不得挂标语牌。

6.5.5.2　龙门架与井字架

龙门架是以地面卷扬机为动力，由两根支柱与天梁和地梁构成门式架体的物料提升机。井字架是以地面卷扬机为动力，由型钢或扣件钢管组成井式架体的物料提升机。无论是龙门架还是井字架，在使用时都应设置以下安全设施。

（1）停层的制动装置。当吊盘在某楼层停靠时，工人要上去卸料。如此时发生钢丝绳断裂或卷扬机抱闸失灵等情况时，吊盘就会下落，在上面的工人也会随之坠落而造成伤亡事故。为防止这类事故，就要装设防止吊盘坠落的装置，即停层的制动装置。

（2）超高限位装置。吊盘向上运行到极限位置时，就应停止运行，否则就会冲出天梁，发生冒顶事故。为防止事故发生，必须装设超高限位装置，使吊盘达到极限位置时自动停车。

（3）缆风绳。龙门架和井字架凡高度达 10～15m 的要设一组缆风绳（4～6 根），每增高 10m，再加设一组。在搭设时应先设临时缆风绳，待固定缆风绳设置稳妥后，再拆除临时缆风绳。缆风绳和地面角度为 45°～60°，要单独牢固地挂在地锚上，并用花篮螺丝调节松紧。缆风绳必须采用钢丝绳，不能使用钢筋、麻绳、棕绳和 8 号铅丝。

（4）安全网。井架离地面 5m 以上，四周除卸料口外，应使用安全网或其他材料封闭；上料口的上方要搭设防护棚，防止吊盘上物料坠落伤人。

6.5.5.3 卷扬机

卷扬机是建筑施工中应用最多，结构又最简单的一种起重机械。它既可与龙门架配套使用，又可作为大型起重机械主要工作机构的动力装置。

卷扬机的种类很多，主要有电动快速、电动慢速和手动三种。按其卷筒数目的不同分为单卷筒和双卷筒两种。卷扬机在使用时必须遵循以下安全技术规程：

（1）安装时，基座必须平稳牢固。设置地锚防止滑移，并搭设工作棚。要有防雨措施。操作人员操作位置应设在离起吊处 15m 以外，且能看清指挥人员和起吊物件。

（2）工作前应检查卷扬机与地面固定情况、防护设施、电气线路、制动装置及钢丝绳等，全部合格后方可开始工作。钢丝绳不允许有结节、弯曲、缠绕现象。钢丝绳的断丝或断股超过规定要求时应更换。钢丝绳应润滑良好，端部固定可靠。

（3）卷筒上的钢丝绳应排列整齐。如发现重叠、斜绕或紊乱等，应停机重新排列。严禁在机器转动时用手拉或脚踩钢丝绳，任何人不得跨越正在工作的钢丝绳。

（4）在卷扬机的手制动器和脚制动器的行程内，不得有障碍物。

（5）重物提升后，操作人员不得擅离岗位。休息或断电时，应将重物放下，切断电源。

（6）为确保安全，当重物位于最低位置时，卷筒上的钢丝绳也不能全部放出，至少保留三圈的余量。

（7）使用中如发现异常响声，制动不灵，卷筒、制动带、带式离合器及轴承等处温度急剧上升时，必须及时停机检查，排除故障后方可继续工作。

6.6 建筑工地文明施工

6.6.1 文明施工的实施措施

6.6.1.1 根据国家对工程项目的具体要求，确定文明施工的管理目标

根据国家、地方、行业等关于现场施工管理的有关法律、法规文件和管理办法，结合实际工程项目的设计、施工情况以及有关重要施工程序的要求，确定各个不同阶段的文明施工管理目标。如在基础施工阶段，必须根据基础施工的具体方案来制订文明施工的实施目标，如现场施工的先后程序、机械摆放的位置及进出要求、泥土外运和泥浆排放的时间方式要求、机械振动及噪声的控制，等等，都必须制订切实有效的管理目标，以便及时控制和检查。

6.6.1.2　建立文明施工的组织机构，健全各项文明施工的管理制度

（1）建立以项目经理为责任中心，以各承包者和各职能小组负责人为成员的现场文明施工领导班子，其中应包括主管生产的负责人、技术负责人以及质量、安全、材料、消防、环卫和保安等职能部门的负责人或工作人员。

（2）健全各项文明施工的管理制度，如个人岗位责任制、经济责任制、奖惩制度、会议制度、专业管理制度、检查制度、资料管理制度，等等。

（3）明确各级领导及相关职能部门和个人文明施工的责任和义务，从思想上、行动上、组织上、管理上、计划上和技术上重视起来，切实提高现场文明施工的质量和水平。

6.6.1.3　建立文明施工的行为标准

（1）施工现场对人的行为的管理。虽然施工现场湿作业较多，泥沙和灰尘大，道路及工作条件差，但是应该尽可能地保持衣着整洁，并符合安全防护要求。如正确配戴安全帽和手套、穿工作服和工作鞋等防护用具。这些对现场工作人员的基本要求，不仅能够保护劳动者的安全，而且能够使劳动者尽快进入紧张而严肃的工作状态，对于达到施工技术要求有着积极的作用。

如果对施工现场生产人员的衣着不作任何要求，一方面分不清工地的闲杂人员，给现场的安全管理带来难度；另一方面，对于提高工作效率不能起促进作用。尤其在炎热的夏天、寒冷的冬天和气候发生异常变化的时候，会大大降低施工速度。

语言是人们表达思想意图，并进行交流的最直接、最快捷的工具。如果不能（或忽视）运用文明语言，不仅不能表达正确的思想意图，而且粗鲁的或不文明语言还会导致职工之间误会的产生或矛盾的激化，造成严重的后果。

现场施工管理虽然有明确的操作规程和要求，但仍然存在着大量的需要用语言去说明、解释和协调内容，如技术要求、质量要求、材料变更、时间调整、机械安排、人员调动，等等，只有使用文明的语言才能使工作各方友好交流、缓和矛盾、增进理解，达到预期的目的。

（2）施工现场布置合理，物料堆放有序，便于施工操作。

1）按施工平面布置图设置各项临时设施，堆放大宗材料、成品、半成品和机具设备，不得占用场内道路及安全防护设施使用面积。

2）施工机械应当按照施工平面图规定的位置和线路设置，不得任意侵占场内道路。施工机械进场必须经过安全检查，经检查合格后，方能使用，施工机械操作人员必须建立机组责任制，并依照有关规定持证上岗，禁止无证人员操作。

3）施工现场道路保持畅通，排水系统处于良好的使用状态，使施工现场不积水，污水排放要符合市政和环保要求。

4）严格按照施工组织设计架设施工现场的用电线路，严禁任意拉线接电；用电设施的安装和使用必须符合安装规范和安全操作规程的要求。

5）设置夜间施工照明设施，必须符合施工安全的要求；危险潮湿场所的照明以及手持照明灯具，必须采用符合安全要求的电压。

（3）优化施工现场的场容场貌。

1）施工现场必须设置明显的标牌，标明工程项目名称、建设单位、设计单位、监理

单位、施工单位、项目经理和施工现场总代表人的姓名，开工、竣工日期，施工许可证批准文号等。

2）施工现场的管理人员在施工现场应按总、分包单位佩戴证明其身份的证卡，着装和安全帽的颜色也应有所区别，便于识别。

3）在车辆、行人通行的地方施工，必须事前提出申请，经批准后，方能进行，并应当设置沟井坎穴覆盖物和施工标志。

4）施工现场的大门场地和砂、石等零散的材料堆场应尽可能使地面硬化。经常清理建筑垃圾，以保持场容场貌的整洁。

5）施工现场大门和围墙除了要符合施工现场安全保卫工作外，其设计还应符合城市的市容要求，并且反映本企业形象。

6）施工现场的工地办公室、食堂、宿舍和厕所等工作生活、设施，要符合卫生、通风、照明等要求。职工的膳食、饮水供应等符合饮食卫生要求。

6.6.2 施工中的环境保护

由于建筑施工工地的施工大型机械和车辆多来往频繁、人员多且关系复杂、施工时间长等，对周围环境有很大程度的影响。因此，现场施工的环境保护问题不仅仅关系到现场施工范围内，而且还关系到施工现场周围的情况；关系到城市居民的生活、工作和学习等各项活动；关系到城市发展的历史、文化、经济等各个方面，必须引起广泛重视。

（1）施工现场环境保护的实施措施。

1）施工现场的废物垃圾要及时清理，按环保要求运至指定的地点。

2）施工现场的作业面要保持清洁，道路要稳固通畅，保证无污物和积水。

3）对于有些易产生灰尘的材料要制订切实可靠的措施，如水泥、细砂等的保管和使用，等等，需要做防尘处理和密封存放。

4）工程机械、设备和车辆进出施工场地的堵漏、覆盖等防污处理和冲洗制度。

5）工地污水的排放要做到生活用水和施工用水分离，符合市政和市容处理要求。

6）减少施工工地用的机械、设备等所产生的噪声、废气、废液。

7）对于工程安全防护设施，要经常检查维护，防止由于施工条件的改变或气候的变化而影响其安全性。

（2）施工现场的环境保护。施工现场周围的环境保护问题涉及城市社会、经济各个方面，应该引起人们的广泛重视。

1）不得随意占用或破坏与施工现场周围相邻的土地、道路、绿地以及各种公共设施场所；也不能影响人们的进出通行的道路和正常的活动范围。

2）不得随意损坏或影响市政公共设施，如电线、电缆、各种管道、雨污水管、垃圾装置、路灯、公用电话和广告牌等的使用，尤其注意在大型机械设备进出时或使用时所产生震动而导致的破坏。

3）严禁由于现场施工，对相邻建筑、构筑物和道路产生影响和破坏，如在高层建筑基础施工时常常会造成周围房屋和道路产生裂缝或破坏。在制订基础工程的施工方案时，必须充分考虑工程地条件、周围房屋和道路的具体情况，科学合理地确定基础工程的实施方案，尽量减少对周围环境的影响。

4）在工程施工过程中，重视附近已有文物的保护工作，遵守地方政府或文物管理部门的法律法规，同时对现场施工人员广泛地进行法制宣传；如对现场周围的寺庙、古建筑、墓碑、牌坊，等等，须制定切实可靠的文物保护措施。

5）在工程施工过程中，还必须重视地下文物（未挖掘）的保护工作。要教育施工人员，地下文物为国家财产，应该爱护文物和保护文物，发现文物要及时报告有关文物管理部门，以防地下文物的流失和损坏。

6.7 建筑施工安全事故的应急与救援

在任何建筑施工活动中都有可能发生事故，尤其是随着现代建筑业的发展，施工中存在巨大的能量和有害物质，一旦发生重大事故，往往造成惨重的生命、财产损失和环境破坏。由于自然或人为、技术等原因，当事故或灾害不可能完全避免的时候，建立重大事故应急救援体系，组织及时有效的应急救援行动，已成为抵御事故风险或控制灾害蔓延、降低危害后果的关键甚至是唯一的手段。

建筑企业生产安全事故应急预案在应急系统中起着关键作用，它明确了在突发事故发生之前、发生过程中以及刚刚结束之后，公司、分公司、项目部各级谁负责做什么、何时做，以及相应的策略和资源准备等。它是针对可能发生的重大事故及其影响和后果的严重程度，为应急准备和应急响应的各个方面所预先做出的详细安排，是开展及时、有序和有效事故应急救援工作的行动指南。

6.7.1 应急救援预案的编制

预案编制工作针对性强，要紧密结合企业工作实际，明确工作机构，借鉴同行业事故教训，全面分析企业危险因素，客观评价企业应急能力，采取应对措施，编制步骤可按照以下程序进行（见图6.3）。

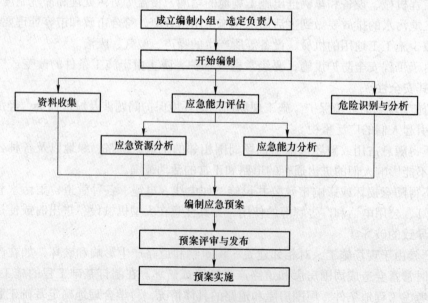

图6.3 应急救援预案编制程序

6.7.2 建筑施工企业安全生产事故应急预案的主要内容

（1）总则。

1）编制目的。简述预案编制的目的、作用和必要性等。

2）编制依据。简述预案编制所依据的国家法律法规、行政规章，地方性法规和规章，有关行业管理规定和技术规范等要求。

3）适用范围。说明预案适用范围、启动条件、申请程序及批准权限。

4）预案体系。说明建筑施工企业生产安全事故应急预案体系由哪些预案构成，具体指出预案的名称。

5）工作原则。简述预案编制的原则，原则要简明扼要、明确具体（如以人为本、安全第一，统一领导、分级负责，资源共享、协同应对等）。

（2）企业概况。

1）建筑施工企业概况。简述建筑施工企业的地址、经济性质、从业人数、隶属关系、主要产品、产量等内容，重点说明企业危险源以及周边交通、重要设施、目标、场所等情况。

2）危险分析。危险分析的内容有：

① 危险因素。说明本企业可能导致重大人员伤亡、财产损失、环境破坏的各种危险因素。

② 脆弱性。说明本企业一旦发生危险事故，哪些位置和环节容易受到破坏和影响。

③ 风险分析。说明重大事故发生时，对本企业内部或外部造成破坏（或伤害）的可能性，以及这些破坏（或伤害）可能导致的严重程度。

④ 风险及隐患治理。说明本企业针对存在的风险及隐患所采取的综合治理措施。

（3）组织机构及职责。

1）应急组织体系。以组织结构图的形式把本企业自上到下以结构图的形式表示出来。

2）应急职能部门的职责。明确本企业参与生产安全事故应急相应的职能部门名称以及在应急工作中的具体职责。

3）应急救援指挥机构及成员构成。列出应急救援指挥部组成情况，同时详细说明应急救援指挥部总指挥、副总指挥由谁担任，以及指挥机构其他人员的构成情况。另外也要说明指挥机构是否下设相关应急救援单位，如果设立，说明具体构成情况。

4）现场指挥机构及职责。列出现场应急救援指挥部组成情况，明确指挥部的总指挥、副总指挥及指挥部各救援小组的具体职责。救援小组中要有应急救援的专家参与，所有部门和人员的职责应当涵盖所有现场应急救援活动的应急功能。

（4）预防预警。

1）危险源监控。建筑施工企业应对重大危险源进行监控和管理，对可能引发事故的信息进行监控和分析，采取有效预防措施。

2）预警行动。建筑施工企业应明确预防预警方式方法、渠道以及监督检查措施，信息交流与通报，预警信息发布程序。重点是建立本企业重大危险源信息监测方法与程序，进行分级，根据事故级别和影响程度，及时确定应对方案，通知有关部门、单位采取相应行动。

3）信息报告与沟通：

① 接警与通知。建筑施工企业应明确 24 小时报警电话，建立接答和事故通报程序；当接事故报警后应尽快将事故信息通知本企业内部的有关应急部门及人员。

② 信息上报。事故发生后，建筑施工企业应当明确向上级主管部门报告事故信息的流程以及报告内容。当发生的事故波及周边的社会时，建筑施工企业同时应明确向当地政府或同级相关部门进行通报的程序以及通报的形式与内容。

③ 公众信息交流。当发生的事故波及周边的社会时，建筑施工企业必须明确通知场外社会公众及有关单位的方法和程序，使其尽快采取紧急避险措施，减少事故造成的后果和损失。

（5）应急响应。根据应急响应级别，建立应急响应程序，应急程序分为基本应急程序和专项应急处置程序。

1）应急分级。事故响应按照分级负责的原则，建筑施工企业可针对事故危害程度、影响范围及单位内部控制事态的能力将生产安全事故应急行动分为不同的等级，由相应的职能部门利用现有资源，采取有效应对措施。

2）基本应急程序：

① 指挥与控制程序。明确统一的应急指挥、协调和决策程序，便于对事故进行初始评估，确认紧急状态，从而迅速有效地进行应急响应。

② 资源调度程序。明确在紧急情况下，应急救援队伍、应急物资、应急装备等应急资源的紧急调度程序。

③ 医疗救护程序。明确在紧急状态下，事故现场展开医疗救护的基本程序，包括医疗机构联络、现场急救、伤员运送、治疗等所做的安排。

④ 应急人员的安全防护程序。应明确在救援活动中，保护应急救援人员安全所做的准备和规定。

⑤ 事态监测与评估程序。明确在事故应急救援过程中对事态发展进行持续监测和评估的程序，便于在事故处置过程中提前采取合理的应急措施。

3）专项应急处置方案。针对某种具体的、特定类型的紧急情况，如危险物质泄漏、火灾、某单一事故类型的应急而制定的处置方案（如建筑施工企业重大事故应急专项处置方案包括坍塌事故、物体打击事故、机械伤害事故、触电事故、高空坠落、火灾等专项处置方案）。

建筑施工企业制订专项应急处置方案时，应充分考虑：

① 本企业特定危险的特点；

② 对应急组织机构、应急活动等更为具体的阐述；

③ 专项应急处置方案的程序应与基本应急程序有机衔接起来；

④ 建筑施工企业可以根据本企业特点，编制多个专项应急处置方案。

4）应急结束。明确应急终止的条件以及应急状态解除的程序、机构或人员，并注意区别于现场抢救活动的结束。

（6）后期处置。明确生产安全事故应急结束后，建筑施工企业进行污染物收集、清理与处理、设施重建、生产恢复等程序。

（7）保障措施。

1）通信与信息保障。建立通信系统维护以及信息采集等制度，确保应急期间信息通畅。明确参与应急活动的所有部门通信方式、分级联系方式，并提供备用方案和通信录。

2）应急队伍保障。要求列出各类应急响应的人力资源、专业应急救援队伍与保障方案，以及应急能力保持方案等。

3）应急装备保障。明确应急救援期间需要使用的应急设备类型、数量、性能和存放位置，备用措施等内容。

4）经费保障。明确应急专项经费来源、使用范围、数量和管理监督措施，提供应急状态时生产经营单位经费的保障措施。

5）其他保障。建筑施工企业根据本单位的实际情况而确定的其他相关保障措施，如交通运输保障措施、技术保障措施等。

（8）培训与演习。

1）培训。应说明对建筑施工企业各级领导、应急管理和救援人员的上岗前培训、常规性培训，应说明培训的计划及方式。

2）演习。应明确本企业演习的频次、范围、内容、组织等方面的规定。

（9）应急预案的管理。

1）预案的备案。按照国家有关规定执行应急预案的备案制度。

2）预案的维护和更新。应明确预案维护和更新的计划及要求。

3）制定与解释部门。注明本预案负责解释部门以及相应联系人、电话。

4）预案实施或生效时间。要列出预案实施和生效的具体时间。

（10）附件。

1）有关应急部门、机构或人员的联系方式。应急工作中需要联系的有关部门、机构或人员。

2）关键应急救援装备的名录或清单。要列出应急救援过程中可能用到的关键装备和器材的名称、型号。

3）各种规范化格式文本。预案启动、应急结束、新闻发布及各种通报的格式等。

4）关键的路线、标识和图纸：

① 警报系统分布及覆盖范围；

② 重要防护目标一览表、分布图；

③ 疏散路线、重要地点等的标识；

④ 相关平面布置图纸、救援力量的分布图纸等；

⑤ 相关应急预案名录。列出与本预案相关的或相衔接的应急预案名称。

5）有关协议或备忘录。与相关应急救援部门签订的应急支援协议或备忘录。

复习思考题

6-1　什么是安全施工组织设计，为什么要编制安全施工组织设计？

6-2　什么是危险源，危险源的分类方式有哪些？

6－3　简述危险源辨识的程序及内容。

6－4　简述建筑施工危险源辨识的原则和范围。

6－5　建筑施工工地常见的危险源有哪些，危险部位有哪些?

6－6　试述建筑施工危险源评价的程序和原则。

6－7　简述建筑施工安全事故应急救援预案编制的程序。

6－8　试述建筑施工企业安全生产事故应急预案的主要内容。

参 考 文 献

[1] 刘宗仁. 土木工程施工［M］. 北京：高等教育出版社，2009.

[2] 蒋红妍，黄莺. 土木工程施工组织［M］. 北京：冶金工业出版社，2011.

[3] 毛鹤琴. 土木工程施工［M］. 武汉：武汉理工大学出版社，2010.

[4] 余群舟，刘元珍. 建筑施工组织与管理［M］. 北京：北京大学出版社，2012.

[5] 邵全. 建筑施工组织［M］. 重庆：重庆大学出版社，1998.

[6] 张双华，孙晓维，高士信. 建筑施工组织［M］. 哈尔滨：黑龙江科学技术出版社，2003.

[7] 鲁春梅. 建筑施工组织［M］. 哈尔滨：哈尔滨工业大学出版社，2008.

[8] 张保兴. 建筑施工组织［M］. 北京：中国建材工业出版社，2003.

[9] 罗云，樊运晓，马晓春. 风险分析与安全评价［M］. 北京：化学工业出版社，2004.

[10] 陈银根. 建筑工程安全技术与管理［M］. 南昌：江西科学技术出版社，2010.

[11] 张超，刘俊. 建筑施工企业安全评价操作实务［M］. 北京：冶金工业出版社，2007.

[12] 李大华，杨博. 现代建筑施工技术［M］. 合肥：安徽科学技术出版社，2001.

[13] 陈连进. 建筑施工安全技术与管理［M］. 北京：气象出版社，2008.

[14] 李慧民. 土木工程安全管理教程［M］. 北京：冶金工业出版社，2013.

[15] 王安德. 工程施工组织与管理［M］. 武汉：中国地质大学出版社，2009.

冶金工业出版社部分图书推荐

书　名	作　者	定价(元)
冶金建设工程	李慧民　主编	35.00
建筑工程经济与项目管理	李慧民　主编	28.00
土木工程安全管理教程（本科教材）	李慧民　主编	33.00
土木工程材料（本科教材）	廖国胜　主编	40.00
混凝土及砌体结构（本科教材）	王社良　主编	41.00
岩土工程测试技术（本科教材）	沈　扬　主编	33.00
地下建筑工程（本科教材）	门玉明　主编	45.00
建筑工程安全管理（本科教材）	蒋臻蔚　主编	30.00
工程经济学（本科教材）	徐　蓉　主编	30.00
工程地质学（本科教材）	张　荫　主编	32.00
工程造价管理（本科教材）	虞晓芬　主编	39.00
建筑施工技术（第2版）（国规教材）	王士川　主编	42.00
建筑结构（本科教材）	高向玲　编著	39.00
建设工程监理概论（本科教材）	杨会东　主编	33.00
土木工程施工组织（本科教材）	蒋红妍　主编	26.00
建筑安装工程造价（本科教材）	肖作义　主编	45.00
高层建筑结构设计（第2版）（本科教材）	谭文辉　主编	39.00
现代建筑设备工程（第2版）（本科教材）	郑庆红　等编	59.00
土木工程概论（第2版）（本科教材）	胡长明　主编	32.00
施工企业会计（第2版）（国规教材）	朱宾梅　主编	46.00
工程荷载与可靠度设计原理（本科教材）	郝圣旺　主编	28.00
流体力学及输配管网（本科教材）	马庆元　主编	49.00
土力学与基础工程（本科教材）	冯志焱　主编	28.00
建筑装饰工程概预算（本科教材）	卢成江　主编	32.00
建筑施工实训指南（本科教材）	韩玉文　主编	28.00
支挡结构设计（本科教材）	汪班桥　主编	30.00
建筑概论（本科教材）	张　亮　主编	35.00
SAP2000结构工程案例分析	陈昌宏　主编	25.00
理论力学（本科教材）	刘俊卿　主编	35.00
岩石力学（高职高专教材）	杨建中　主编	26.00
建筑设备（高职高专教材）	郑敏丽　主编	25.00
岩土材料的环境效应	陈四利　等编著	26.00
建筑施工企业安全评价操作实务	张　超　主编	56.00
现行冶金工程施工标准汇编（上册）		248.00
现行冶金工程施工标准汇编（下册）		248.00